水俣の記憶を紡ぐ

響き合うモノと語りの歴史人類学

下田健太郎
Shimoda Kentaro

慶應義塾大学出版会

猫を抱く石像

不知火海で行われていたイワシ漁の網元と網子たち
（1949 年頃撮影、緒方正人氏提供）

チッソ水俣工場
（1967 年撮影、朝日新聞社／時事通信フォト提供）

水俣湾埋立地の海際に立つ石像たち

不知火海で行われているタチウオ漁

柔和な表情の地蔵

まえがき

イオ（魚）が汚染されてると言われながら、俺たちはイオを食べ続けてきたんです。説明が難しいけれど、そこに権利めいた形でそのことを考えられるのが嫌なんです。イオを食ってきたということは、イオを恨まなかったということが裏側にあるんです。「還りゆく命の世界」だから、いのちの母胎を裏切らなかったというか、それが背景にあるんだと思うんです（水俣病センター相思社編『ごんずい』、二〇〇六年五月、六頁）。

筆者がはじめて水俣を訪れたのは二〇〇六年八月のことである。水俣病を生き抜いてきたある漁師の方による上記のインタビュー記事に出会ったことで、水俣を訪れてみたいという気持ちが固まった。自分が知識としても っていた「水俣病」とはまったく異なる地点から、その記憶が紡ぎ出されていることに衝撃を受けただけでなく、そこに私たちが生きる「今」を創造的に捉え直すうえで重要な手がかりがあると直観したのである。事実、筆者が水俣から受けとってきたのは、水俣病問題にとどまらず、私たちを育んできた風土や生きものたち、そして人間の生をいかに捉えるかという問いであった。

本書は、二〇〇六年から二〇一五年にかけて水俣・芦北地域で行ってきた総計約二六ヶ月のフィールドワークにもとづき、水俣病経験が想起され、その記憶が紡がれていくありようを明らかにすることを目的としている。だからといって、今を生きる人びとの記憶を通して、水俣病という過去の出来事をめぐる真実に迫ろうと試みるわけではない。むしろ本書では、過去の経験の語り直しという日常的な実践や、想起に関わるモノの力に注目することで、過去を、時の後方へと次第に過ぎ去ってゆくものではなく、現在、そして未来に分け入る際にも私たちと共にあるものとして捉える。そして、過去の出来事や経験がどのように現在へともたらされてきているのかを明らかにしようと試みる。

二〇一一年の東日本大震災と福島第一原子力発電所事故以降、フクシマとミナマタの関連が盛んに議論されている。また、二〇一三年の「水銀に関するミナマタ条約」採択をめぐる一連の動向において、ミナマタという出来事は新たに国際的な意義を見出され、その発効に向けた取り組みが進められている。こうした状況のなかで、いかに公害の経験を捉え、経験から学び、経験を活かし、経験をつなぎうるかという課題が、かつてない重要性を帯びて浮かび上がってきている。たしかに「公害の経験から学ぶ」といった語りはこれまでにも繰り返されてきたが、その「経験」とはいかなるものなのか、あるいは「経験」をいかに捉えるかという点には十分な注意が払われてこなかった。本書で「水俣の記憶」すべてを扱うことができるわけもないことは重々承知している。にもかかわらず本書の執筆に至ったのは、水俣病の経験が、水俣病をめぐる運動・訴訟や社会的状況のみならず、個々人をとりまく生活世界とも連動しながら想起され、紡がれてきたプロセスをも捉えることが、ミナマタの現代的意義を考えていくうえで重要だと思ったからである。それゆえ本書は、水俣病を過去の「悲劇」として語るだけでなく、「希望」として紡いでいくための方法を筆者なりに模索した記録でもある。本書を手に取ってくださった方々が、水俣で起きてきていることを現在の問題として受けとめ、新たな何かへとつなげてくださったら、筆者にとってそれ以上の喜びはない。

水俣の記憶を紡ぐ　目次

序章　1

第1章　水俣の歴史的概要　25

終章 213

序章

第1節　本書の射程――水俣が切りひらく問い

本書の目的は、水俣病問題の渦中にあり続ける被害者有志グループ――「本願の会」を中心に、水俣病経験が想起され、その記憶が紡がれていくありようを歴史人類学の視点から明らかにすることである。

一九五六年に公式に確認された水俣病は、チッソ株式会社の工場排水に含まれていたメチル水銀化合物によって、九州南西部の不知火海沿岸一帯に広がった公害病を指す。汚染された魚介類を経口摂取することで起こるその疾患は、甚大な身体的被害をもたらした。とりわけ発生初期に見られた急性劇症型の患者が死にいたる過程は壮絶なものであり、一〇万～二〇万人ともいわれる慢性患者の場合でも、神経症状により手足のしびれや運動失調など生活全般にわたってさまざまな程度で不治の障害をもつことになる。また、母親の胎内で水銀を摂取することで、生まれながらにして重篤な障害を背負う胎児性患者が存在する。

公害のなかでも水俣病に特徴的なのは、食物連鎖による生物濃縮を通じて発現した中毒症であるという点だ。海に流出したメチル水銀は、そこに住むプランクトンの体内に取り込まれた後、「食」を通じて、魚介類、鳥や猫、そして人間へと至る過程で高濃度となって蓄積された。事実、人に発症するより前に、魚が多数海面に浮上し、海鳥や猫たちが狂死するという異常な事態が進行していたのである。したがって、水俣病問題は、「命を奪うことによって生かされる」という関係から、「命を奪うことによって病む・死ぬ」という逆転がもつ意味や、人間と（人間以外の生きものを含む）自然との関係性を問うている点にその特徴を見出すことができる。水俣病は、人間が豊かな生活を求めるなかで垂れ流した毒によって引き起こされた。そこで失われたさまざまな命をどのように受けとめ、未来につないでゆくのか。この問題を考えることは、いまなお豊かさを求めながら「産業社会の毒」にとり囲まれている私たち一人ひとりの生き方とも響き合う課題である。

水俣病の原因については、熊本大学の医学部研究班が、チッソの工場排水中に含まれる有機水銀であることを一九五九年には明らかにしていたが、政府は一九六八年まで公害と認定せず、さらにチッソも排水を流し続けた。この時期差の背景には、高度経済成長に向けて動き始めていた当時の国の意向や、日本の産業界の一翼を支えていたチッソの重要性がある（見田 1996; 栗原 2005）。一九六九年以降、裁判や直接的な交渉というかたちで水俣病をめぐるさまざまな運動が展開され、チッソや国の加害責任とともに、「患者」の認定基準が重要な争点とされてきた。ここで注目すべきは、水俣病は、国や県によって認定された者だけが「患者」とされ、補償金が支払われるという仕組みのなかに置かれることになったという点である。病んだ身体から「水俣病とは何か」が問われたのではなく、補償という視点から認定の基準がつくられ、それが政治的に操作されることさえあった（cf. 栗原 2005）。一九九六年には政府の和解案を受諾するというかたちで、水俣病関西訴訟を除くすべての運動が収束を迎えることとなった。しかし、二〇〇四年に下された関西訴訟の最高裁判決のなかで、被害を拡大させた国と県の加害責任が明らかにされると同時に、患者認定基準の妥当性が批判された。このことによってふたたび認定申請者が急増したため、二〇〇九年には「最終解決」と銘打った水俣病特別措置法が制定され、被害を受けた人びとへの補償が行われてきている。

これら現行の仕組みは、「補償＝救済」を暗黙の前提としており、それゆえ水俣病をめぐる過去の経験は、「救済」に値するか否かという観点から議論の俎上に載せられることになる。しかし、いったん水俣というフィールドに分け入ってみると、多くの人びとにとって水俣病をめぐる過去は過ぎ去ったことではなく、現在も継続するものとして経験されており、儀礼的実践や語り、そしてモノといったさまざまな媒体を通じてその一元的な歴史化に抗し続けていることがわかってくる。

一九六〇年代以降に本格化した公害研究には多くの蓄積があるものの、公害問題のもつ加害・被害の明瞭性によって、行政・企業 vs 被害者といった対抗的図式から議論されることが多かった（cf. 古川 1999）。これに対し、本書では、二〇〇六年から足掛け一〇年にわたって行ってきた総計約二六ヶ月間のフィールドワークに基づき、多様な個々人の立ち位置の変化や、立場を超えて紡がれる語りや実践など、公害問題の新たな展開を実証的に明らかにしたい。二〇一一年の東日本大震災と福島第一原子力発電所事故以降、フクシマとミナマタの関連が盛んに議論されている。また、二〇一三年の「水銀に関するミナマタ条約」採択をめぐる一連の動向において、ミナマタという出来事は新たに国際的な意義を見出され、その発効にむけた取り組みが進められている。こうした状況のなかで、いかに公害の経験を捉え、経験から学び、経験を活かし、経験をつなぎうるかという課題が、かつてない重要性を帯びて浮かび上がってきている。たしかに「公害の経験から学ぶ」といった語りはこれまでにも繰り返されてきたが、その「経験」とはいかなるものなのか、あるいは「経験」をいかに捉えるかという点には十分な注意が払われてこなかった。本書では、とくに水俣病経験が想起され、その記憶が紡がれていくありように光をあてることによって、「経験」それ自体が固定的なものでは決してなく、繰り返し想起されるなかでいまなお生きられていることを明らかにし、上記の課題に関する有効な基礎情報の提供を目指す。

ところで、熊本県水俣市には水俣病被害の想起を促す場所がいくつか存在する。その一つが一九九〇年に完成した水俣湾埋立地である。水俣病の原因となったチッソ工場がかつて汚染物質を直接排出した水俣湾は、熊本県の公害防止事業のなかで一九九〇年に一部が埋め立てられ、公園として整備されてきた。「再生」のアピールを主眼に進められた埋立地の整備活用や水俣病の政治解決を前に、問題の収束を危惧した被害者たちは、法的・医療的・経済的「救済」では癒えなかった心情を表現するための場として埋立地を捉え直してきた。なかでも一九九五年に被害者有志を中心として発足した「本願の会」のメンバーは、水俣湾埋立地の一角にみずからの手で彫った石像を祀り、「いのち」や「よみがえり」を主題とする祈りの行事を展開してきた。「本願の会」の実践は、多様な立場にある個々人が交錯する場となっており、「患者」であるかどうか、あるいは加害者と被害者といった二者択一的なカテゴリーで捉えきれるものではない。

文化人類学者の慶田勝彦は、国家や近代科学が患者認定や補償の問題としての「水俣病」を構築してきたことに言及しつつ、そうした思考の枠組みによって押しつけられた経験とは異なる経験を生み出していくための実践として「本願の会」メンバーの試みを位置づけた。そのうえで、水俣病経験の語り直しという作業を通じて、日々つくり出され、つくり直されている実践に注目することの重要性を論じている（慶田 2003）。ただし、ここで注意したいのは、慶田の言う「語り直し」のあり方がモノや人とのかかわりのなかで時間の流れとともに変化するという点である。「本願の会」のメンバーによる水俣病経験の語り直しは、石像製作の実践とも連動しながら行われてきており、そこには語りだけを注視することからは零れ落ちる側面が存在する。

さらに重要なのは、「本願の会」による石像製作の実践は、主体としての人と客体としてのモノという図式では捉えきれないという点である。水俣でのフィールドワークの過程では、モノを通して語りが紡がれる、あるいはモノが語りを誘発する場面に幾度となく遭遇してきた。たとえば、フィールドで耳にした、石像からある形象が「出てくる」といった語りや、石彫りの過程で「問われる」といった語りは、モノに付与される意味だけでなく、モノが人びとに何かを想起させる力に注目することの重要性を示唆する。[*1]

本書が主な対象とする「本願の会」の実践は、いまを生きる人びとが過去の出来事や経験を想起するありようとその動態、それをもとに紡ぎ出される社会的紐帯のあり方、アイデンティティの政治、歴史的な表象の構築過程といった人類学的関心を惹きつけるとともに、加害と被害、主体と客体、人とモノといった二分法を前提とする近代的な枠組みに再考を促す（cf. ラトゥール 2008）。そこで、以下ではまず「記憶の人類学」と呼ばれる学問的潮流の問題点を確認した後、歴史人類学の諸成果をもとに、二分法的図式を乗り越えるための歴史記述のあり方について検討する。そのうえで、人類学および隣接諸分野をまき込みながら一九八〇年代以降に新たに興隆した「物質文化研究（material culture studies）」の流れを確認することによって、モノの働きを捉えるための視点について考察し、本書の理論的な視座を明らかにする。

第2節　「現在」を解きほぐす——歴史人類学の視点

1　記憶をいかに捉えるか

「記憶の人類学」と呼ばれる潮流において、記憶がありのままの過去ではなく、文化的手段や社会的制度によって媒介されるという観点から、「集合的な記憶の構築」、「政治的な主観性」、「記憶のポリティクス」、「身体化された実践」[*2]などをキーワードに、戦争や植民地期の記憶が分析されてきた（Lambek et al. 1996; Werbner 1998; Cole 2001; Climo et al. 2002）。これらの研究に多大な影響を与えたモーリス・アルヴァックスによれば、過去は、常に現在において想起されるために、現在の人びとの関心や利害関係によって再構築される（アルヴァックス 1989）。こうした指摘は、語りや文書を過去の出来事の客観的な説明とみなす視点を相対化したという点で画期的であった。しかし、アルヴァックスの洞察を敷衍するならば、想起された過去は現在の関心や利害関係のみに動機づけられていることになる。だとすれば、記憶は「現在における権力の問題」に過ぎず、「権力の維持に役立つ、あるいはエンパワーメントのための媒介物」でしかなくなる（Rappaport 1990: 15）。しかし、この種の議論は、記憶の政治的な側面を強調する一方で、過去の出来事が現在の経験に及ぼす継起的な影響、さらにはその影響そのものが時間の流れのなかで変容していくという通時的側面を捨象してしまっている。[*3]

2 「民族誌的現在」

文化・社会人類学において「歴史」が重要視されるようになった背景には、一九八〇年代以降の人類学の内省的な自己批判がある。その批判の一つは、他者の文化を客観的に、そして、時を越えた不変のものとして無時間的に描き出してきた従来の方法論に向けられていた（cf. Rosaldo 1980; Fabian 1983）。

たとえば、「人類学を支配する共時的なバイアス」（Rosaldo 1980: 12）を批判したレナート・ロサルドは、この傾向がアメリカ人類学の「文化とパーソナリティ」学派に顕著であったと述べている。ロサルドによれば、そこでは文化的均質性という前提を通して、ある文化の成員によって共有される基本的なパーソナリティの仮定が可能となり、文化的連続性という前提によって、ある一時点における調査に基づいて、子どもの養育に関する実践がいかに大人としての性格を生み出したかを議論することができたのだという。ロサルドは、このような前提を打破し、構造とプロセス、文化的パターンと文化的伝達、ライフサイクルとバイオグラフィーといった分析上の二分法を溶解させるための方法として、通時的視点を重視する必要性を訴えた（ibid.: 23）。

ヨハネス・フェビアンは、「未開社会」の文化が均質な体系として存在するだけでなく、時間性を欠いているかのように記述するために、「民族誌的現在」という時制が用いられてきたことを指摘した（Fabian 1983）。すなわち、「ある時点におけるフィールドの観察を、過去形ではなく現在形で報告することにより、あたかも研究対象の民族に時間的変化がないかのように描く行為」（桑山 2006: 325）が批判され、そのような時制の使い方が「民族誌的現在」と呼ばれたのである。そのうえでフェビアンは、フィールドワークで現地の人びとと共有した時間を消去することなく、人類学者が住む社会と、人類学者によって調査された社会の同時代性を認めるべきだと主張している。

3 「文化の構築」論のジレンマ

ロサルドやフェビアンによるこれらの指摘は、社会・文化人類学が過去の人類学的研究を反省的に捉え直すとともに、「歴史」に対して真摯に取り組む重要な契機となった。とくに一九八〇年代以降のオセアニア地域を対象とした人類学においては、西洋と非西洋の接触過程が議論の中心を占め、人類学者たちがフィールドで目にする非西洋の「伝統」は、植民地状況のなかで生み出されてきた歴史的産物であることが指摘されてきた。「伝統の創造」（Hobsbawm et al. 1983）論の枠組みに基づくこうした研究は、どちらかと言えば、創造された伝統の虚構性の指摘に重点を置いていたのに対し、その後のオセアニアの人類学者たちは「文化の構築（construction）」論を展開し、文化の創出過程におけるオセアニアの人びとの主体性や創造性を重視してきた（Linnekin 1983; Thomas 1992; cf. 宮崎 1994, 1999; 小田 1996）。

たとえばジョスリン・リネキンは、外部から注がれる眼差しがハワイ人の「伝統」形成に与えてきた影響を指摘し、現地のエリート層によってハワイの「伝統」が意識的に操作されてきたことを論じた（Linnekin 1983）。そこで重視されたのは、「現在」という文脈における過去の選択とその再文脈化である。他方、西洋と非西洋の「歴史的絡み合い・もつれ合い（historical entanglement）」を重視するニコラス・トーマスは、植民地化する側とされた側双方の内部の多様性に目を配りつつ、出会い、絡み合いを通じた両者の相互変容と、それぞれの地域社会がどのように植民地主義を取り込み、対応してきたかという複雑な過程を描き出してきた（Thomas 1991, 1992）。「絡み合い」のプロセスを重視するトーマスの歴史人類学は、二分法的図式を前提としない歴史記述のあり方を具体的に示したものとして興味深い。

しかしトーマスは、たとえばフィジーのケレケレという贈与交換の慣習を、西洋の市場原理との対比のなかでより倫理的に優れた伝統とフィジーの人びとによって意識され、新たに構築されたものと位置づけ、「対抗的な（oppositional）プロセスとしての客体化」（Thomas 1992: 215）を論じている。「西洋」と「非西洋」という二分法的図式を乗り越えようと試みていたはずのトーマスの研究が、あらためて「対抗的」な図式へと舞い戻ってしまうことを危惧する吉岡正徳は、自己および他者を「単一のリアリティ」として把握する近代の枠組みを前提とするのではなく、複数の現実の重なり合い、すなわち「多声的なリアリティ」を前提とした歴史記述を提唱している（吉岡 2000）。また、小田亮は、「個人が首尾一貫した自己の言説や知を意識的・自覚的に把握している」という前提に立つ「アイデンティティの政治学」を問題にし、「固定された固有の慣習を具体的な歴史と経験のなかで絶えず改変していくような移動の場」（小田 1996: 829）を注視しようと訴える。他方、宮崎広和は、フィジーの軍事クーデターが喚起した一連の議論の検討を通じて、「主体の抹消」に関する具体例を示したうえで、「文化の構築」論が依拠している「政治的・戦略的存在という主体観」の限界を指摘する（宮崎 1999）。

ここで注意しなければならないのは、「文化の構築」論に対するこれらの反省的議論は、多様な人びとのあいだの絡み合いを通じた相互変容のプロセスを通時的に読み解いていくことの重要性を否定するものではないということである。批判は、「単一のリアリティ」を前提としたうえで、拮抗するアイデンティティを固定的・本質論的に捉えることや、政治性や戦略性の強調によって、そこからこぼれ落ちていくような主体の柔軟なありようや実践を捉えることができないという点に向けられているのである。

4　実践される歴史への通時的アプローチ

これら「文化の構築」論のジレンマを乗り越えるうえで、まず二つの歴史性を区別することが有効である。前川啓治は、リネキンが意識的・操作的な文化の構築を重視するあまり、過去との連続性でさえ現在を生きる人びとが意図的につくったということになり、その結果として、時間の経過に伴う変化、すなわち通時性が軽視されている点を問題にする（前川 1997）。そのうえで、「現在に資するものとして過去を見るという意味での歴史性」と「現在をも含め、ある意味では過去から未来に通底している歴史」とを区別し、中・長期的な視野を踏まえた歴史的アプローチの重要性を論じている（ibid.: 630; cf. Wagner 1981）。これは、過去の出来事や経験を選択し、意味を与え、現在において再文脈化するという歴史構築のプロセスそれ自体を、通時的視点で捉え直す試みと言い換えることができる。この視点に立つならば、対抗的な客体化や政治的・戦略的な主体の存在を認めつつも、それを時空間の連なりの一断面と捉えることが可能になり、さまざまに変化する歴史構築やその主体のありようを議論する可能性が開かれる。

「文化の構築」論のジレンマを乗り越えるためのもう一つの重要な方法として、日常のなかで実践される歴史という視点に立つ「歴史実践」論が有効である（保苅 2004）。保苅実は、オーストラリア・アボリジニのオーラルヒストリーを通じて、「歴史」が、歴史学者によって独占的に生み出されるのではなく、西洋近代の実証主義的歴史学とは異なる仕方で、日常的・経験的な文脈に即して生みだされ、実践されることに注意を促している。後者は、私たち誰もが行っている「日常的実践のなかで、身体的、精神的、霊的、場所的、物的、道具的に過去と関わる行為」、すなわち「歴史実践」と位置づけられる（ibid.: 20–21）。保苅の目的は、アボリジニの人びとによって過去が現在にもたらされる際のありようを注視しつつ、そこに登場するさまざまな「歴史のエージェント」を「神話」や「メタファー」として片づけることなく、「現実」として真摯に受けとめる可能性を模索することにある（ibid.: 13–14, 18, 210; cf. クラパンザーノ 1991; Henare et al. 2007）。このアプローチは、差異化のための言説とは異なった仕方で紡がれる歴史のあり方に目を向け、そこに現われるさまざまな「歴史のエージェント」を「現実」として捉え直そうとしている点で、「文化の構築」論が依拠する「単一のリアリティ」という前提や「政治的・戦略的存在という主体観」の限界を乗り越える可能性をもっている。

そこで本書では、実践される歴史に通時的視点からアプローチすることで、水俣病経験の想起を、水俣病をめぐる運動や社会的状況のみならず、個々人をとりまく生活世界のありようとも連動しながら、継起的に移ろってきたプロセスとして描き出すことを試みる。ただし先述したように、「本願の会」のメンバーによる水俣病経験の想起は、各々のメンバーの手による石像製作の実践と切り離すことができない。水俣病経験が想起されるプロセスにおいて、石像というモノはいかなる働きを持ちうるのだろうか。次節では「物質文化研究」の検討を通じて、その働きを捉えるための視点について考察することにしたい。

第3節　モノの力――「物質文化研究」の視点

1　「解釈人類学的なモノ研究」

人類学においては、一九世紀から二〇世紀初頭にかけていわゆる「未開社会」の造形物が西洋の博物館に大量に持ち込まれたことを背景に、これら造形物の形態上の類似や差異に基づいて、社会進化の過程や文化要素の伝播が盛んに論じられた。このように二〇世紀初頭の人類学・民族学において、物質文化の研究は中心的な研究課題の一つとみなされていたが、二〇世紀半ばには周縁へと追いやられることになった（Pfaffenberger 1992）。バリー・レイノルズは、その要因として、①人類学の主流が博物館から大学へと移行したこと、②物質文化の研究が伝播論と同一視されたこと、③新たに登場した機能主義人類学の担い手たちが物質文化の研究からは距離を置いたことなどを挙げている（Reynolds 1983: 210）。こうした状況に変化をもたらした一つの要因として、一九七〇年代以降、クロード・レヴィ＝ストロースによる構造主義人類学の多大な影響を受けつつ、象徴人類学や解釈人類学が興隆したことが挙げられる（cf. 大西 2009）。

財（goods）の儀礼的な消費について論じたメアリー・ダグラスらは、衣服、食物、住居、花といった財が、それを消費する者の帰属意識や価値観といった文化的カテゴリーを目に見えるかたちで示すためのマーカー（標識）であると捉えた（ダグラスほか 1984）。そこでは、消費する人びとが依拠している参照枠および共有された意味の体系としての文化の解明が第一義とされ（ibid.: 74; cf. ギアーツ 1987）、モノを特定の文化的・社会的コンテクストのなかに位置づけることによって、その意味の解読がめざされたのである。ダグラスが財を「文化の目に見える部分」（ダグラスほか 1984: 76）と位置づけていることからもわかるように、このアプローチにおいて、モノは既存の文化的枠組みの「実例・例証（illustration）」とみなされることとなった（cf. Strathern 1990: 37–38; 大西 2009: 154–155）。モノの意味を特定のコンテクストに位置づけることによって把握しようと試みるこの種のアプローチを、本書では「解釈人類学的なモノ研究」と呼ぶことにしたい。

ところで、多くの人類学者たちが、モノは言語的表象に馴染みにくい媒体であることを指摘してきた（Forge 1970; Strathern 1990; Bloch 1992, 1995; 大西 2009）。たとえば、人類学者のモーリス・ブロックは、マダガスカルの中央高地に居住するザフィマニリと呼ばれる人びとの調査のなかで、伝統的な家の木材を覆うように施された彫刻の意味について質問を積み重ねた結果、インフォーマントによる口頭での説明からは、意味を見出せなかったと述懐している[*4]（Bloch 1995）。しかし、ブロックはその後、人間の思考や知識のいくらかが言語で表現しうる一方で、その多くは「実践や物質的な経験につなぎとめられている（anchored in practice and material experience）」（Bloch 1992: 132）ことに気づいたという。これらは、モノによって媒介される記憶は言語的媒体によって媒介される記憶とは異なる構成原理を持ちうることを示唆する（cf. 川田 1992; 後藤 1995）。だとすれば、モノと語りを分析対象とコンテクストの関係に還元することなく、両者の関係を見据えていくことが重要となる[*5]。

2　「物質文化研究」の通時的視点――「モノの再文脈化」論

一九八〇年代以降に新たに興隆した「物質文化研究（material culture studies）」と呼ばれる潮流の研究史的背景については、すでに何人もの研究者が整理を試みている（内堀 1997; Tilley 2001; Henare et al. 2007; Boivin 2008; 古谷 2010; 床呂ほか 2011）。多くの論者は、その端緒を人類学者のアルジュン・アパデュライによって編集された『モノの社会生活』（1986）と位置づけている。その序論において、アパデュライは、「動きのなかのモノ（thing-in-motion）」を基点にその文化的・社会的コンテクストの変化を読み解く方法論を提唱し、そのためにあえて具体的なモノに焦点を当てていく必要性を論じた（Appadurai 1986: 5）。この著作が画期的だったのは、社会的なやりとりを人間同士の相互作用へと縮減しがちだった従来の研究動向に対し、モノそれ自体を焦点化した点にある。つまり、「解釈人類学的なモノ研究」では、モノを用いた象徴的な行為とその背景にある文化的枠組みの把握が重視されていたのに対し、ここではモノの動きと連動した文化的・社会的コンテクストの移ろいへと、その焦点が移動しているのである。

　コンテクストの再編は時間の経過に沿って進行するために、アパデュライらの方法論には必然的に通時的視点が含まれていることになり、それゆえ植民地的状況のなかに組み込まれたモノの歴史人類学的研究にも有用となる。先述のように、オセアニアの歴史人類学は、純粋な「伝統」や「文化」を本質主義的に抽出しようとしてきたそれまでの人類学への反省から、ヨーロッパ人とオセアニアの島々に住む人びとの「もつれ合い・絡み合い」の歴史的プロセスに焦点を当ててきた。なかでもトーマスは、『絡み合うモノ——太平洋における交換・物質文化・植民地主義』（1991）において、外部世界から持ち込まれたモノがオセアニアの人びとによって西欧の論理とは異なる方法で用いられ、ローカルな論理の中に再文脈化されることで「流用（appropriation）」[*6]される具体的様相に光を当てた（Thomas 1991）。

　トーマスが行ったモノ研究への貢献は、物質的なモノと意味の表現が一対一の関係で対応するという見方を退け、より動態的な視角を提示した点にある。たしかにモノは特定の関係性やアイデンティティを反映することがある。しかし、トーマスが示唆するように、モノは過去の物語を現在の状況のなかで語る契機を与える、あるいは製作時の意図から離れて特定の出来事や歴史の表象として扱われることがある（ibid.: 98–110）。とすれば、モノを特定のアイデンティティや記憶に結びつけて論じるのではなく、モノをとりまく個別具体的なコンテクストを踏まえつつ、モノの意味の転換やその継起的連鎖を時系列に沿って考察することが重要となる[*7]（cf. 棚橋 2001）。本書では、このアプローチを「モノの再文脈化」論と呼ぶことにしたい。その有効性は、「解釈人類学的なモノ研究」のように、モノと語りの関係を分析対象とコンテクストの関係に固定することなく、両者の絡み合いのプロセスを問題にできる点にある。ただし、このアプローチにおいては、モノに付与される意味や物語の可変性に重点が置かれるために、モノそれ自体の働きを具体的に捉えるための視点が十分に議論されてこなかった。

3　エージェンシー論の射程

モノの働きを議論の中心に据えた先駆的な研究者として、アルフレッド・ジェルが挙げられる。ジェルは、「モノが何を意味するか」ではなく、「モノが何を引き起こすか」に注目したエージェンシー（行為主体性）論を展開した（Gell 1992; 1998）。ジェルによれば、芸術作品（art objects）は人間の意図（intention）や行為を媒介するがゆえに、エージェンシーをもつ。そこで焦点化されたのは、社会関係のなかに組み入れられることでモノが獲得する「二次的なエージェンシー」（Gell 1998: 17）のあり方である。ジェルによれば、「一次的エージェント」が意図をもつ存在である一方で、「二次的なエージェント」は意図を媒介する人工物を指す[*8]（ibid.: 20）。ただし、人間の意図に基づいてモノの働きをとらえる視点からは、モノが一定の自律性を保ちつつ人間に働きかけるような側面が捨象されてしまう。しかし、筆者がフィールドで耳にした石から何かが「出てくる」という語りは、必ずしも人間の意図だけでは説明しえないモノの働きが存在することを示している。

一方、一九九〇年代後半以降、主に考古学者によって、人類学的な「物質文化研究」の多くが「物質性（materiality）」の問題に正面から取り組んでこなかったことが指摘されてきた[*9]（Schiffer 1999; Ingold 2000; Olsen 2003; Knappett et al. 2008; Boivin 2008; 古谷 2010）。その一人であるニコール・ボイヴィンは「物質性」という語を用いて、「物質的な世界の物性（physicality）が複数の様相をもち、一連の物理的特性によって、エージェントたる人間（ないしは有機体）に対して、抵抗し制約を与え、可能性を提供するという事実」を強調している（Boivin 2008: 26）。人類学者の古谷嘉章は、「物質性の人類学に向けて」と題した論考のなかで、「物性」を「木とか石とか、玄武岩とか花崗岩とか、腐る、錆びる、固い、砕けるといった性質にかかわる」と定義したうえで、「物質たる人間が物質からなる世界をどのように体験し、働きかけているのか」と問うている（古谷 2010: 8, 19）。このように、「物質性」の論者たちは総じて、人間の意図のみに還元しえないモノの働きや特性を焦点化しようと試みてきたと言える。

ただし、この視角は、モノの働きをたんなる物理的過程へと還元することをめざすのではない。むしろ、そのような還元の操作では捉えきれないモノの存在の仕方や、その移ろいを射程に収めていくことが重要であり、したがって対象化されたモノ（object）を前提としないアプローチが求められる[*10]（cf. ハイデッガー 2003: 7–31; Harman 2005: 269–270; Ingold 2007: 12）。モノを現実の表象とみるのではなく、「モノが構成する現実」を直視していくことが求められてきたと言ってもよいだろう（cf. Henare et al. 2007）。本書では、この視座を重視したうえで、「本願の会」による石像が、変容しつつも持続性をもち、ある場所に存在することで周囲の景観と複合的に作用するモノであることに注目し、これらの性質がモノの製作者との関係のなかでどのように作用してきたのかを見ていくことにしたい。

第4節　「響き合うモノと語りの歴史人類学」へ

本章ではまず、加害／被害という対抗的図式では捉えきれない水俣病経験の想起のありようを捉えるために、歴史人類学の諸成果をもとに、二分法的図式を前提としない歴史記述のあり方について検討した。そこでは、多様な諸集団それぞれの内部の多様性に目を向けつつ、絡み合いによる相互変容のプロセスを通時的に読み解いていくことの重要性が浮かび上がってきた。しかし、「文化の構築」論は、差異化のための言説や対抗的なアイデンティティに着目し、それを固定的・本質論的に捉えることによって、ふたたび二分法的な図式に舞い戻ってしまうというジレンマを抱えていた。さらに、政治性や戦略性の強調によって、そこからこぼれ落ちていくような主体の柔軟なありようや実践をとらえることができないという限界をもっていた。

　これらの限界を乗り越えるために、本書では、第一に、通時的視点を重視することにしたい。それはただたんに出来事のクロノロジー的再構成をめざすのではなく、過去の出来事や経験を選択し、意味を与え、現在において再文脈化するという歴史構築のプロセスそれ自体を、通時的視点で捉え直そうと試みる。対抗的な客体化や政治的・戦略的な主体の存在を認めつつも、それを時空間の連なりの一断面と捉え、さまざまに変化する歴史構築や主体のありようを議論するためである。水俣病問題をめぐる歴史構築のあり方は、水俣病が顕在化してから約六〇年という時間の経過のなかで継起的に変化してきているのであり、それは決して政治的文脈や対抗性だけで説明し切れるものではない。そこで、第二に、日常のなかで実践される歴史という視点に立つ「歴史実践」論に基づいて、水俣病経験が想起されるありようとその動態を読み解いていくことにする。すなわち、過去の出来事や経験がどのように現在にもたらされるかを問うことで、歴史を、それを語る人びとの日常的な世界に位置づけて捉え直し、生きられる水俣病経験の解明をめざす。

　そのために、本書では次の二点に留意する。まず、特定の時点の語りを単独で資料とするのではなく、連なりにおいて捉えるという点である。つまり、「語り直し（recounting）」（Greenspan 1998）のプロセスを注視していくことで、語りえないことに対する語り手の姿勢や自己意識の変容を射程に収めていくことを試みる（cf. ロサルド 1998:

菅原 2000; フランク 2002)。もう一つは、ヴィンセント・クラパンザーノやロサルドが指摘しているように、フィールドワークにおける「民族誌的出会い」の時間性を取り戻すことである(クラパンザーノ 1991: 10, 32–36; ロサルド 1998: 97–98, 222–223, 307–308)。フィールドで出会う人びとの語りは、人類学者との対話だけでなく、さまざまな出会いや経験を積み重ねることで変容していく。と同時に、人類学者の語りもフィールドでの出会いによって変容していく。この意味で、フィールドワークが行われている時間のなかでも、ミクロな出会いや絡み合いによって、相互変容が起きているのである。そこで本書では、未刊行の要求・抗議文書、行政文書、地方紙の記事などの現地で収集した文献資料に依拠するのみならず、講演記録や聞き書き等として文書化された過去の語りと、筆者みずからが聴きとった語りとを時系列に沿ってつなぎ合わせ、その文脈に留意しながら比較考察することによって、「民族誌的出会い」における時間性を、そこに連なる歴史的な変化とともに射程に収めようと試みる。

ただし、「本願の会」のメンバーによる水俣病経験の語り直しは、石像製作の実践とも連動しながら行われてきており、そこには語りだけを注視することからは零れ落ちる側面が存在する。「物質文化研究」の整理を通じて、モノの働きを捉えるための視点について考察した結果、モノと語りを分析対象とコンテクストの関係に還元してしまう「解釈人類学的なモノ研究」の限界がみてとれた。また、トーマスによる「モノの再文脈化」論からは、モノを特定のアイデンティティや記憶に結びつけて論じるのではなく、モノをとりまく個別具体的なコンテクストを踏まえつつ、モノの意味の転換やその継起的連鎖を時系列に沿って考察することの重要性が浮かび上がってきた。一方で、このアプローチはモノに付与される意味や物語の可変性のみに重点を置くために、モノそれ自体の働きを具体的に捉えるための視点に欠けていた。そこで、ジェルのエージェンシー論を批判的に検討したところ、対象化されたモノ(object)を前提とすることなく、人間の意図のみには還元しえないモノの働きやその特性(存在の仕方やその移ろい)を注視していくアプローチに行き着いた。

そこで本書では、対象化されたモノ（object）を前提とせずに、非意図的なモノの働きをも射程に収めていくエージェンシー論の視点と、先にみた歴史実践への通時的アプローチとを組み合わせることで、水俣病経験が想起されるプロセスを「モノと語りの響き合い」として分析していくことにしたい。そこでは、モノに付与される意味ばかりでなく、モノが人びとに何かを想起させる力に注目する。そして、「本願の会」による石像が各メンバーのいかなる想起を通じて生み出されてきたのかということとともに、変容しつつも持続性を持ち、ある場所に存在することで周囲の景観と複合的に作用するという石像の性質が、その製作者による語り（行為）とどのように作用し合ってきたのかを通時的に読み解いていくことにしたい。

第5節　本書の構成とフィールドワークの概要

第1章では、①水俣市の概要、②水俣の近代化、③水俣研究の歩みについて、時期区分を設定したうえで概観してゆく。「水俣研究の歩み」をここに配置したのは、水俣病が顕在化する以前の水俣研究が、それ以後にどのように読み直されてきたかということが、水俣という地域の特性を知るうえで重要だと考えたからである。ここでは郷土誌なども「研究」に含め、時系列に沿って整理する。

第2章ではまず、水俣湾埋立地の景観形成過程のなかに水俣の歴史構築をめぐる多様な集団間のせめぎ合い、絡み合いを読み解く。そのために、熊本県や水俣市の都市計画関連の行政文書、水俣湾埋立地の整備・活用をめぐって諸団体が作成した要求・抗議文書を史料として用いる。そのうえで、筆者によるフィールドワークのデータをもとに、「本願の会」による活動の概要と石彫りの過程について記述していく。ここで明らかとなる要点の一つは、水俣病問題を収束させようとする政治的状況に対して、被害者たちが制度的「救済」では癒えなかった心情を表現するための場として埋立地そのものを捉え直してきたという点である。「本願の会」の人びともまたその経緯のなかで折々に石を刻み、石像を設置してきた。しかし、それらの石像はたんなる水俣病被害の政治的な表象ではない。石彫りの過程についての記述からは、人間の経験や行為がモノに向かうだけでなく、モノによって新たな経験や行為が導かれる、すなわち「つくり手」であるはずの製作者が「受け手」としての側面を有していることが示される。

第3章ではまず、いったんつくり出されたモノが、次なるモノを生みだす行為にいかに作用するかという観点から、「本願の会」による石像五二体の形態と空間配置の経時的変化に関する分析を行う。次に、具体的に石像を建立する行為がいかに個人的な記憶を集合的記憶と結びつけ、「水俣」という歴史的記憶を構築することになるのかをみることにより、モノによる歴史構築の実践についての試論を提示する。そのうえで、「本願の会」による石像が、メンバー間の(ときにモノを介在させた)対話のなかから生み出されてきたモノであることを論じる。

第4章では、「本願の会」結成の大きな原動力となったO氏のライフヒストリーを事例に、モノを媒介とした水俣病経験の語り直しのプロセスについて考察する。O氏は、一九七〇~八〇年代の水俣病をめぐる運動を指導してきた人物であり、文書化された語り資料が多く残っているため、フィールドワークのなかで収集した被害者運動・裁判の記録、「本願の会」発行の季刊誌、文書化されたO氏の語り、筆者による聴きとりの記録を併せて用いる。とくに、通時的視点からモノとその製作者の語りのズレに光を当てていくことで、製作者の想起にとってモノが一定の可能性を提供したり、逆に制限するような様相を明らかにする。

これに対し、第5章では、水俣病をめぐる運動や裁判に積極的にかかわってこなかった「本願の会」メンバー二人の事例をもとに、石像のモノとしての性質が彼/彼女らの記憶のあり方にどのような影響を及ぼしてきたかについて通時的視点から考察する。そして、語られる言葉だけでなく、語りの実践がどのような環境、モノによって媒介されているかに注目しつつ、両氏による水俣病経験の語り直しのプロセスを読み解いていく。

終章では、これまでの議論を振り返り、本書でとりあげた「本願の会」のメンバーによる実践を、水俣病をめぐる運動や地域社会の文脈に位置づけて考察する。そのうえで、本書で採用した歴史人類学の方法について総括する。ここでは患者認定や補償、政治的な解決というコンテクストで語られる完結を前提とした「水俣病」とは対照的に、モノと語りのダイナミックな響き合いのなかで多層的・多元的な現実として想起されてきている未完結の「水俣病経験」の存在を指摘し、日本語の「もの」概念に着目した歴史人類学の可能性を考察する。

本書で用いる資料は、二〇〇六年から二〇一五年にかけて主に水俣・芦北地域で断続的に行った計約二六ヶ月間のフィールドワークに基づいている。[*11]

筆者が水俣に関心を持ったのは修士課程進学前の二〇〇六年であり、本書の第4章に登場するO氏のインタビュー記事を東京で目にしたことが大きな契機であった。水俣でO氏を含む多くの方々に実際にお話を聴かせていただき、さらには公害問題に関する文献を渉猟する過程で、人間社会の加害と被害という対抗的図式だけでは捉え切れない領域に水俣の複雑な現実を捉えていく必要性を痛感した。また、水俣病の被害を受けた人びとの生活（たとえば漁業や農業）に寄り添うことは、「被害者」としてくくられてきた人びとが実に多様であることを認識するとともに、「水俣病＝悲惨」という見方が次第に崩されていく経験でもあった。筆者が調査中に出会った多くの人びとは、（ときに言葉にならない苦しみを背負っていながらも）実に生き生きと生活を送っているように感じられたからである。何よりも、彼／彼女らが過去の辛さを強調するのではなく、水俣病の被害を背負ってしまったからこそなしうることを懸命に模索している姿に強く惹かれていった。そして、水俣病は、人間の生のあり方や、生き方にかかわる問題であると考えるようになった。

筆者が水俣を初めて訪れた二〇〇六年は、水俣病が公式に確認されてから五〇周年にあたる年であった。したがって、水俣病が顕在化した当時に中高年だった人びとはそのほとんどがすでに亡くなっており、当時青年だった人びとでも六五〜八〇歳ぐらいの年齢に達していたため、精力的に活動を続けているのはそれよりも若い世代が主であった。それから遡ること一〇年、公式確認から四〇周年にあたる一九九六年には、政府の和解案を受諾するというかたちで、水俣病関西訴訟を除くすべての運動が収束を迎えていた。このときの和解に向けた協議のプロセスのなかで「生きているうちに救済を」という声が被害者のあいだから上がっていたことは、高齢化に加え、運動を続けてきたことによる精神的・身体的疲労の蓄積を物語っている。

水俣病をめぐる国家賠償請求訴訟が次々と提訴された一九八〇年代は、「公害から環境へ」というスローガンのもと、加害と被害が明瞭な公害問題から、それが不明瞭な環境問題へと関心が移行していく時代であり、環境運動にとって「冬の時代」ともいわれた。加害者の責任を追及すべく企業や行政と直接対峙していた季節が過ぎ去ってからは、運動は表面的には見えにくいものになり、その「社会的な共鳴力」も薄れていったのである（成 2001: 129–130）。筆者が調査した時期には、水俣病関西訴訟の勝訴判決（二〇〇四年）を受けて水俣病をめぐる訴訟や直接交渉による闘いが続けられていた一方で、被害者やその運動を支援してきた人びとのあいだから、従来の運動を総括しつつ、相対化するような語りが多く聞かれた。

このことは、一九九〇年代以降、「対立からもやい直しへ」というスローガンのもとで、地域再生事業が進められてきたこととも無関係ではないように思われる。この事業は市民の相互理解を促すだけでなく、水俣病の経験を積極的に活かした「環境創造都市」としてのまちづくりを志向するものであった。それと並行して、「水俣病の教訓」という言葉も盛んに叫ばれるようになり、一九九七年には水俣市立水俣病資料館に「語り部」制度が設立された。また、ごみの分別収集・リサイクル、環境に関する生活ルールを決める「地区環境協定」の締結といった環境に配慮する取り組みも積極的に進められ、一九九九年には水俣市の環境マネジメントシステムについて、国際規格であるISO14001を取得している。こうしたなかで、筆者がフィールドワークを行っていた時期には、「水俣病の教訓」という言葉が多くの人びとによって自明のものとして語られていた。一方で、一部の人びとからは「教訓」という言葉それ自体にうんざりしている様子がうかがえた。これらの点は、「水俣病のような不幸な出来事を二度と繰り返してはならない」という枕詞が長きにわたって繰り返し使われることによって新鮮さを失い、「水俣病」をめぐる新たな語りが模索されていたことを示唆している。

「最終解決」と銘打った水俣病特別措置法が施行された二〇〇九年以降には、「加害者」／「被害者」がより不明瞭になるという状況が生みだされていった。すでに一九九五年の政治解決策（水俣病と認定するわけではないが、水俣病に特徴的な症状をもつ人びとを対象にした制度）によって、熊本県だけで約八〇〇〇人の人びとが「救済」の対象になるという状況が生みだされていたが、これに加え、特別措置法による「救済」策に申請した人びとは熊本県だけで四万人強にものぼったのである（高峰 2016: 6）。このことは「水俣病患者」であることを特別視しない風潮や、水俣病の話題に言及しやすい空気をつくり出した一方で[*12]、現地の人びとに水俣病の収束をあらためて意識させるとともに、曖昧な解決策を受容せざるをえない状況への憤りや虚しさを生むことにもつながっていた。

筆者によるフィールドワークは、これらの状況と連動しながら進められたものである。二〇〇七年以降の調査の多くは、「本願の会」のメンバーやその関係者への聴きとりと参与観察調査に費やされた。とくに「本願の会」のメンバーに関しては、生業や活動の手伝い、石像製作の実践への参加といったかたちでできるかぎり近くに寄り添いつつ、想起の変容やその連なりの現場を捉えていくことを重視した。第二に、景観やモノを研究に組み込むにあたって、水俣湾埋立地の景観とその一角に置かれた「本願の会」による石像（計五二体）の観察・記録・

図化を、時間の経過に伴う変化も射程に収めつつ継続的に行ってきた。第三に、行政資料、裁判記録、現地の人びとが行政・司法機関あてに出した要求・抗議文書、現地のミニコミ誌に掲載された語り資料、郷土誌や企業誌といった一次資料の収集につとめた。なお、本書で引用する語りには、ＩＣレコーダーを用いて録音したものと、フィールドノートに書きとったものの両方がある。後者に関しては、可能なときにはお話をうかがいながらメモをとったが、それが叶わないときには、発言後できるだけ早い時間にメモをとり、それらをもとにフィールドノートを作成した。

なお、本書で用いる写真は、とくにことわりが無いかぎりすべて筆者が撮影したものである。

第1章　水俣の歴史的概要

第1節　水俣市の概要

水俣市は、熊本県の南端で、鹿児島県との県境に位置する（図1－1）。一六二・二平方キロメートルの面積があり、そのうちの大部分を山野部が占める緑豊かな土地である。また、不知火海に面した海岸部は、入り江が連なり漁港も多く、北部にはリアス式海岸が続いている。

一八八九年の村制施行時、人口一万二〇四〇人の小村であった水俣村は、一九〇八年にチッソ株式会社の前身である日本窒素肥料株式会社（以下、「チッソ」と表記）のカーバイド工場が設立されたことによって、経済的な発展をみた。一九二六年に鉄道が開通し、一九三五年に水俣湾に百間港が完成するなど社会基盤の整備も進み、一九四九年の市制施行時には人口も四万二一三七人に増加した。久木野村と合併した一九五六年には人口が五万四六一人とピークに達するとともに、百間港は関税法による貿易港に指定され、熊本県下でも有数の近代工業都市としての様相を呈していた（水俣市史編さん委員会 1991a）。

この時期の水俣市は、チッソからの税収が市の歳入の約半分を占めていたことや、一九五〇年からチッソの元工場長が三期にわたって市長をつとめたこと、数多くの下請け企業・関連企業が存在していたことなどから、「チッソあっての水俣という考え方」が支配的であったと指摘されている（宇井 1968; 舟場 1977; 石田 1983）。その後、

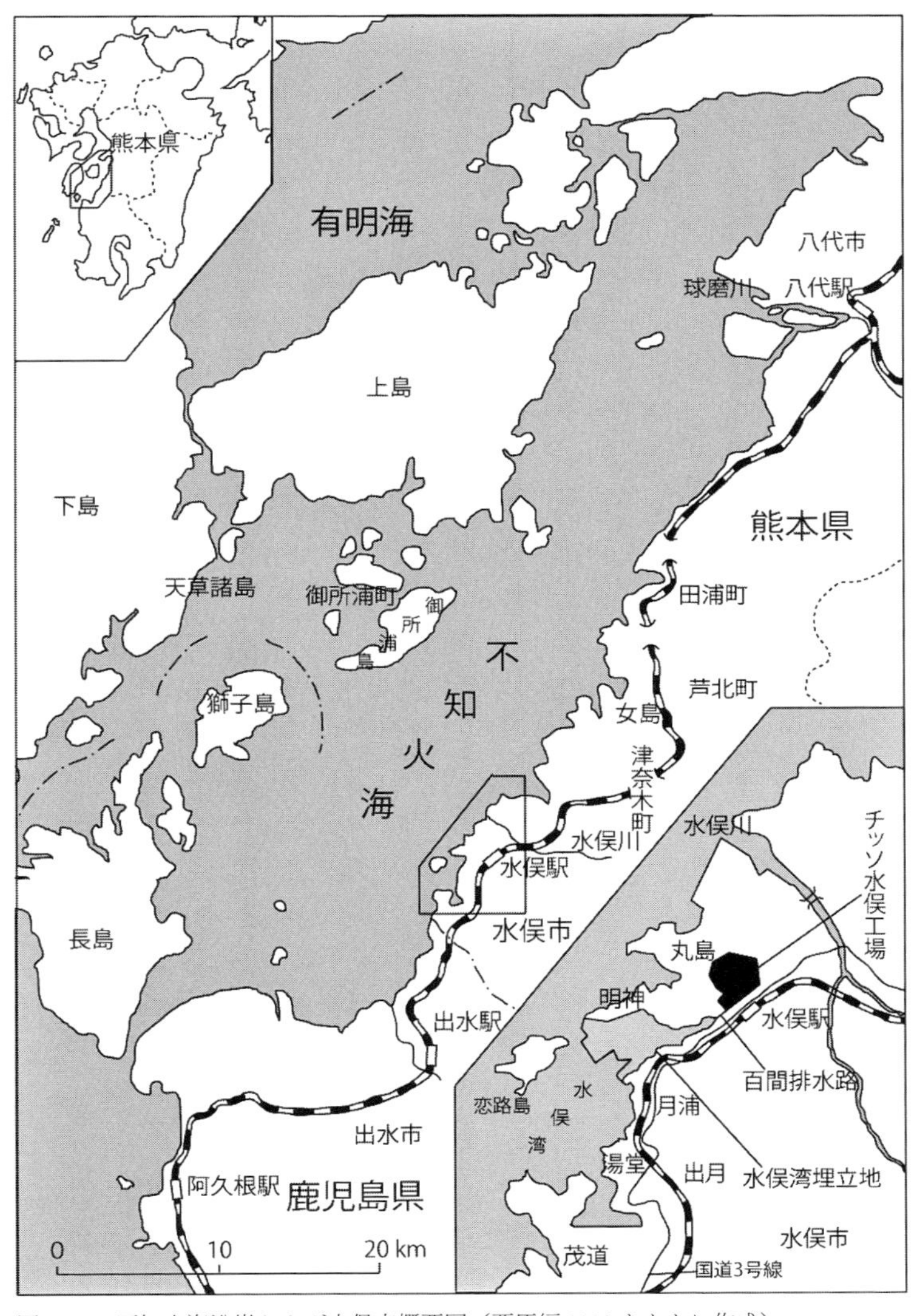

図 1－1　不知火海沿岸および水俣市概要図（栗原編 2000 をもとに作成）

水俣病の発生、高度経済成長に伴う大都市への人口流出などにより、地域経済の衰退を招き、二〇一〇年の国勢調査の時点では人口二万六九七八人にまで減少している。その一方で、水俣湾のヘドロ処理工事が終わり、埋立地が完成した一九九〇年からは、水俣病の発生によってさまざまに断ち切られてしまった絆をもう一度結び直すことを目指す地域再生事業（「もやい直し事業」）が行われ、この事業をベースとして、「水俣病の教訓」を活かした環境都市づくりが目指されてきている。また、二〇一三年の「水銀に関するミナマタ条約」採択をめぐる一連の動向において、ミナマタという出来事は新たに国際的な意義を見出され、水俣市の内外で発効にむけた取り組みが進められている。

次節では、不知火海について概説したうえで、チッソ工場が水俣に設立され工業化が進展した一九〇八～五六年を第一期、水俣病が顕在化して以降、政府による公害認定までの一九五六～六八年を第二期、公害認定を受けて水俣病第一次訴訟が提訴され、チッソとの補償協定の締結というかたちで一定の成果をあげた一九六八～七三年までを第三期、未認定患者運動が興隆するとともに、地域再生にむけて水俣湾の埋め立て事業が進められた一九七三～九〇年を第四期、完成した埋立地を舞台に地域再生事業が進められてきた一九九〇年～現在を第五期に区分し、水俣の近代化のプロセスを概観していくことにしたい。

第2節　水俣の近代化

1　不知火の海

写真 1-1　夕日が差す不知火海

不知火海は八代海とも呼ばれる。九州本島中部の西海岸と天草諸島および長島（鹿児島県）にかこまれた広大な内海である。景行天皇が肥前・肥後の熊襲を征伐した際、闇夜の海上に正体不明の火が現れ、それに導かれるようにして無事に着岸できたという伝説が残っている（cf. 不知火資料収集委員会編 1993）。現在の不知火海でも、八朔の日の前日（旧暦七月晦日）の夜中から当日（旧暦八月一日）の未明にかけて、横並びに明滅する神秘的な灯火（不知火）が観察される。これは水面と大気の間の温度差によって遠くの漁火が揺らめいて見える光の屈折現象とされているが、水俣では古くから「千灯籠」や「竜宮様（海を司る神）の御神火」（創立記念誌編集委員会 1973: 272）とも言われていた。

不知火海は外海に比べて穏やかで静かな海であり、風の吹き方や潮の流れの違いによって海面はところどころの色が変わっている。その風景は刻々と変化するが、夕方に雲間から太陽光がのぞくと、空から降り注ぐ光の柱と、それを反射する海面によって幻想的な風景が現れる（写真 1－1）。水俣出身の研究者である入口紀男が指摘するように、それは「古代から水俣の人々に、この世界の本当の穏やかさと、無窮の美しさと、そして人の世に切なさがあることを教え続ける不思議の海」（入口 2007: 67）であったのかもしれない。筆者が実施した調査のなかでも、不知火海の（とくに夕方に現れる）風景は、水俣・芦北地域の人びとに特別な経験を促しているように感じられた。たとえば、夕方の比較的涼しい時間帯に水俣から芦北へと続く海岸沿いの道を通っていくと、仕事を終えた農家、老夫婦、子どもたちといった多くの人びとがとくに目立った会話を交わすこともなく海を眺めている光景に頻繁に出くわした。また、芦北町に住むある漁師（O氏）は、船の上で夕日を見つめながら、「朝日のときのもちろん良さはあるんだけども、夕日が俺もいいと思う。おそらくそれは、人間のこう祈りの気持ちとか、彼岸みたいなものとマッチしてるんだと思う。だって生まれてきた朝日というのは、生まれてきた一日を照らして帰っていくわけじゃない。だからどっかこう郷愁を誘うというかね」と語っていた。[*1]

水俣出身の作家である石牟礼道子は、「渚にいて、お日さまが沈みまして夜がきましても、私たちは、太陽が地球の向こう側に行くにしても、不知火海の中に入って行くように感じています。……みんながおよそ同じような感じでいて、あまり意識しないですんでしまう。外側から向き合っている自然ではなくて、内海にある自然の中に自分が入っている。自分を中心にして自然も輪廻しているという感じでございます」（門脇ほか編 1983: 205）と語っている。こうして、不知火海は沿岸に暮らす人びとの死生観にも大きな影響を与えてきた（cf. 宗像 1983）。たとえば、海の潮が満ち始めると産気づき、満潮時に子どもが産まれ、人が亡くなるのは干潮時であると考えられてきたのである[*2]（入口 2007: 101）。また、水俣・芦北地域では、八月の盆の時期になると不知火海に精霊船が流されてきた。古くは一九三五年に芦北の佐敷川で流された精霊船が記録されている[*3]（鈴木 2001: 69）。

豊かな入り江を特徴とするこの海は、天然の漁礁にも恵まれており、エビやタコといった定住性の生きものに加え、カタクチイワシやアジなどの浅海面をおよぐ回遊魚、タイやタチウオなどの外洋性の魚がやってくる。とくに水俣湾周辺は、山から運ばれた養分によって多くの海藻が生い茂る、魚たちにとって大切な産卵場であり、そこで育った稚魚が成魚となってからまたそこに帰ってくるという「母胎」のような海だったのである。[*4]

明治期に移民の自由が認められて以降、人口過剰にあえいでいた天草の人びとは、一挙に他地域へと流出した。いわゆる「天草流れ」と呼ばれるこれら移民の一部は、芦北や水俣の沿岸部に住み着き、漁を始めたり、あるいは干拓や石切の技術を活かして田んぼや道づくりに従事した（色川 1983: 32–34）。なかでも水俣市南部の湯堂および茂道は、明治期初頭に水俣湾の豊かな漁場を求めてやってきた「天草流れ」を主とする移民によって形成された村落である（岡本 2015a: 35–36）。それまでは、水俣川河口に位置する舟津が唯一の漁村であり、水俣の漁業者は舟津の人びとのみであったのに対し、明治期以降には移民によって新しい漁村が次々と生まれていった。なお、こうした移民の動向は、水俣に会社ができるという段階になってさらに勢いを増したという（石牟礼 1973: 40–41）。民衆史家の岡本達明によれば、水俣への移民は大きく三つの時期に区分できる。「夢のような新漁場である湯堂と茂道を目指して来た明治の初期、チッソの新工場ができて大々的に職工を募集した大正の初期、水俣に行けば生きていくすべがあると思われた昭和初期の恐慌期」（岡本 2015a: 38）である。これらの新しい漁村が加わって、一九〇二年には水俣の漁業組合が発足した。

湯堂や茂道などの沿岸漁村では、やがて地曳網漁中心の漁業が行われるようになった（図1－2）。水俣の地曳網漁は、沿岸部の地先に点在する網代（漁場）を利用し、回遊してやってくるカタクチイワシの群れなどを張り回した網で捕獲するものであり、網を引くだけでも一〇人以上の人手を要した（水俣市史編さん委員会 1997: 150–153; 岡本 2015a: 258）。この漁が行われるタイミングは、網元が天候や潮時、イワシの群れの来訪などをみて決定したが、網子はそのほとんどが漁港の近くで農作業をしていたり、沿岸で釣り漁をしている人びとで、出漁の際には法螺貝などの合図で沿岸に駆け付けたという。地曳網漁を通してつながった網元と網子の結びつきはとても緊密なも

図1－2　イワシ地曳網漁（熊本県農商課 1890 より転載）

のであった。魚の分配方法も網元と網子に応じておのずと決められており、網子のみならず近隣の者へも分けられた（土本 1988: 356–357; 岡本 2015a: 400–407）。小さい子どもが網に行って魚を分けてもらってくることもあったという（岡本 2015a: 258）。網元と網子の関係はそれにとどまらず、網元が網子の日常の世話から、網子の子どもの面倒をみるという慣行のあったことが指摘されている（色川 1980: 19）。

水俣出身の民俗学者である谷川健一（一九二一年生まれ）は、幼いころに水俣の浜に地曳網を見に行き、弁当箱のような容器に地曳網でとれた小魚を分けてもらったときの経験をもとに、「分ける（頒ける）」という行為について興味深い考察を行っている（谷川 1994: 213–216）。谷川によれば、南九州から南島にかけて、狩猟や漁のときの獲得物の配分を「タマス」、漁の現場に居合わせた者にも与えられる配分を「ミダマス」と呼ぶという。谷川は、「タマス」と「賜う」の関係を示したうえで、この語が霊魂の「タマ」とも根本ではつながっていることに注意を促す。さらに、狩猟や漁に居合わせた者にも例外なく分配するという行為の平等性に着目し、その前提には山の神や海の神への祈願・感謝があることを指摘している。谷川によれば、神からの授かり物であるからこそ、役割、年齢、働き、地位に関係なく、狩猟や漁に居合わせた者、そして家にいる病人や赤ん坊などにも獲得物を惜しみなく分配することができたのである。[*5]

ところで、不知火海沿岸の人びとは、不知火海を「魚(イオ)が湧く」海という独特の表現で捉えてきた(cf. 水俣病患者連合編 1998)。筆者が調査した時点でも、たとえば「チリメンがいっぱい湧いてくっとよ」という語りを耳にする機会があった。[*6] また、漁を手伝っている際に、漁師がすれ違う漁船に向けて漁獲量の多寡をお互いに知らせ合う様子を幾度となく目にした。そこでは、漁獲量が少なかった場合には、両手で「〇」印を表現しながら「ダゴやったー」などと言うのに対し、多くの漁獲物に恵まれた場合には、手のひらを上に向けて指と共に上下させる、すなわち下から何かが湧いてくることを表わすジェスチャーが使われていた。[*7]

「魚が湧く」という表現は、海の豊かさにのみ起因するのではなく、不知火海沿岸に住む人びとが紡いできた魚との関係をも示唆しているように思われる。というのは、「魚をとる」のではなく「魚が湧く」という点に、人びとの受動的な側面が表現されているからである。水俣・芦北地域には「のさり」という言葉があり、授かり物を意味する(cf. 岡本編 1978: 51–52, 246, 248; 水俣病患者連合編 1998: 42–44; 栗原編 2000: 146; 石牟礼 2012: 37)。恵比寿信仰ともあいまって、魚は恵比寿という神からの贈り物・授かり物としても捉えられてきたのである。ただし、「のさり」あるいはその動詞形である「のさる」という言葉は、漁の場面のみで使われる言葉ではない。たとえば、子どもが誕生する場面で使われたり、思いがけない幸運に恵まれた時にも「のさった」と言う。また、望まざる出来事に直面した人に、「のさりもんやっでしょんなか(しょうがない)」と声をかけることもある。いずれにせよ、「魚が湧く海」は「のさりの海」(cf. 江口 2006: 86)でもあったのである。[*8]

そして、不知火海は漁民以外にとっても重要な場所であった。月浦から湯堂までと茂道の沿岸部はたくさんの石がある「石ゴッツ(石だらけ)」の海岸であり、岩につくカキやビナと呼ばれる小さな巻貝が豊富にとれる(cf.

岡本 2015a: 20)。そのため、春になると多くの人びとが海岸に降りて、「ビナ拾い」や「カキ打ち」にいそしんだ (cf. 鬼塚 1986: 109)。一九一五年に書かれた『水俣町郷土史』には、水俣湾の眼前に浮かぶ恋路島について、「此ノ島ハ晩春ノ頃貴賤老弱相携ヘテ潮干狩リの快挙ヲナスモノ多ク盛夏ニハ遊学生ノ豪遊ヲ試ムルモノ亦少ナカラズ或人曰ク一度此ノ島ニ遊ビ漁船ニ投ジテ島巡リヲナサンカ真ニ快絶愉絶ノ佳境ニ入ラザルモノナシト言フ（この島は晩春の頃、貴賤老弱どんな人であっても一緒に潮干狩りをする人が多く、夏の盛りの頃には豪遊している学生も少なくない。ある人が言うには、一度この島で遊んで漁船で島めぐりをすれば、心の奥底から愉快な気持ちにならない人はいないとのことである）」との記述がみられる（古閑 1915）。また、最も潮が引く日である旧暦三月三日は「節句浜」と呼ばれ、主に女性たちがこぞって浜に出て、ビナなどの貝類や海藻を採り、古くから賑わいをみせていた（江口 2006: 14–18; 川尻編 2013: 13)。

2 チッソ工場設立による工業化の進展（一九〇八～五六年）

チッソ工場設立の背景

水俣は、水俣川と湯出川によってつくられた平らな沖積地、谷間の山間地帯、南西側の丘陵地帯によって構成されている。沖積平野にある陣ノ町や濱は「マチ」・「町うち」と呼ばれていた一方で、水俣川を上流に向かって進んでいった先にある川沿いの村落群は「ウラ」、南西部の丘陵地帯は「イナカ」と呼ばれていた（水俣市史編さん委員会 1997: 3; 岡本 2015a: 17）。川沿いの村落や、水脈にあたる丘陵地帯の村々にはわずかばかりの水田や畑があり、米中心の農業が営まれていたが、村々の石高は限られたものだったという（岡本 2015a: 27）。そのため、養蚕や山仕事、製塩業によって現金収入を得つつ、自給のために麦、粟、カライモ、野菜などをつくるという、一家の手作業を主とする農業形態が中心であった。忙しい時には隣近所や親類・友人などとお互いに助け合いつつ農作業を進めた。こうした共同作業は「もやい仕事」、あるいは「結い仕事」（水俣市史編さん委員会 1997: 7）と呼ばれていた。魚の行商をする漁村集落の女性たちは「目籠いねどん」と呼ばれ、天秤棒で魚を担ぎ、山間・丘陵地帯の農村にまで魚を売りに行っていた。そこでは現金取引ばかりでなく、穀物との物々交換も行われていたという(ibid.: 180–183)。

明治終わり頃の水俣は、熊本の大牟田地方から運ばれてくる石炭の陸揚げ港としての活況を呈し、鹿児島の大口金山や牛尾金山のエネルギー源である石炭を荷馬車で運ぶ人びとで賑わっていた。数百台にも及ぶ馬車が川沿いの道を往来する風景は、この時期の水俣の風物詩であったという（水俣市史編纂委員会 1966）。この風景は、チッソの創始者である野口遵が一九〇六年に曾木発電所を建設し、その電気エネルギーが金山に供給されるようになってから一変した。そして野口は、同発電所の余剰電力を用いたカーバイドの製造を企図していたのである。

ところで、チッソ工場が設立される以前の水俣における重要な地場産業の一つとして、一六六七年から続けられてきた製塩業が挙げられる（水俣市史編さん委員会 1991b）。一七世紀後半に「百間塘」、一八世紀後半には、「大廻りの塘」が築かれ、その内側には広大な塩田がひろがっていた。図1－3において、水俣川河口のすぐ西側に半円状に形成されているのが「大廻りの塘」である。内側に広がる広大な塩田には所々に洲があり、その中州に数軒ずつ「ボヤ」と呼ばれる塩焚き小屋があった（水俣市史編纂委員会 1966: 339）。ボヤは三軒か四軒の共同で、一軒で焚くところは少なかったという。塩焚きは二人交代で行われ、一週間にわたって夜通しで焚くという重労働であったが、「勉強で飯食わんでもよか。カライモの植え道と塩浜の干し道さえ知っとれば、ひもじい目にゃあわん」（岡本・松崎編 1990a: 121）と言われるように、製塩業をする農家は水俣では中流以上の生活ができた。

水俣の郷土史家である窪田実は、「塩田のはなやかなりしころ、ぼやの煙がたなびく広大な塩浜の眺めは、ま

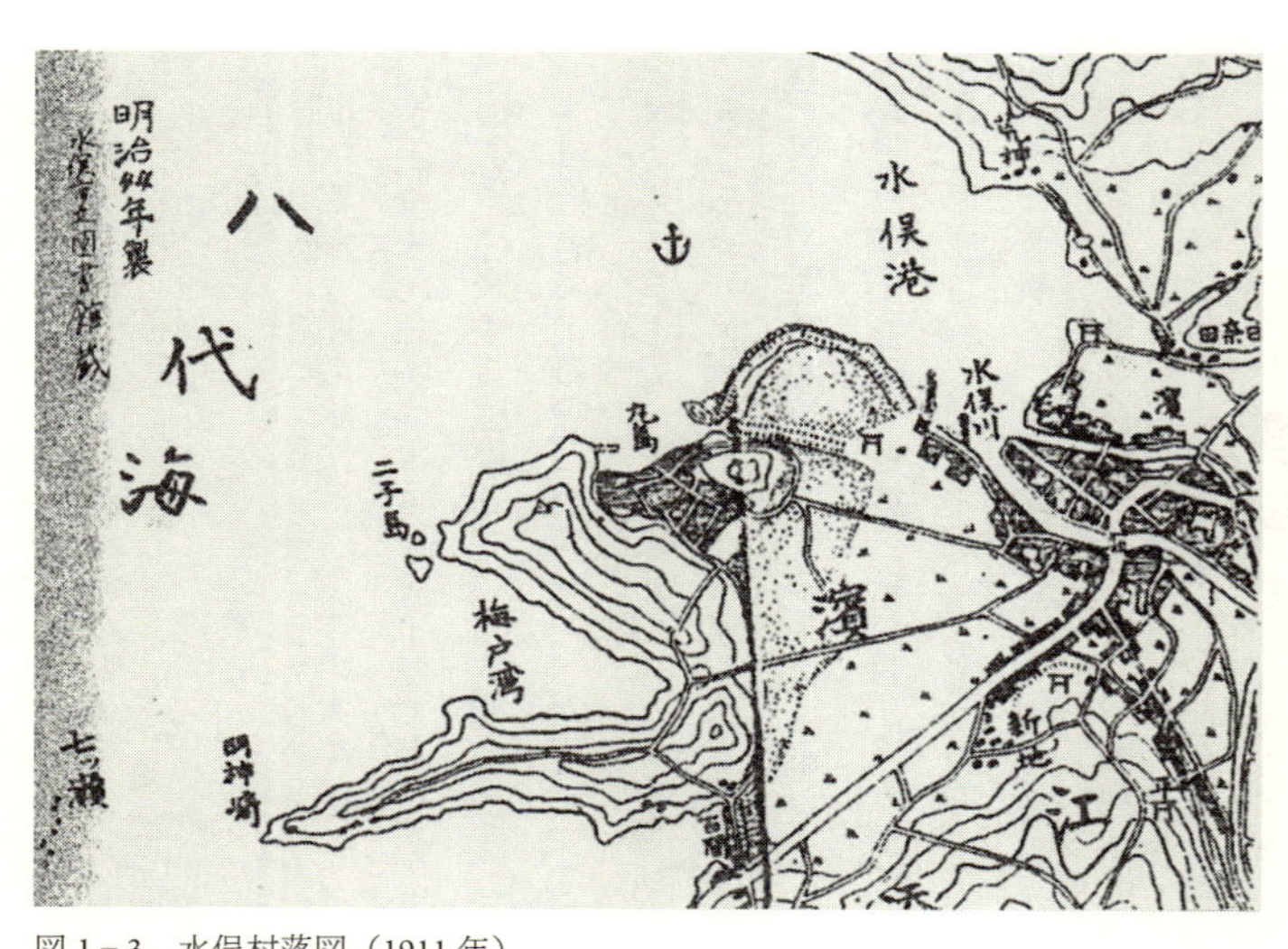

図1－3　水俣村落図（1911年）

さに一幅の水墨画であった」（窪田 1976: 68）という古老の語りを紹介している。また、塩の神を祭った塩釜神社の近くには数百年の樹齢を誇る三本の大きな松があり、当時は水俣のどこからでも見通すことができたという（窪田 1975: 59）。この三本松のあたりは茅が生い茂る辺地で、日暮れ近くにもなると人も滅多に通らない淋しいところであり、狐火が灯ることもあった（水俣市史編さん委員会 1997: 339）。石牟礼（一九二七年生まれ）は、幼い頃の遊び場であった「大廻りの塘」について次のように述懐している。

> 舟津の先の川口の村は、いまのわたしが住んでいるとんとん村で、この村は秋葉山の山神さまをはじめ、山と名がつかなくとも小高いところでさえあれば山神さまを祀っていた。山神さまとは山の主で、年取った猿であったりおろちであったりしたが、このひとたちのことを総称して山童(やまわろ)の変化したものだと思われていた。村々はさまざまの井戸や神や、荒神さま方につかえ、山童たちや川太郎たちの世界でもあったから、大廻りの塘の界隈は、人の通る道というよりも、むしろこれらの土俗神たちや、夜になるとチチ、

チチと鈴のような声で鳴いて通る船霊さんの往来がにぎやかであった（石牟礼 1980: 144）。

不知火海の海水は甘く良質な塩を育み、水俣の塩は薩摩だけでなく、木材や薪炭などとともに佐賀や長崎方面にまで出荷されてきた。しかし、日露戦争の財源確保のためもあり、明治政府は一九〇五年に塩の専売制を施行し、水俣経済は大打撃を受けた。当時三四町二反を超える塩田に九三軒の塩焼き小屋があり、浜、古賀、丸島、江添、平、百間、月浦、新地地区の農家二〇〇軒余りの人びとが現金収入を得ていた（水俣市史編纂委員会 1966: 340）。また、一斗俵で年間数万俵が製造されていたのである。一九〇九年には塩専売所水俣出張所が廃止され、一九一〇年に水俣の製塩業は終焉を迎えた。数百戸の人びとが現金収入の道を絶たれ、利用価値を失った水俣の広大な塩田跡が残るなかで、当時で一〇〇万円という莫大な資本をもっていたチッソは、一九〇八年にカーバイド工場を設立した。

明治二五（一八九二）年生まれの古老は、チッソの工場が設立された場所について次のように語っている。

あぁ、淋しかったたっです。旧工場ン所は淋しかったもンじゃっで、彼処（あすけ）、地蔵さんち、祀ってあったたっじゃな。こン地蔵さんの祀ってある所は、どこも矢張（やっぱ）、淋しか所じゃもンな。よか所にゃなかっです。非常な、もう危険な所ばかり祀ってあっとです。そっで、地蔵さんの前ば通る時は、誰でン頭ば下げて通らんばならん。「俺、何のために、此処（こけえ）坐っとるか」ち、地蔵さんの言わっとち。地蔵さんにゃ頭ば下げて通るもンぞち、昔の人はそればかし言わったっです（久場 1975: 43）。

歴史学者の色川大吉は、水俣へのチッソの定着過程を三つの時期に分けて分析している（色川 1983: 66–73）。それによれば、第一の画期は町長が名望家からチッソ社員にとってかわられた一九二六年であり、それまでの時期は、水俣の名望家や地主層によって町制が支配されていた「名望家時代」とされる。第二の時期は、水俣の地主層がチッソ出身の議員勢力に対抗し、両者がせめぎ合っていた一九二六～四九年であり、「新旧融合の時代」と呼ばれる。第三の時期は、一九四九年以降にあたり、戦前のチッソ水俣工場長が水俣市長に就任した一九五〇年にその確立が認められる「チッソ支配時代」である。

色川が「名望家時代」とする一九二六年までの時期において、チッソは第一次大戦勃発による大好況の到来や肥料価格の暴騰によって資本を蓄積し、買収した水俣の塩田跡地に新工場を建設した（一九一八年完成）。一九二〇年代に入ると、チッソは、社宅や専用港の整備、会社診療所の開設、消費組合水光社の設立など、会社の施設を充実させていくとともに、水俣川の取水権の設定、百間地域の埋立て権の取得といった具合に、水俣におけるその存在を徐々に大きくしていった（舟場 1977）。

一九〇九年には「町うち」に初めて電灯がつき、その後より広い範囲に電灯が設置されていった。それまでの主な照明は囲炉裏、ロウソク、ランプであり、電灯の到来は人びとに「娑婆が変わった」（岡本・松崎編 1990b: 217）ことを想起させた。明治二八（一八九五）年生まれの古老は、次のようにその変化を述懐している。

> 夜の十二時すぎれば、月の出ん夜は真っ暗闇だった。もう暗さも暗さ、道で会うても、ヒョッと顔の行き合わんと、わからんもん。その時間になると、水俣中あっちでもこっちでも、幽霊がとばしよった。ちょうど提灯の煤けたのをとばしたように、フワーッと飛んで歩く。……電気のつくまで出とりよったもん。いま

も幽霊は居るじゃろ。電気の明かりで見えんだけたい(ibid.: 218)。

チッソの工場が設立された当初は、それを歓迎した天草からの移民たち、危機感を抱きつつも共存共栄を模索しようとした水俣の富裕層、そして劣悪な労働条件を背景に「会社行き」を蔑視した民衆といった多様な受けとめ方がなされていたが、チッソによる新工場の設立から水俣への定着が進んだ一九二〇年代にかけて、水俣の地域社会においても「会社行き」の社会的地位は高まり、チッソの工員の大半が水俣出身者によって占められてゆくという労働市場の変化も生じた[*9](色川 1983: 44–47; 岡本・松崎編 1990b)。

こうした変化はまた、漁村や農村における暮らしのありようを変化させずにはおかなかった。たとえば、湯堂という漁村には緊密な網元—網子関係が存在していたことを先に見たが、「会社行き」となる若者が増え、網子が不足するという事態が生じたのである(岡本編 1978: 251–253)。それは半農半工、半漁半工という新たな生業形態をもたらした。しかも半漁半工の場合、一人の人間がそれを行うというのではなく、「親は一本釣、子どもは会社行き、夫は会社行き、妻は網子」(岡本 2015a: 268)といった家族内分業のかたちをとることになった。一九一五年に刊行された『水俣町郷土誌』にはすでに、急速に変動しつつある水俣社会に対する危惧とも言える表現がみてとれる。「保存すべき風俗習慣」として、「敬神の念厚し」、「吉兆慶弔に対する礼厚し」、「団結心強し」の三つが挙げられているのである(古閑 1915)。

一九二六〜四九年までの「新旧融合の時代」の初期(とくに一九三〇年代)には、都市改造が大きく進んだ(図1–4)。とくに河川改修などの土木事業の面で名望家とチッソの利害が一致したことによって、水俣の行政は洪水対策を兼ねた都市改造に向かうこととなる。一九三二〜三四年にかけて行われた水俣川の河川改修事業は、沖積地に広がる市街地や塩田跡地に建設された工場を水害の常襲から守ることを目的に、河道の一部を埋め立て、X

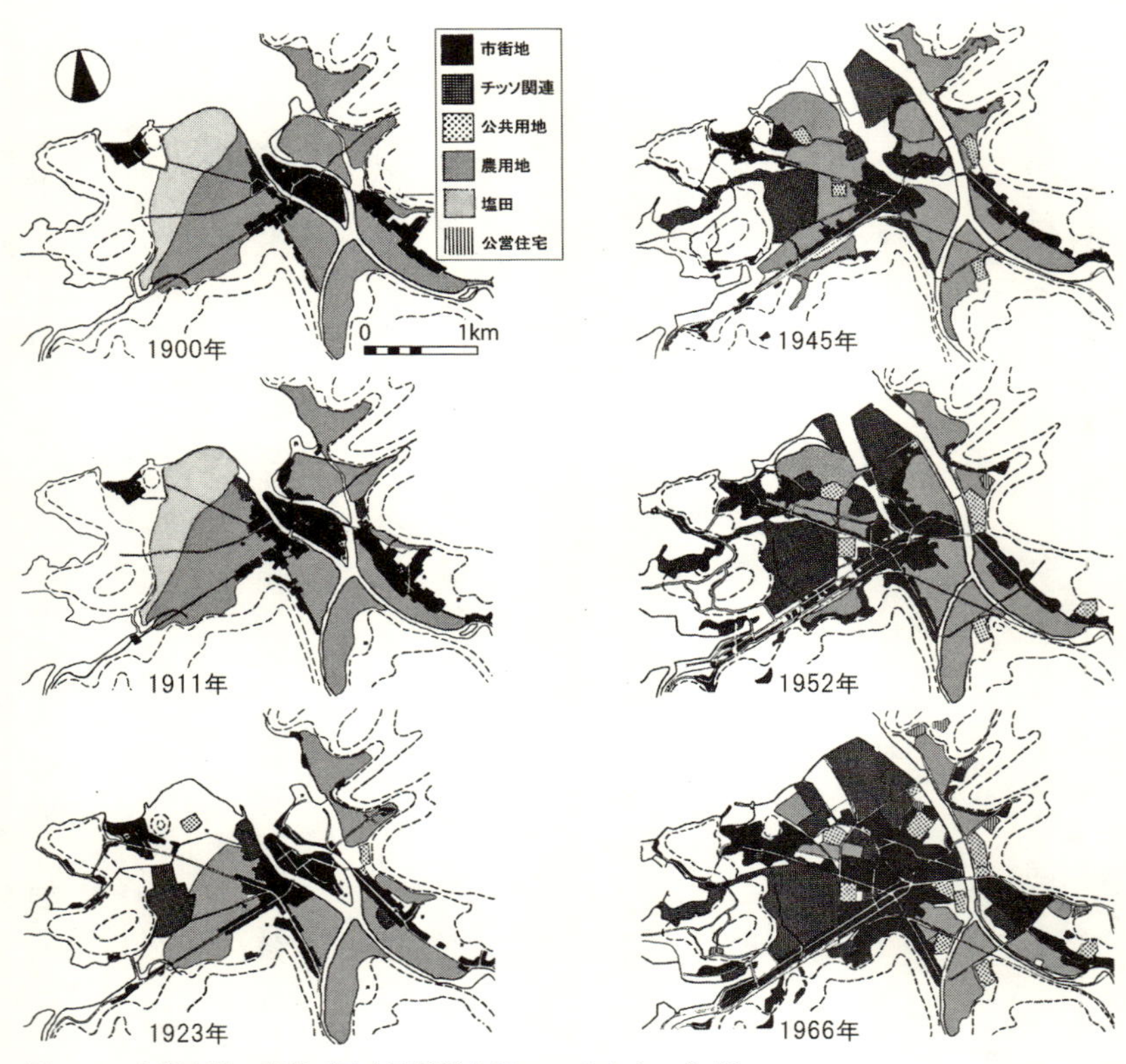

図1－4　水俣市街の変貌（日本建築学会編 1981 をもとに作成）

字状からY字状に改修するというもので、河川埋立地（約二万四〇〇〇平方メートル）は町有地となった。これによって、水俣市街の中心軸は東から西に移動し、チッソの新工場を中心とする都市再編へと向かっていった（舟場 1977）。

河川改修が進行中の一九三三年に刊行された『水俣郷土誌』には、次のような文言が認められる。

明治四十一年窒素肥料株式会社の水俣工場の創立を見るに至り、商工業も漸次発展の機運に向い、水俣村は戸数二八八〇、人口一七七九六を算し、大正元年十二月一日町政を布くに至れり。爾来本邦の文明の西漸と、水俣町の地理的産業上の優越とに相まって近時驚くべき進展を告げ、水俣町政の内容とその範囲とは浸々乎として進み、城南の一大都邑を形成するに至れり。今や、荒尾、人吉と共に都市計画の予定地に編入せられて、ますます発展を期待せらるるに至れり（水俣尋常高等小学校 1933: 3）。

さらに、河口の埋め立て、チッソの必要による百間港の整備、九州北部と水俣をつなぐ道路の新設といった市街地形成のための都市計画は、軍需景気によるチッソの財政の好転に支えられて大きく進展し、水俣の産業基盤がかたちづくられていった。こうしてかつて小村であった水俣は、貿易港をもつ工業都市へと変貌しつつあったのである。そして、チッソの新工場付近にあった広大な湿地や塩田跡ばかりでなく、水俣川の河口付近や梅戸港および百間港付近の埋立地はチッソ関連の土地として新たに用いられてゆくこととなる。

このように見てくると、「チッソあっての水俣」というだけでなく、「水俣あってのチッソ」（丸山 2004: 66）という側面が浮かび上がってくる。化学工場にとって「水は命」と言われる。チッソの水俣工場は、水俣川の豊富な水と海岸線に立地することでの排水の利便性によって支えられてきた。また、多くの水俣出身の工場労働者に支えられることで経済的な発展をみたのである。この意味で、みずからの成立基盤である水俣の豊かな自然や水俣の人びとからの恩恵を忘却し、経済発展の糧としてしかみなかったことが、水俣病発生の原因の一つであったとは言えないだろうか。チッソは一九一八年の新工場操業開始時から、その工場排水を無処理で海に放流し続けていたのである。カーバイド残渣の流出とヘドロによる漁業被害はすでに一九二〇年代に顕在化しており、漁業者による抗議も行われていたが、チッソは「今後、永久に苦情は言わない」ことを条件に、「見舞金」を支払うことでその抵抗を切り崩してきた。また、朝鮮戦争の特需景気によって急成長を続けたチッソは、塩化ビニールやアセトアルデヒド、合成酢酸の新工場を次々と稼働させる一方で、塩化ビニール工場などで労働災害を頻発させていくのである。

水俣湾をめぐる民俗と水俣病の発生

ところで、チッソが工場排水を直接排出した水俣湾をめぐって、いくつかの民俗呼称が報告されている。たとえば、水俣湾に出入りする魚の道が「はだか瀬」と呼ばれてきたことや（石牟礼 1969: 72）、水俣湾北部の半島である明神崎のすぐ下が「緑鼻」と呼ばれ、イワシなどの魚が豊富にとれた場所であったこと、「馬刀潟（マテガタ）」と呼ばれる干潟があったことなどである（岡本編 1978: 250）。また、「井川」と呼ばれる、磯の際の、「清水の湧き出す岩の割れ目や窪み」（石牟礼 1980: 10–11）が水俣湾沿岸にもあったことが確認されている。[*10]「井川」については、石牟礼道子が、年配者から幼い頃に聞いた「井川ば粗末にするな。神さんのおんなはっとばい、ここにも」（ibid.: 11）という語りを紹介している。

水俣では、かつて薩摩藩による厳しい迫害から逃れた熱心な浄土真宗門徒の子孫によって西念寺と源光寺が開かれて以降、浄土真宗が最も広く定着したが（熊本県教育委員会 1977: 36; 色川 1983: 18; 宗像 1983: 104）、成文化した教義に基づく「制度化された宗教世界」ばかりでなく、自然との触れ合いのなかで育まれた「見えない宗教世界」（宗像 1983: 104）が存在してきたことを石牟礼の語りは示唆している。なお、筆者は二〇一〇年八～九月にかけて、各寺院に地区ごとの檀家数についての聴きとりを行った。その結果、水俣病が多発した沿岸地域を含めどの地域においても浄土真宗が最も広く定着していること、次いで浄土宗の檀家数が多いことがわかってきた。

生活世界としての水俣湾に被害が発生した経緯については、一九六九年に第一次訴訟支援を目的に結成された「水俣病研究会」による綿密な聴きとり調査の報告に詳しい（水俣病研究会 1970）。それによれば、一九四九～五〇年頃にかけて、「マテガタ」で幾種かの魚が浮上し手で拾えるようになり、百間港の工場排水口付近に船をつないでおくとカキが付着せず、湾内の海藻が白みを帯び始めて次第に海面に浮きだすようになった。また、時を経るに連れ、浮上する魚や海藻の数や種が増加し、魚が狂いまわるのが見られ、死滅した貝が数多く発見されるようになった。一九五五～五七年頃には食用海藻が全滅し、死滅した貝類のきつい腐敗臭が鼻についたという。水俣病は、人間の身に生じる以前にまず自然界の異変として現出しており、その記憶は、その後、水俣の人びとが水俣病問題を考えるうえでの一つの参照点とされてきた可能性がある。

さらに注目すべきこととして、水俣の人びとが魚介類に薬効を見出していたことが挙げられる。茂道に住むある漁師（T氏）は、たとえば、肝臓が悪い時にはナマコ、「ほろし」（食あたりによる発疹）のときにはサバ、妊娠中の女性は母乳の出をよくするためにカキを食べていたことを教えてくれた。[*11] 同氏によれば、これらの魚介類は汚染の激しい時期にも多食されていた。つまり、不知火海の恵み――「のさり」としての身近な魚介類を信じて食べ続けることで、あらたに被害が生みだされるという事態が長く続いたのである。この点に関して、石牟礼による次の記述は示唆的である。

それは人びとのもっとも心を許している日常的な日々の生活の中に、ボラ釣りや、晴れた海のタコ釣りや夜光虫のゆれる夜ぶりのあいまにびっしりと潜んでいて、人びとの食物、聖なる魚たちとともに人びとの体内深く潜り入ってしまったのだった（石牟礼 1969: 121）。

3　水俣病の隠蔽と重層的な差別（一九五六〜六八年）

一九五六年に公式に確認された水俣病は、チッソの工場排水に含まれていたメチル水銀化合物によって、九州南西部の不知火海沿岸一帯に広がった公害病を指す。汚染された魚介類を経口摂取することで起こるその被害は、発見当初、水俣湾周辺の漁村集落で多く見出され、その後、対岸の御所浦島をも含む不知火海沿岸一帯にまで広がっていることが確認された。

水俣病の原因がチッソの工場排水中に含まれる有機水銀であることは、熊大研究班が一九五九年には明らかにしていたが、政府は一九六八年まで公害と認定せず、さらにはチッソにも排水を流させ続け、食品衛生法などとるべき対策を怠った（写真1－2）。この時期差の背景には、高度経済成長に向けて動き始めていた当時の国の意向や、日本の産業界の一翼を支えていたチッソの重要性がある（見田 1996; 栗原 2005）。いずれにしても、高度経済成長に向けた国策が被害を拡大させ、地元に生じた混乱を黙殺する結果を生んできたことは間違いない。二〇一六年二月一二日までに公害健康被害補償法によって県知事から認定された患者数は二九八四人（熊本一七八七人、鹿児島県四九三人、新潟七〇四人）である。さらに、一九九五年の政治解決策（水俣病と認定するわけではないが、水俣病に特徴的な症状をもつ人びとを対象にした制度）の対象者が三県合わせて一万二三七四人、二〇〇九年の水俣病特別措置法（後述）の対象者が三万八二五七人にのぼる[*12]（高峰 2016: 6–7）。この他にも多数の潜在患者の存在が指摘されており、現在でもなお被害の全貌は未確定のままである。

水俣病の症状を明確に定義づけることは困難だが、多数の死亡者が出ており、とりわけ発生初期に見られた急性劇症型の患者が死に至る過程は壮絶なものであった（原田 1989, 1994）。軽症とされる患者の場合でも、神経症状により手足のしびれや運動失調など生活全般にわたってさまざまな程度で不治の障害をもつことになる。また、

写真 1-2　チッソ水俣工場（1967 年撮影、朝日新聞社／時事通信フォト提供）

母親の胎内で水銀を摂取することで、生まれながらにして重篤な障害を背負う胎児性患者が存在する。

こうした身体的被害に加え、被害者には社会的差別が加えられてきた。かつて人びとが経験したことのない症状は、発生当初「奇病」として恐れられ、被害者家族は地域社会での孤立を余儀なくされた。また、水俣病被害は漁村の人びとを中心に発生したため、「奇病」への蔑視は、漁民への差別意識とあいまって、「昔の奇病ちゃ漁師もんが多かったったい。大体漁師ち、言えばなぐれ（流れものの貧乏人、天草流れが多い）で他者（よそもの）やろが。なんば考えとっとかわからん所のあるもんな。そら、わしらァ百姓も良か米は売って二番米を食うとるから、あっどめもキャア腐れた魚ばっか食うとって水俣病なったろちな、考えらるるわけたいな」といった新たな差別意識を生みだしてきた。*13 そして、汚染された魚介類が原因であるとわかると、みずからの生業を守るために漁業組合が被害の隠蔽につとめ、被害者家族の孤立化が進んだ（宇井 1968; 舟場 1977; 石田 1983; 原田 1989）。

しかし、水俣病被害の複雑さは、当初から「奇病」を差別してきた地域の人びと、被害の隠蔽に奔走してきた漁協の組合員のなかにも被害者がいたことにある（cf. 原田 1989）。このことによって地域社会が複雑にねじれ、さまざまな葛藤や苦しみを生んできた。また、被害者を抑圧した市民も水俣市を一歩出ると、水俣出身ということで外社会からの偏見や差別に直面することとなった[*14]（向井 2000）。一口に「水俣病」と言っても、それだけでは捉えられない多様な生活被害があったことがわかる。

被害者同士が寄り集まった最初のグループは一九五七年に発足した「水俣病患者家庭互助会」である。それは、水俣病発生当初、チッソ擁護の風潮や地域社会における差別の目が厳しいなかでやむにやまれず訴え出たごく少数の人びとによる唯一の結集であった（宇井 1968）。「互助会」は、一九六九年に裁判への参加をめぐって厚生省にその補償内容を一任する「一任派」と「訴訟派」とに分裂するが、分裂当時「一任派」が五四世帯、「訴訟派」が二九世帯であったことを考えても、一九六九年時点でさえ少数の集まりであったことがわかる（原田 1972）。

チッソとの補償交渉により最初に交わされた協定は一九五九年の「見舞金契約」である。これは非常に低額の補償金（成人一〇万円、死者三〇万円）と、将来水俣病がチッソの工場排水に起因することがわかっても新たな補償は一切しないということを約束させるものであった。この権利放棄条項によって、その後一〇年近く水俣病問題は社会的に終わったものとされた。

なお、厚生省は患者への補償が社会問題化したことをうけて、一九六〇年に「真性患者の判定」（宮澤 1997: 281）のための「水俣病患者審査協議会」を発足させた。医師の意見書を添えた申請書を地域の保健所を経由して審査協議会に提出する「本人申請」が義務づけられたと同時に、医学者・医師・行政関係者から構成される審査協議会のメンバーが典型症状に照らして「水俣病」であるか否かを判定するという手順が制度化された[*15]。審査協議会は一九六二年に熊本県衛生部に移管されて「水俣病患者審査会」と名前を変え、一九六三年には熊本県条例に基づく「水俣病患者審査会」となるが、上記の基本的性格は現在に至るまで変わっていない（ibid.: 281）。

4　水俣病第一次訴訟と自主交渉闘争（一九六八〜七三年）

厚生省は、一九六八年九月に「水俣病に関する見解と今後の措置」を発表した。そこには水俣病の原因がチッソ水俣工場の排水に含まれる有機水銀であること、および「公害に関わる疾患」として対処することが明記されている（水俣病研究会 1996b: 1412–1413）。一九五九年以降沈黙を強いられていた「互助会」は、これを受けてふたたびチッソとの補償交渉を開始する。しかし、補償処理の一任をめぐって対立が深まり、一九六九年には「一任派」と「訴訟派」に分裂する。そして同年、「訴訟派」二九世帯によって、水俣病初の裁判である「水俣病第一次訴訟」が提訴された。「訴訟派」の人びとを支えたのは、一九六八年に発足した「水俣病（対策）市民会議」である。これは水俣地区唯一の支援組織で、主に被害者の生活の世話、訴訟進行上の手続きや調査などを行った。さらに、一九六九年には熊本市の住民有志を中心とする「水俣病を告発する会」が発足し、翌年以降には東京・大阪・京都をはじめ全国に「告発する会」を名乗る組織が続々と発足した（写真１－３）。同会は、「水俣病市民会議」とも連携しつつ反公害運動の一翼を担った（石牟礼編 1972: 124–125）。一九七一年には被害者グループ「自主交渉派」が、チッソ東京本社前で約二〇ヶ月にも及ぶ座り込みを開始した。「自主交渉派」は、一九七三年の第一次訴訟勝訴判決を受けて、「訴訟派」と共に水俣病「東京交渉団」を結成し、同年、チッソ東京本社における直接交渉のもと、チッソとの「補償協定書」の調印に至る。

「訴訟派」と「自主交渉派」の合力によって得られた「補償協定書」の内容は、認定された患者に症状ランクに応じた一時金（一六〇〇万〜一八〇〇万円）と年金の支払い、さらにその後に認定された患者にも同じ補償を適用するというもので、それまでのチッソの対応と比べると画期的なものであった。補償協定が結ばれたことで、運

写真 1–3　熊本市内で行われたデモ行進（1969 年撮影、朝日新聞社／時事通信フォト提供）

動のあり方も変容することとなった。直接交渉を経ずとも県に申請することで、補償を前提とする認定のための審査を受けられるようになったのである。さまざまな理由で名乗り出られなかった大量の被害者がこれを機に認定申請し、運動の規模も急速に拡大することとなった。

「訴訟派」など初期の運動に関わった人びとの幾人かは、当初、「奇病」患者として自分たちを差別した者まで認定申請し始めるという状況に複雑な心情を吐露しており、[*16] 初期（一九七三年以前）の運動に関わった人びとと後期（一九七三年以降）の人びとのあいだに、感情の隔たりや対立感情が生じていたことが推測される。一九七三年以降には、地域や生業、運動に関わり始めた時期、運動への志向を理由として、多様な被害者団体が結成されてくることになるが（桜井 1979; 土本 1979; 池見 1996）、そのこと自体が被害者間の複雑な心情を示唆していると考えられる。

5　未認定患者運動の興隆と水俣湾の埋立て（一九七三～九〇年）

一九七三年以降、大量の認定申請という状況に直面した国や県は、財政上の問題もあって多くの未処分者を生むと同時に、一九七七年に水俣病の認定基準を狭めたため、大量の棄却者を生みだしてきた。こうした状況のなかで、第二次訴訟（一九七三年提訴）、第三次訴訟（一九八〇年）、関西訴訟（一九八二年）、東京訴訟（一九八四年）、京都訴訟（一九八五年）、福岡訴訟（一九八八年）といった大規模な訴訟や、被害者団体による運動によって、チッソ・県・国の加害責任とともに、水俣病の認定基準が重要な争点とされた（原田 1989）。

また、この時期は、埋立て事業への着手を契機として「水俣病を克服した新たな出発」が水俣市において本格的に意識され、埋立地の活用をめぐる議論が俎上にのぼりはじめた時期でもある（山田 1999）。チッソが排水を停止した一九六八年頃までに水俣湾に流出・堆積した水銀量は数百トンとも言われ、水俣湾の港湾機能を阻害するだけでなく、汚染魚への不安から地元住民や漁業関係者の懸念材料となってきた。そこで、一九六八年から水俣湾の汚染調査を進めていた熊本県は、一九七七年に「水俣湾公害防止事業」に着手した。それは、水銀値の高い湾奥部を仕切り、水銀値の低い区域の水銀ヘドロを浚渫して埋立地に投入し、そのうえを良質の山土で埋封するというものだった（熊本県 1998）。海上工事を運輸省第四港湾建設局が、陸上工事や監視調査等を県がそれぞれ担当した。しかし、着工後まもない一九七七年一二月に一部住民が熊本地裁に差し止めを提訴したため、工事は一時中断した。その結果、一九八〇年四月に再開した工事は厳重な監視計画に加え、作業の内容や監視の結果を毎日水俣市内三ヶ所で提示するなど、地域住民の理解を求めながらのものとなった。一九八四年には第一工区の埋立てが、一九九〇年に第二工区の埋立てがそれぞれ完了した。約一四年の期間と約四八五億円の巨費が投じられた結果、現在の埋立地約五八ヘクタールが完成した。この工事によって底質中の総水銀値は浚渫前（一九八五年調査）の〇・〇四〜五五三ppmから、〇・〇六〜一二ppm（浚渫完了後、一九八七年調査）まで低下したことが確認されている。

6　地域再生事業の展開とその後（一九九〇年〜現在）

地域再生事業の展開

一九九〇年代には、完成した埋立地を主な舞台として、地域再生に向けた「もやい直し事業」が進められた。「もやい直し事業」（正式名「環境創造みなまた推進事業」）とは、被害者・市民・行政が共同で国際会議や市民の集い（講座）、展示会等を開催することによって、市民の相互理解や新たな地域づくりをめざした水俣の地域再生事業のことを指す（環境創造みなまた実行委員会ほか 1999）。「もやい（舫い）」とは、狭義には、船と船、あるいは船と杭をつなぎ合わせることを指す漁師の言葉であり、広義には、つながりをつくることや、共同で何かをなすことを意味する（cf. 辻編 1996: 211–213）。この言葉を地域再生事業の基礎に据えた当時の吉井正澄市長によれば、「もやい直し」とは、「ばらばらになってしまった心の絆をもう一度つなぎ合わせようという意味」（進藤 2002: 140）とされる。*17

たとえば、環境復元を祈念して一九九〇年八月に行われた「みなまた一万人コンサート」は、その最初の事業である。これは熊本県の主催によって、西ドイツの合唱団を迎え埋立地で市民とともに合唱を行うというイベントだったが、開催当日一部の被害者や支援者の手によって「行政による水俣病隠しのお祭り騒ぎ」とする抗議ビラが配られた。この出来事は熊本県や水俣市といった行政機関の職員に被害者との対話の必要性を強く認識させるきっかけとなり、その後の事業展開を方向づけるうえで大きな意味をもった（cf. 山田 1999）。

水俣市は、一九九一年七月以降、「行政と市民各界・各階層との団体ごと、地区ごとの意見交換会」を四〇回以上にわたって実施するなど、各市民団体や被害者団体と対話を重ねた。その結果として市内全二六地区に「寄ろ会みなまた」が発足し、さらに、市内一七の市民グループの連携によって水俣の環境改善をめざす「みなまた環境考動会」が発足する。こうして始まった事業への市民による自発的な参加は「環境創造みなまた実行委員会」として結実し、水俣市と共に一九九二年以降の事業運営に主体的に関わっていくこととなった。たとえば、「寄ろ会みなまた」は、地元にあるモノや人材を調べるために実際に各地域を歩いて調査を行い、水俣市全域の地域資源マップを作成するなど、既存の資源を活かした地域づくりに積極的に取り組んできた。

これら地道な対話の積み重ねにより、一九九三年度以降は被害者、それ以外の市民、行政機関の職員といった従来の垣根をこえた対話が徐々に日常化し始め、被害者のあいだからも、「やっと、人前で、水俣病のことを話せるようになった。肩の荷がおりた」という語りが少ないながらも発せられるようになったという（環境創造みなまた実行委員会ほか 1995）。こうした動きと並行して、吉井市長は、「水俣病をより深く発信したい」（進藤 2002: 148）との思いから水俣市立水俣病資料館に「語り部制度」を創設した。

水俣市は一九九二年五月一日、「水俣病犠牲者慰霊式」を二四年ぶりに公式実施した。この年の式には三つの被害者団体が不参加を表明したが、市職員が被害者宅への訪問を繰り返し、それぞれの意見や要望を丹念に聴いてまわったこともあり、二年後の一九九四年にはすべての団体が式に参列するようになった（吉井 2017: 21）。同年、埋立地を主会場として「環境ふれあいインみなまた94」が開催され、三日間で合計約五万二〇〇〇人が集った。そのなかで、「火のまつり」が初めて開催されていたことが注目される。これは「本願の会」の中核メンバーでもあったE氏という漁師（女性）の強い要望により実現したもので、松明などの火に託して、水俣病で犠牲となったすべての生命に祈りを捧げる行事である。E氏が「人間の犯した愚行で犠牲になった魚ドンたちには申し訳ない、何とかその魂は安らかに昇天してほしい。その祈りの場として、埋立地で火のまつりを催させてください」（吉井 2017: 29）と水俣市に申し出たのだが、行政が宗教行事をすることは禁じられていることから、市民手づくりの祈りの行事として実現することになった。上記二つの行事はいずれも水俣湾埋立地を会場として現在まで継続的に行われてきている。

埋立地の整備活用が本格化したのもこの時期である。熊本県の主導によって、竹林園（一九九二年）、環境センター（一九九三年）、親水緑地（一九九四年）が設けられ、水俣市の主導によって水俣病資料館（一九九三年）と水俣メモリアル（一九九六年）が完成した。一九九七年からは地域再生事業の一環として、市民ボランティアの協働で「実生の森」づくりが始められた。そして、一九九五年に発足した「本願の会」のメンバーは、埋立地の一角（親水緑地）にさまざまなモチーフの石像（計五二体）を建立し、祈りを捧げてきている。さらに、水俣病が公式に確認されてから五〇周年にあたる二〇〇六年には、親水緑地に「水俣病慰霊の碑」が設置された。

チッソや国が控訴を繰り返したことによる運動の長期化に伴って、高齢者の多い被害者たちは次第に疲弊してしまい、一九九六年には政府和解案を受諾するというかたちで、関西訴訟を除くすべての運動が収束を迎えることになった。このときの「救済」策は、当時の与党三党が一九九五年にまとめたもので、内容は一時金二六〇万円の支払いと医療費の支給である。「救済」の対象は「水俣病患者」ではなく、「四肢末梢優位の感覚障害がある者、および判定検討会がこれに該当すると認めた者」(松野 1997: 38)とされた。

和解によって「全面解決」と言われてきた水俣病問題であるが、二〇〇四年に下された関西訴訟の最高裁判決のなかで、被害を拡大させた国・熊本県の加害責任が明らかにされると同時に、患者認定基準の妥当性が批判された。このことによって、二〇〇四年以後ふたたび認定申請者が急増し、チッソ・県・国を相手とする損害賠償請求が提訴された(北岡ほか 2007)。これら認定申請者の急増に対処するために、二〇〇九年には水俣病の「最終解決」と銘打った水俣病特別措置法が制定された。これは、①未認定患者への一時金(二一〇万円)や療養手当の支給からなる「救済」と、②患者に対する補償金などの支払い業務をチッソに残し、事業部門を子会社として分離するというチッソの「分社化」を二本柱としたものであった。これによって、チッソは子会社の株式配当を補償に充て、「救済が終了し、市場が好転」すれば、子会社の株式を売却することが可能になった。すなわち、「チッソ」という会社が消滅する道筋が開かれたのである。この「分社化」の手続きに則って、二〇一一年一月にはチッソから全事業を引き継いだ新会社「JNC」が設立された。一方、水俣病をめぐるいくつかの裁判はいまなお係争中である。

第3節 「水俣研究」の歩み

1 水俣病が顕在化する以前の水俣研究（一九〇八〜五六年）

水俣病が顕在化する以前に水俣の歴史を扱った先駆的な著作として、チッソの水俣工場設立から五年後の一九一三年に出版された『水俣郷土誌』を挙げることができる（古閑 1913）。これは水俣尋常高等小学校の校長であった古閑五八郎によって学校教育への活用を目的に執筆されたもので、全三編から成る。第一編の「郷土史編纂の主旨」には、①郷土の諸事象を通じた地理や歴史の学校教育、②愛郷心の養成、③郷土に関する知識を踏まえた地域の改良および進歩の方策の探求をその目的とすることが明記されている。第2編は2章立てであり、水俣の「位置、地勢、土質、気候、広袤、地目段別」を扱った「自然界」の章と、「戸口、教育の沿革、郷土の沿革、諸官署、経済、運輸交通、産業、商業、工業」を扱った「人事界」の章から構成される。なかでも、水俣の歴史を扱った「郷土の沿革」は、「深水家略歴」、「古蹟」、「神社仏閣」、「明治以後の当町一部の変化」から構成されている。

とくに注目されるのは、「郷土の沿革」全体の三割強（一三頁分）が「深水家略歴」に割かれている点、および「明治以後の当町の変化」は一頁分にも満たない点である。すなわち、水俣の名望家である深水家一五代の歴史を通じて、飛鳥時代から明治時代に至るまでの水俣地域の歴史的過程を丁寧に描き出している一方で、明治以後の歴史性についてはごく僅かな言及しか認められない点にこの郷土誌の特色があると言える。*18

明治以前の郷土の歴史性を重視するこうした姿勢は、小学校の教員であった斎藤俊三による一九三一年の『水股郷史』にも認められる（斎藤 1931）。タイトルにある「水股」とは「水俣」の旧来の書き方で、明治以前の歴史記録に登場する。全九章から成るこの著作は、第1章の「はしがき」の後、第2章～第7章まで、古老たちが語る歴史的事象および水俣の郷土に関する口頭伝承を中心に据えつつ、安土桃山時代の島津氏による肥後への侵入から、西南戦争までの歴史的過程が描き出されている。そして、水俣の史跡に言及した第8章「雑録」、および、石器時代から明治時代までの出来事を年表形式で四ページ強にまとめた第9章「郷土の沿革」は、補足的な意味合いを付与されている。この著作のさらなる特徴として、古老たちの「旧藩時代の夢物語」に垣間見える「郷土精神を永遠に残すこと」を目的としている点が挙げられる（ibid.: 9–12）。ここでは、明治以前の郷土をめぐる物語がもつ歴史性を重視し、その本質を記録したうえで活用していくことが求められているのである。斎藤はこのような歴史性を「父老の物語の間に祖先の存在を知ること」（ibid.: 9）と表現している。

一方で、チッソが創立三〇周年を記念して一九三七年に出版した『日本窒素肥料事業大観』では、先述の二冊が重視していた明治以前の水俣の歴史性が捨象されているばかりでなく、過去から現在、そして未来へと単線的に連なる歴史観が表明されている点が特徴的である（日本窒素肥料株式会社編 1937）。この著作は、「製品編」、「製造編」、「現勢編」、「沿革編」、「統計編」の五編で構成されており、それぞれの編において、肥料、工業薬品、人造絹糸、油脂、却、石炭工業製品といったチッソの事業にかかわる製品やその製造、当時の事業の状況などが紹介されている。事業の推移を扱った沿革編が「石灰窒素時代」、「合成アンモニア時代」、「朝鮮躍進時代」、「工業薬品・人造絹糸及その他の事業」、「当社の重役諸氏」、「当社の事業資金とその業績」から構成されていることからもわかるように、チッソが水俣に来る以前の歴史や、チッソによる水俣への定着過程はいっさい述べられていない。そして巻末の「編集後記」には、「過去を語るよりも現在を、現在よりはむしろ将来に多大の期待をかけられている当社としては過去の歴史もさることながら、まず現在の大勢を紹介説明し進んで当社の将来を予見する一助にもなしたく、本書は重点をここに置いて編集されたものである」（ibid.: 618）と記されている。

以上見てきたように、水俣病が顕在化する以前にも水俣の歴史を扱った著作は存在した。そのなかでも、学校教育の関係者によって編纂された郷土誌（史）においては、水俣の名士である深水家を中心とした明治以前の水俣の歴史性が重視され、それを記録として残し、学校教育に活用していくことが求められていた。このことを踏まえたうえで、次に水俣病顕在化以後の水俣研究の動向を整理しておくことにしたい。

2　加害と被害の実態解明（一九五六〜七三年）

一九五六年に水俣病が公式に確認されてから一九六〇年頃までは、水俣病の原因究明に多くの注意が注がれたため、医学的研究が中心を占めていた。これに対して、水俣病問題、引いては公害問題に関する人文社会科学的研究は一九六〇年代半ば以降に本格化した（庄司ほか 1964; 宇井 1968）。

その先駆的な著作として、宇井純による『公害の政治学』を挙げることができる（宇井 1968）。大学の工学部を卒業した宇井は、一九五六年に日本ゼオンに就職し、塩化ビニール工場の製造工程で使用した水銀の廃棄に関わっていた（宇井 1968: 214, 1995: 96）。このときの経験から、宇井は、水俣病の原因がチッソ工場の排水中の有機水銀ではないかとの報道に強い関心を寄せ、一九六一年から水俣をはじめとする公害被災地の調査に着手していったのである。このように、水俣病に関する社会学的研究は門外漢の宇井によって開始された。宇井は、全国紙から地方紙まで多岐にわたる新聞記事を主な資料として、水俣病の発生から一九六七年に至るまでの水俣病をめぐる動向を詳細に報告している。そのうえで、日本の公害問題に共通する現象として、公害発生→（「真実を求める被害者」を主とする）原因究明→（「真実を隠そうとする加害者」を主とする）反論提出→（正論と反論が混在することで真実がわからなくなる）中和という四段階のプロセスを見出し、これを「公害の起承転結」と呼んだ（宇井 1968: 146–147）。

一方、一九六九年には、水俣病第一次訴訟が提訴されたことを背景に、その支援を目的とする「水俣病研究会」が組織された。これは法学者だけでなく、医学者、社会学者、作家といった多様なメンバーからなるグループで、その第一目的はチッソの過失を立証するための新たな理論構築であった（富樫 1995: 18–21; 宮澤 1997: 52–56）。一九七〇年に刊行されたその成果は、「水俣病の恐るべき実態」、「水俣病発生の因果関係」、「水俣病におけるチッソの過失」、「加害者チッソの行動様式」の四部立てで構成されている（水俣病研究会 1970）。たしかに水俣病被害の実態を論じた第Ⅰ部においては、「被害者」の生活歴や症状の多様性が描出されているものの、その研究成果は、「訴訟派」に深くコミットしつつ告発の実践として出発した経緯を色濃く反映し、企業・行政といった加害者 vs 被害者という対抗的図式を前提としていた。

この時期に書かれた著作のなかで異色なのは、石牟礼道子による『苦海浄土』である（石牟礼 1969）。そのなかで石牟礼は、いくぶん牧歌的な筆致で、不知火海とそこに住むさまざまな生きものと共に暮らす漁師たちの生活を、生活者の視点から鮮やかに描き出している。たとえば、「魚は天のくれらすもんでござす。天のくれらすもんをただで、わが要ると思うしことってその日を暮らす。これより上の栄華のどこにゆけばあろうかい」（ibid.: 183）と語る老漁師の生活がとりあげられ、そのなかに密かに忍び込んだ原因不明の病いと向き合う家族の生き様に光が当てられた。

この著作は、水俣病を水俣の風土の中に埋め込まれた出来事として捉え直した点できわめて画期的であった。石牟礼によれば、それは近代化の影響によって変質せざるをえなかった「故郷」を手がかりにして、「極限状況を超えて光芒を放つ人間の美しさと、人間の倫理とは異なる企業の論理に寄生する者との、あざやかな対比」

(ibid.: 291) を浮かび上がらせる試みでもあった。それゆえ、この著作は日本社会全体に対しても大きなインパクトを与えた。文化人類学者の竹沢尚一郎は、『苦海浄土』の影響について次のように書いている。

石牟礼のこの書が出版されると、世論の水俣病に対する見方は大きく変化した。この書は、貧しく無学な流れ者の患者のうちにこそ、近代が抑圧しようとして抑圧しきれなかった豊かな人間性が存在することを、うねるような文体のうちに示してみせた。それにより、患者に対する国民多数の視線は、苦痛を負った者に対する同情と憐みから、困難とともに生きる人間に対する共感へと変化したのである（竹沢 2010: 178）。

総じて言えば、この時期の水俣研究はほぼ孤立無援の状態にあった圧倒的な少数者としての被害者に深くコミットしていた背景から、加害者 vs 被害者という明瞭な対抗的図式のもとでその実態解明を重視していたと言える。そして、その成果をもとに「水俣病研究会」が提示した新たな過失論は、水俣病第一次訴訟を勝訴に導く大きな原動力となった。ただし、対抗的図式が強調されることによって、水俣病の発生から顕在化以後が焦点化され、水俣病顕在化以前の水俣の歴史性は捨象される傾向にあった。

水俣出身の民俗学者である谷川健一は、一九七一年春に行われた対談のなかで、「水俣病」を社会問題に限定して捉えることの弊害を以下のように指摘している。

庶民の歴史がすでに水俣には何百年、何千年とあったわけです。……そういうもののはてに水俣病が出てきた。巨視的なものがなくなったと同時に、そこに断絶感だけが際立ってきて、水俣といえばドス黒いものであって、それ以外の何ものでもないというイメージがありますね。たとえば、カンバスをまっ黒く塗りたくり、題して「水俣」だと言って展覧会に出せばそれで通るようなものですね。しかし、その黒の下には何が塗られているかということです。そこが問題だと思います（谷川 1972: 35）。

3　近代化論の再検討（一九七三〜九〇年）

水俣病をめぐる加害／被害の対抗的図式を相対化するうえで画期的な役割を果したのは、一九七六年に石牟礼道子の呼びかけに応じて発足した「不知火海総合学術調査団」である。これは社会学・政治学・哲学・医学・生物学といった多様な専門家からなる学際的集団で、社会学者の鶴見和子らをはじめとする「近代化論再検討研究会」を基礎にして生まれた。同研究会はヨーロッパ社会をモデルに形成された近代化論の普遍性に疑問を抱き、それを日本や中国やソ連の経験に基づいて再構成することを目的としていた（鶴見ほか編 1974: 2–3）。一九七二年からこの研究会に参加していた歴史学者の色川大吉が、一九七六年から五年間にわたって行われた第一次調査の団長をつとめ、一九八三年にはその成果が『水俣の啓示』という二冊の論集として刊行されたのである（色川編 1983a, b）。

その成果は多岐にわたるが、対抗的図式のなかでは捨象されがちな、多様な主体間の関係性とその動態をとり上げた研究として、「定住者（ジゴロ）」、「漂泊者（ナガレ）」、「新人」に着目した鶴見の論考が挙げられる（鶴見 1983）。鶴見は、被害者運動の過程や水俣病多発地域における地域再生の営みを通じて、三つの主体間の関係性が新たに構築される具体的様相を析出した。そのうえで、水俣病で身体や生活を破壊された人びとの回復への自助努力と主体形成のプロセスに光を当て、「いわゆる『近代化』とは異なる生活の形と人間関係」（ibid.: 15）を描出しようと試みている。また、数百年にわたる水俣の民衆史を再構成した色川の論考においては、水俣病顕在化以前の水俣研究が積極的に参照されている（色川 1983）。色川は、とくに中世以降の水俣の民衆という視座を重視しつつ、移民を含むさまざまな主体が織りなしてきた重層的な差別意識や「民衆的」な心情の形成過程を明らかにしたうえで、水俣病をめぐる運動のなかに「純粋中世的な心情の炸裂」（ibid.: 21）を読みとっている。ただし、民衆史的な視点から水俣ひいては不知火海沿岸の人びとを捉え直した先駆的な業績は、チッソ労働組合の委員長も務めた岡本達明らによるものであり（e.g. 久場 1975; 岡本編 1978; 岡本ほか編 1990a, b）、色川も彼らの仕事に多くを負っている。

さらに、漁村でフィールドワークを行った宗像巌は、茂道集落に生じた変化を、当該地域の漁民のあいだで暗黙のうちに共有・継承されている宗教的な意味世界（世界観）の変動過程として捉え直している（宗像 1983）。そのうえで、茂道の漁民たちが、近代社会によって新たにもたらされた受難の意味を伝統的な意味世界に基づいて解釈し直し、その超克を試みる実践を描出した。その意味世界は、不知火海を中心とする自然環境と人間のあいだの宗教性を帯びた関係としての「自然関係」、死者をも含めた人と人との連続的な関係としての「人間関係」、漁具や漁獲物の交換といったモノのやりとりとしての「交換関係」という、三層から成るものとして析出されている（ibid.: 106–114）。

以上見てきたように、これらの研究は、多様な主体間の関係性の変化、被害者の主体形成のプロセス、水俣病顕在化以前の水俣の歴史性、自然環境と人間のあいだの宗教性を帯びた関係に着目することによって、加害と被害という対抗的図式の相対化を試みた点で画期的であった。ただし、団長をつとめた色川が、水俣の民衆を「近代的なものの考え方とか近代市民社会、そういうものとは遠い世界で暮らしてきた極めて伝統的、土着的な感性を持った人びと」（色川 1982: 196–197）と位置づけていることからもわかるように、ここには近代社会と被害者、あるいは近代と伝統という新たな対置もまた認められる[*19]（cf. 森下 2010）。

4　水俣の歴史構築（一九九〇年～現在）

水俣湾埋立地が完成し、水俣の地域再生および水俣病問題の和解に向けた機運が高まった一九九〇年代以降の水俣研究に特徴的なのは、「対立からもやい直しへ」というフィールドの変化に呼応しつつ、加害／被害という枠組みの限界がより強く意識され始めたことである。たとえば、環境再生やコミュニティ・ケアに焦点を当てた研究や（e.g. 色川 1995; 除本ほか 2006）、地域再生事業の展開を主題に据える実証的な研究が登場した（e.g. 山田 1999; 清水ほか 2000; 向井 2004）。これらの研究は、地域内の対立や葛藤を超えて人と人、人と自然の関係性を修復しようとする試みに光を当てるものである。水俣病第一次訴訟の際にチッソの過失論を構築するうえで重要な役割を果たした法学者の富樫貞夫は、水俣病運動の展開を総括しつつ、次のように書いている。

かつてあれだけ鋭く問われていた「加害と被害の関係」が、次第に曖昧になり、相対化してきているというのが現状だと思う。もちろん、加害者・チッソと被害者・患者を絶対的な関係としてとらえるということは、それ自体問題を含んでいたわけで、実際は、加害と被害の関係というのは非常に複雑である。たとえば、水俣の患者同士の間においても加害・被害の関係はあるし、水俣市民の間においても、そういう〈ねじれ〉現象がある。また、もう少し広げて考えると、かつてチッソは戦後日本の経済成長の旗手であり、それなりに日本の戦後復興、経済の高度成長にも貢献してきた。そして私たちはその経済の高度成長の受益者でもあるわけで、高度成長を抜きにしては、私たちの今日の生活はありえないといっても過言ではない。そういう意味では、患者や市民を含めて、すべての人が加害者だという側面をもっている。……かつて個別水俣病闘争が鋭く突き出したような「加害・被害」の原点を大事にしながら、他方、それをあまり絶対化せず、もう少し視野を広げながらこの事件のもつもっと多様な意味合いを引き出していくことが、今日では必要になっているように思われる（富樫 1995: 439）。

さらに、近年の水俣研究は、新聞やニュース報道の言説分析や、聞き書き史料の再検討を通じて、「水俣」の社会的構築を批判的に浮かび上がらせる。小林は、メディア言説が表象する水俣病事件史において、選択される出来事とその語られ方の政治性について分析を行い、「公害、環境問題の原点」、「高度成長」、「地域の近代化、産業化」、「戦後」、「水俣病問題の解決」を語ってきたさまざまな言説によって選択された出来事が、「水俣」の表象可能性を一方向に固定し、収斂させてきたことを明らかにした（小林 2007）。また、萩原は、「市民」、「患者」、「チッソ」、「行政」といった呼称とその実体化の弊害を指摘したうえで、多様なライフヒストリーが、語り手と聞き手のあいだの共同作業のあり方によってさまざまに構築される具体的様相を明らかにした（萩原 2004）。

また、「水俣病」をめぐる近代の言説に直面した人びとが、そこに編入されずに、それとは異なる方法で現実を創り上げようとする試みに着目し、「本願の会」の実践について論じた文化人類学者の慶田による論考は興味深い（慶田 2003; cf. 古谷 2001; クリフォード 2003）。慶田は、国家や近代科学が患者認定や補償の問題としての「水俣病」を構築し、地域や被害者同士のあいだに複雑な分断を生み出してきたことに言及しつつ、「本願の会」の試みを、国家的、権力的、分断的な近代の思考の枠組みによって一方的に規定されてきた「水俣病」とは異なる歴史の存在を可視化する実践として位置づけた。具体的には、「本願の会」のあるメンバーが一九九六年の「水俣・東京展」に寄せて行った、不知火海の伝統的な木造船による水俣から東京までの「魂の移動」（慶田 2003: 213）が主題化された航海が分析され、「水俣病経験という起源」（ibid.: 217）をあらかじめ備えた物語に吸収されえない、断片的でくり返し語り直される記憶や、日々つくり出され、つくり直されている実践に注目することの重要性が指摘されている。ここに看取できるのは、「近代」に対置される被害者ではなく、「近代」を生きる被害者の複雑な現実を焦点化しようとする試みである。

以上見てきたように、近年の水俣研究からは、史実としての歴史だけでなく、歴史叙述のあり方や表象としての歴史、歴史構築といった問題領域へと関心が拡大してきたことがみてとれる。ただし、これらの研究では語りや文書を対象とした分析に重点が置かれている。近代の言説とは異なる方法で現実を創り出そうと試みる人びとの実践について論じた慶田の論考でも、モノのもつ歴史構築のための媒体性はとり上げられていない。しかし、水俣の人びとが生きる生活世界の景観は一九七七年以降の水俣湾内の埋め立てなどによって、目に見える形で変化してきており、景観の更新という問題と絡み合いながら「水俣」の歴史構築をめぐる争点が浮上してきたのである。

そこで、次章では、「水俣病の爆心地」とも言われる水俣湾埋立地の景観形成過程のなかに、水俣の歴史構築をめぐる多様な集団間のせめぎ合い、絡み合いを通時的に読み解いていくことにしたい。

第2章　水俣湾埋立地の景観形成過程

本章では、水俣湾の埋立て事業や埋立地活用をめぐってさまざまな団体が作成した要求・抗議文書を時系列に沿って整理分析し、水俣湾埋立地の現景観を創出した歴史的過程として読み直すことで、水俣病問題に関わる多様な集団間の歴史的絡み合いを析出する。そのうえで、筆者によるフィールドワークのデータをもとに、「本願の会」の活動の概要と、石彫りの過程を記述していくことにしたい。分析に先立って、まずは埋立地の現景観について概説しておこう。

第1節　水俣湾埋立地の現景観

水俣湾埋立地は、水俣湾の一部区域を埋め立てた約五八ヘクタールの人工隆地である。高濃度水銀を含む汚泥や汚染された魚介類が埋められている一方で、「エコパーク水俣」として一般の人にも広く開放されている。熊本県の所有下にあり、管理主体は熊本県土木部港湾課である。「エコパーク水俣」は、一九八九年に出された熊本県の整備計画（後述）を受け継いで以下の四区画に分けられている（図2－1）。

山のゾーン：　埋立地の東端に位置するこの区域は四・〇ヘクタールあり、その全域が「竹林園」として整備

図２－１　水俣湾埋立地の概要（熊本県 1998 をもとに作成）

されている。園内には、世界各地から集められた一六〇種類を超える竹や笹が植えられている。また、案内板には、この庭園が「自然の貴重さと環境復元への願い」を表していると記されている。

里のゾーン：　山のゾーンの西端に隣接するこの区域は八・〇ヘクタールあり、「小鳥の森」や「遊びの森」などの森林空間や、「ふるさと広場」と呼ばれる芝生空間、約三万株の花が植えられた「花の里」や六〇〇〇株のハーブの「香りの丘」で構成される。また、子どもが楽しめるような各種遊具施設が配備されている。「花の里」の脇には観光物産館「まつぼっくり」が位置する。託児所である「ナーサリー」もこの区域に配備されている。

街のゾーン：　里のゾーンの西端に隣接するこの区域は一〇・八ヘクタールあり、「健康の森」と呼ばれる天然芝の多目的競技場を中心に、「テニスの森」と「スポーツの森」が配備されている。前者にはテニスコートが八面あり、後者はグラウンドゴルフ場やゲートボール場から成っている。また、「公園管理センター」がこの区域に配備されている。

海のゾーン：　埋立地の東端に位置するこの区域は一八・六ヘクタールと最も大きく、海際の「親水緑地」（二・〇ヘクタール）とソフトボール場四面を含む「潮騒の広場」を中心とする「港湾緑地」（一六・

写真２－１　埋立地に点在する石像

六ヘクタール）から構成される。潮騒の広場の周りには「海の広場」や「水鳥の池」、「子どもの広場」、「花の回廊」、「実生の森」がある。「親水緑地」の中央部には「水俣病慰霊の碑」があり、その周りに「本願の会」による石像が点在しているが、石像は公園地図には記載されておらず、解説も存在しない（写真２－１）。幅三〇センチメートル四方、高さ六〇センチメートルほどの石像は五二体を数え、恵比寿、地蔵、夫婦、母子、猫、魚などさまざまなモチーフが見られる。いくつかの石像には建立者の名前や建立年代、「一九八三年までここは海でした」、「いのるべき　天と思えど　天の病む」、「夕映への海で　魚がはねて　いのっている」、「夕映の海」、「願」、「夢」、「弥」、「風」といった記銘が彫り込まれている。海を見つめるようにして西向きに置かれた石像の視線の先には恋路島が浮かんでいる。

なお、厳密には埋立地上ではないが、北部に隣接する明神地区の丘の上には水俣市立水俣病資料館や熊本県環境センター、水俣病の教訓を後世に伝える「水俣メモリアル」が見られる。

現在の埋立地を構成する景観要素は実に多様である。たしかに、埋立地の大部分を占めている牧歌的な雰囲気のスポーツ公園と、親水緑地に立つ石像の間には隔たりが感じられなくもない。それでもなお、いまそこに一括りの景観として埋立地はある。

第2節　埋立てをめぐる多様な立場と主張（一九七七〜八〇年）

以下、埋立て事業や埋立地活用をめぐってさまざまな主体が出した要求・抗議文書を時系列に沿って整理分析する[*1]（表2-1）。その際、埋立て事業の是非をめぐる論争が水俣市で最も盛んになったヘドロ処理差し止め訴訟提訴から着工再開までの一九七七〜八〇年を第一期、着工再開から埋立地完成までの一九八〇〜九〇年までを第二期、埋立地完成からそれを契機とする地域再生事業が終了するまでの一九九〇〜九九年を第三期に区分した。

なお、第一期に属する文書は、埋立て事業をめぐる要求・抗議文書二七件である。提出先の大部分は国・県・市といった行政機関および司法機関、または機関を代表する個人であることがわかっているが、提出先不明のものが四件含まれる。文書の形式は、全二七件中一六件が手書き、一一件がワープロ打ちであり、二六件が一〜四頁、一件が九頁である。

第二期に属する文書は、埋立地活用をめぐる要求・抗議文書五件である。そのうち四件がまちづくりにむけた提言書であり、一件は被害者団体による合同声明文である。五件のうち三件は行政機関を代表する個人に提出されたものだが、提出先不明のものが二件含まれる。第三期に属する文書も埋立地活用をめぐる要求・抗議文書であり、全六件のうちまちづくりにむけた提言書は一件である。提出先は、行政機関を代表する個人に提出された

表2－1　分析対象文書一覧

時期	主体	表題	年月日	提出先	文書の形式	備考
第一期	水俣市漁業協同組合	要望書	1977.12.21	熊本県知事	ワープロ、B5、4ページ	
		要望書	1978.1.24	熊本県知事	ワープロ、B4、2ページ	614名分の署名添付
		要望書	1978.2.17	運輸省第四港湾建設局		
		陳情書	1978.4.27	運輸大臣、環境庁長官	ワープロ、B5、9ページ	
		嘆願書	1979.10.1	熊本地方裁判所民事第三部裁判長	ワープロ、B4、4ページ	
		嘆願書	1980.4.28	熊本県知事	ワープロ、B5、3ページ	
	津奈木漁業協同組合	水俣湾ヘドロ処理工事促進に関する陳情書	1978.1.7	熊本県知事	手書き、B4、2ページ	
	熊本県漁業協同組合連合会	要望書	1978.1.26	熊本県知事	ワープロ、B5、3ページ	
		嘆願書	1978.4.13	熊本地裁	ワープロ、B5、3ページ	
		嘆願書	1980.2.7	熊本地方裁判所裁判長	ワープロ、B5、3ページ	
		嘆願書	1980.4.16	熊本県知事	ワープロ、B5、3ページ	
	水俣市百間地区一本釣会	陳情書	1978.1.13	熊本県知事	手書き、B4、3ページ	
		嘆願書	1978.2.21	熊本県知事	手書き、B4、2ページ	4038名分の署名添付
	水俣市一本釣りと遊漁船の会	申入書	1978.4.4	運輸大臣、環境庁長官	手書き、B4、2ページ	
	芦北漁業協同組合	抗議文	1977.12.7	熊本県知事	書き、B4、1ページ	
	水俣市観光協会	陳情書	1978.5.13	水俣市長	手書き、B4、1ページ	
	百間地区住民代表	陳情書	1978.9.14	水俣市長	手書き、B4、3ページ	
	水俣地区労働組合協議会	抗議文	1978.10.16	水俣市議会議員各位	手書き、B4、2ページ	
	水俣病被害者の会	要望書	1978.9.14	熊本県知事	手書き、B4、1ページ	
		水俣湾ヘドロ処理についての要求書	1980.5.21	熊本県知事	手書き、B4、1ページ	
	水俣病認定申請患者協議会	要求書	1978.2.24	熊本県知事、総理大臣、環境庁長官	手書き、B4、2ページ	
	水俣港湾等ヘドロ処理事業促進市民運動の会	陳情書	1980.4.22	熊本県知事	ワープロ、B4、2ページ	33890名分の署名添付
	水俣湾ヘドロ処理差止め仮処分原告団	声明文	1977.12.26	不明	手書き、B4、1ページ	
		申入書	1978.4.4	運輸大臣、環境庁長官	手書き、B4、2ページ	
		抗議声明	1980.4.16	不明	手書き、B4、1ページ	
		声明	1980.4.30	不明	手書き、B4、2ページ	
		声明文	1980.5.28	不明	手書き、B4、1ページ	
第二期	水俣青年会議所	活力ある明日のみなまたへ向けて	1984.12	不明	ワープロ、B5、45ページ	
	水俣病被害者の会 第三次訴訟原告団	声明　水俣湾埋立地に関する特別決議	1988.11.20	不明	ワープロ、B4、1ページ	
	水俣市百人委員会	中間報告書	1987.11.27	水俣市長	ワープロ、B5、55ページ	
		中間報告書	1989.12.27	水俣市長	ワープロ、B5、42ページ	
		報告書（国際イベントと水俣湾埋立地等の活用について）	1990.2.28	水俣市長	ワープロ、B5、6ページ	
第三期	O氏・S氏	水俣病意志の書	1990.7.17	熊本県知事、水俣市長	不明	
	被害者有志	人殺しの水銀ヘドロの上でお祭り騒ぎですか。	1990.8.31	―	手書き、B4、1ページ	
	チッソ水俣病患者連盟	水俣病患者連合	1990.9.26	不明	ワープロ、B4、1ページ	
	水俣病患者連合	声明　熊本県・水俣市によるヘドロ埋立地利用構想プログラムについて				
	チッソ水俣病関西患者の会					
	東海水俣病患者互助会					
	水俣・海の声を聞く会	公開質問状	1990.11.21	熊本県知事、水俣市長	手書き、B4、14ページ	
	水俣市百人委員会	第二期　提言書	1991.1.27	水俣市長	ワープロ、B5、98ページ	
	本願の会	本願の書	1994.3.2	水俣市長	書き、B4、4ページ	

四件、埋立地で配られた抗議ビラ一件で、提出先不明のものが一件含まれる。第二期と第三期の文書形式については後述する。

「ヘドロ処理差し止め訴訟」（正式名「水俣湾水銀ヘドロ処理工事差止仮処分申請」）は、埋立て事業開始から間もない一九七七年一二月、水俣病の被害者や沿岸住民一八一六名が工事の中止を求めて熊本地裁に提訴したもので、事業主体である熊本県、施工者である国、費用負担者であるチッソ、工事請負者である東洋建設の四者を相手どって行われた（熊本県 1998; 水俣病被害者・弁護団全国連絡会議 1998, 2001）。原告側は、工事によって高濃度の水銀を含む汚泥が攪拌されることで二次公害の危険性があると主張した。一九七八年六月以降、一八回にわたって審尋が行われたが、熊本地裁は二次公害発生の蓋然性を認めず、一九八〇年四月申請を却下した。

行政文書や先行研究の多くにおいて、この訴訟を安全性への懐疑（舟場 1977; 熊本県 1998; 山田 1999; 水俣市 2000）から生じたものとする解釈が一般的であるが、原告団の出した文書を見ていくと、訴訟提起の背景が必ずしもそれだけではなかったことがわかってくる。というのは、事業を「水俣病事件を葬り去ろうとする行政の犯罪的な意図」とする語り口が見られるからである。

ここでは文書を構成する単語やセンテンス（以下、タームと表示）に基づいて着工賛成／反対に大別し、そのうえで賛成／反対の理由から細分を試みた（表2－2）。大分類として、「早期（早く）－着工－要望（陳情、嘆願）」の組み合わせを含む文書を賛成（Ⅰ）、「抗議」、「即刻中止」、「白紙撤回」、「認めるわけにはいかない」、「納得できない」のうちのいずれかを含むものを反対（Ⅱ）とした。どちらにも分類できないものについてはⅢを付した。

小分類については埋立て事業の語られ方に注目し、着工賛成意見のうち、「漁場―復元」を含む文書を漁場復元型（$Ⅰ_1$）、「明るい平和な水俣に発展する基」、「明るいまちづくりの基本となるもの」、「健全な活気ある水俣の再生」のうちいずれかを含むものを明るいまちづくり型（$Ⅰ_2$）とした。また、着工反対意見のうち、「漁場―補

表2－2　着工賛否とその理由に基づく分類（第一期）

大分類		小分類			
code	着工の賛否に関するキーターム	code	分類名称	事業の語られ方に関するキーターム	サブターム
Ⅰ	「早期（早く）―着工―要望（陳情、嘆願）」	Ⅰ$_1$	漁場復元	「漁場―復元」	「漁業（魚介類採取）―不安」、「解消」、「解決」、「生活」
		Ⅰ$_2$	明るいまちづくり	「明るい平和な水俣に発展する基」、「明るいまちづくりの基本」、「健全な活気ある水俣の再生」のいずれか	「再生」、「発展」、「生活」
Ⅱ	「抗議」、「即刻中止」、「白紙撤回」、「認めるわけにはいかない」、「納得できない」のいずれか	Ⅱ$_1$	漁業補償	「漁場―被害」、「補償」	―
		Ⅱ$_2$	工法安全性	「危険」	―
		Ⅱ$_3$	被害置き去り	「危険」、「被害の全体像（実態）」	「強行」、「無視」、「命」
		Ⅱ$_4$	水俣病隠蔽	「危険」、「水俣病事件―もみ消し（闇の彼方に押し去ろうとする、葬り去ろうとする）」	「強行」、「無視」、「被害の全体像（実態）」、「命」
Ⅲ	「安全性―確認―実験工事」	―	条件付き工事容認	―	―

償」を含むものを漁業補償型（Ⅱ$_1$）、「危険」を含むものを工法安全性型（Ⅱ$_2$）、「危険」とともに「被害の全体像（実態）」を含むものを被害置き去り型（Ⅱ$_3$）、「危険」とともに「水俣病事件―もみ消し（闇の彼方に押し去ろうとする）、（葬り去ろうとする）」を含むものを水俣病隠蔽型（Ⅱ$_4$）とした。Ⅲを付した文書は、安全性確認のための実験工事を要求するものであるため、条件付き工事容認型とした。

また、各分類に該当した文書において必ずではないが繰り返し語られるターム（表2－2におけるサブターム）も文書の傾向を読みとるうえで重要である。着工賛成意見のなかで、漁場復元

表2－3　各主体における主張（第一期）

主体＼主張		I_1 漁場復元	I_2 まちづくり	III 条件付き工事容認	II_1 漁業補償	II_2 工法安全性	II_3 被害置き去り	II_4 水俣病隠蔽
既存団体	水俣市漁業協同組合	○	—	—	—	—	—	—
	津奈木漁業協同組合	○	—	—	—	—	—	—
	熊本県漁業協同組合連合会	○	—	—	—	—	—	—
	水俣市百間地区一本釣会	○	○	—	—	—	—	—
	水俣市一本釣りと遊漁船の会	—	—	—	○	—	—	—
	芦北漁業協同組合	—	—	—	—	○	—	—
	水俣市観光協会	—	○	—	—	—	—	—
	百間地区住民代表	—	○	—	—	—	—	—
	水俣地区労動組合協議会	—	—	—		—	○	—
	水俣病被害者の会	—	—	○	—	—	—	—
	水俣病認定申請患者協議会	—	—	—	—	—	—	○
新団体	水俣港湾等ヘドロ処理事業促進市民運動の会	—	○	—	—	—	—	—
	水俣湾ヘドロ処理差止め仮処分原告団	—	—	—	—	○	○	○

型の文書には「漁業（魚介類採取）－不安」、「解消」、「解決」、「生活」が、明るいまちづくり型の文書には「再生」、「発展」、「生活」が多く見られる。また、着工反対意見のなかでは、被害置き去り型の文書に「強行」、「無視」、「命」が、水俣病隠蔽型には「強行」、「無視」、「被害の全体像（実態）」、「命」が多く見られる。以上の分類をもとに、主張と主体との関係を表2－3に示した。

ただし、「水俣港湾等ヘドロ処理事業促進市民運動の会」と「原告団」については、そのなかに複数の団体を内包する点に留意しながら分析しなければならない（表2－4a、b）。なお、「市民運動の会」は、訴訟却下の直前である一九八〇年三月に「水俣商工会議所」会頭の呼びかけで市内の各団体が参加して発足したもので、早期着工にむけて署名運動を開

表2－4b 「原告団」の構成団体

出水地区労ヘドロ処理対策委員会
天草労連
水俣病患者連盟
水俣病認定申請患者協議会

表2－4a 「市民運動の会」の構成団体

水俣市漁業協同組合
水俣川漁業協同組合
水俣漁民と家族の会
水俣漁民家族の会
水俣鮮魚商組合
水俣市商店会連合会（水俣市観光協会）
水俣地区労働組合連絡協議会
水俣青年会議所
水俣商工会議所
水俣市湯之児観光協会
水俣市湯の鶴観光協会
水俣市婦人連絡協議会
水俣市芦北郡医師会
水俣市芦北郡歯科医師会
水俣市芦北郡薬剤師会
水俣地区海運組合
水俣市森林組合
チッソ協力会
水俣ライオンズクラブ
水俣市建設業協会
水俣市駐在事務所所長会
水俣市金融団
水俣ロータリークラブ
水俣電気工事共同組合
水俣芦北地区環境衛生協会
水俣市青年団体連絡会議
水俣市老人クラブ連合会
水俣市身体障害者福祉協会
水俣市農業協同組合
水俣市第21区駐在事務所
湯堂水俣病申請者の会
水俣病患者新互助会
水俣病患者平和会
水俣病茂道同志会
水俣病患者家庭互助会
公害に依る被害者漁民の命を守る会

始し、同年四月には水俣市長とともに三万三八九〇名分の署名をもって県知事に工事再開の陳情を行った。[*2]
対象とした文書の中には他団体への言及を含むものがある。水俣市漁協（I_1）、津奈木漁協（I_1）、「百間地区一本釣り会」（I_1、I_2）、「百間地区住民代表」（I_2）、「市民運動の会」（I_2）、「水俣病被害者の会」（Ⅲ）の文書には、「原告団」（II_2、II_3、II_4）に対して「一部扇動的な意見」、「抗議」、「遺憾」、「忌むべき」、「申請却下－当然」のうちいずれかのタームが含まれている。一方で「原告団」の文書にも、早期着工を求める動きに対して「目先の利害を求めた一部住民」とするタームが見られることから、埋立て事業への賛否を理由とした対立関係が生じていたことがわかる。

文書に添付された署名から、いくつかの団体についてはおおよその規模を知ることができる。水俣市漁協（一九八〇年：I_1）六一四名、「百間地区一本釣会」（一九七八年：I_1、I_2）四〇三八名、「市民運動の会」（一九八〇年：I_2）三万三八九〇名である。一九八〇年の水俣市の人口が三万七一五〇人であったことを考えると、少なくとも一九八〇年当時には、ほとんどの主張が着工賛成意見、とくに明るいまちづくり型賛成（I_2）で占められていたことになる。

着工反対意見が工法の安全性を理由とするものばかりでないことは、文書の分類のなかで見てきた。被害置き去り型（II_3）は埋立て事業と「被害の全体像」を対置する点に、水俣病隠蔽型（II_4）は「水俣病事件の隠蔽」として事業を語る点に特色がある。当時、約五〇〇〇人に及ぶ患者認定申請者が未処分という状況で苦しみ続けており、一九七七年七月の環境庁による患者認定基準の引き締めとあいまって、行政に対する強い不信感が募っていた。さらに、行政への不信感を増大させる出来事が一九七八年三月に起こった。それは一九七八年二月に「水俣病対策の早急な確立」と「水俣湾ヘドロ処理工事の白紙撤回」を求めて、水俣病患者連盟委員長（ヘドロ処理差し止め訴訟の原告団長）や水俣病認定申請患者協議会会長らが環境庁を訪れたことに端を発する。[*3] 抗議のために環境庁に泊まり込んでいた被害者や関係者は、機動隊によって強制排除されたのである。[*4]

被害者の存在を認めようとしない「力ずくの声封じ」[*5]は「埋立て」という事業と、時期的にそして象徴的に連関したものとして受けとめられたと考えてよい。水俣湾に堆積した水銀ヘドロとはたんに汚染物質であるばかりでなく、水俣病被害を象徴するものであり、だからこそ「埋立て」という言葉が「隠蔽」という意味に連節されたのだろう。

第3節　埋立地活用をめぐる対話と歩み寄り（一九八〇～九〇年）

第二期は、埋立て事業への着手を契機として「水俣病を克服した新たな出発」が水俣市において本格的に意識され、埋立地の活用をめぐる議論が俎上にのぼりはじめた時期である（山田 1999）。一九八六年には熊本県が埋立地活用計画の策定に着手し、同年八月には水俣市長が地元の意見を反映させるために「水俣環境博研究会」[*6]を発足させた。そこでの議論は一九八七年の「公害防止事業埋立地活用策基本構想」にまとめられた。この活用策には「マリーナ・健康ランド・文化人村・植物園・遊園地・オートキャンプ場・観光レストラン」といった案が列挙されており、埋立地を地域振興の起爆剤と位置づけたものだった（ibid.: 34）。さらに、埋立地の完成を間近に控えた一九八九年七月には「水俣湾埋立地および周辺地域開発整備具体化構想」が発表された。この構想では「人間と環境について学び、考える場」といった位置づけや「水俣病資料館」といった案が見られるが、「集客力のあるレクレーションの基地」、「水族園」、「オートキャンプ場」といった文言は、依然として地域振興の視点が強かったことを示している（熊本県 1989）。

この時期の文書としては四団体によって出された五件を収集できた。水俣青年会議所の文書が一件、「水俣病被害者の会」と「水俣病第三次訴訟原告団」の連名で出された文書が一件、「水俣市百人委員会」の文書が三件である。

水俣青年会議所は都市計画の専門家を招いて月一回の勉強会を重ね、観光を焦点としたまちづくりへの提言を一九八四年に報告書としてまとめた（提出先は不明）。趣旨説明と水俣市内の七つの主要観光資源についての提言から構成され、うち一つが埋立地活用に関するものである。文書形式はワープロ打ち、Ｂ５サイズ四五頁（うち、埋立地活用に関する言及が四頁）である。水俣青年会議所は日本青年会議所の組織化にともなって一九七一年に発足したもので、「明るい住みよい街づくり」を目的とした二〇〜四〇歳の青年で構成されていた。第一期には「市民運動の会」に属し、明るいまちづくり型賛成（I_2）の主張を示していた。

「水俣病被害者の会」と「水俣病第三次訴訟原告団」は、一九八八年の合同総会において埋立地活用に関する決議文を出した（提出先は不明）。文書形式はワープロ打ち、Ｂ４サイズ一頁である。「被害者の会」は一九七三年に提訴された第二次訴訟の原告を中心とする団体であり、患者認定基準の拡大を主な争点とした運動を進めてきた。第一期には、条件付き工事容認型（Ⅲ）の主張を示していた団体である。「第三次訴訟原告団」は一九八〇年以降、患者認定基準の問題とともに国の責任を追及してきた。

この時期に新たに設立された「水俣市百人委員会」は、一九八六年一二月に水俣市長が「明るい快適なまちづくり」にむけて「市民の英知を市政に」という目標のもと発足させたものである。水俣商工会議所の副会頭が会長をつとめ、市長・団体の推薦や一般公募によって一四五人の委員が参集した。水俣商工会議所は第一期において「市民運動の会」に属し、明るいまちづくり型賛成（I_2）の主張を示していた団体である。また、水俣市長が二つの被害者団体に対し参加を求めていたことによって、被害者や支援者などの「水俣病関係者」は「一〇人を超える参加」となった。[*7] 団体推薦に関しては、「経済団体」、「医療福祉団体」、「文化スポーツ団体」、「その他市民団体等」が各一〇人ずつ推薦を行った。交通情報、地方自治、商店街振興、健康福祉、教育文化スポーツ、まちづくり、産業振興の各分科会の自主運営で会議が進められ、市長あての提言書がまとめられた。一九八七年と一九八九年に提出された文書は趣旨説明と分科会ごとの提言から構成されており、健康福祉、教育文化スポーツ、まちづくり分科会の提言に埋立地活用に関する言及が見られる。一方、一九九〇年に出された文書は、分科会の枠にかかわりなく提言がまとめられている。文書形式はすべてワープロ打ち、B５サイズで、一九八七年の文書が五五頁（うち、埋立地活用に関する言及が二頁）、一九八九年のものが四二頁（四頁）、一九九〇年のものが六頁（三頁）である。

第一期の文書と同様に構成タームから分類を試みた。ただし、この時期の文書については埋立地活用をめぐる理念と具体的要求に注目し、それらを区別したうえで分類を行った。対象とした文書五件のうち明確な理念が示されない一件（一九九〇年に出された水俣市百人委員会の文書）を除いて、理念と要求が文中に混在するが、冒頭の章で文書全体の理念が述べられるもの三件とそうでないもの一件とに大別することができる。こうした構成の違いを踏まえつつ、冒頭の章で述べられる理念に関してはすべてを分類対象とし、それ以外に文中に散見される理念に関しては埋立地活用をめぐる具体的要求にかかわるもののみを抽出した。ただし、「埋立地」を表題に含む文書については、文中に散見される理念すべてを抽出した。また、埋立地活用をめぐる具体的要求については、すべて抽出したうえで分類を行った。

まず埋立地活用をめぐる理念については、「明るい－まちづくり」、「明るいイメージの創出」のうちいずれかを含む文書を明るいまちづくり型（A_1）、「観光－都市」を含むものを観光都市化型（A_2）、「自然との調和」、「公害のないまちづくり」を含むものを環境都市化型（A_3）、「市民相互の融和」、「市民の心－一つに」、「患者、市民

（住民）－交流」のうちいずれかを含むものを市民融和型（B）、「二度と公害を起こさないという願い」、「ノーモア・ミナマタ」、「教訓－後世」、「教訓－残し」、「水俣病－事実－後世」のいずれかを含むものを公害撲滅・教訓継承型（C、以下、教訓継承型と表示）、「被害者－救済」を含むものを患者救済型（D）に分類した（表2－5a）。

埋立地活用をめぐる具体的要求については、「国際園芸博覧会」、「物産展」、「海辺のコンサート」、「マーチングフェスティバル」、「遠泳大会」、「競技会」、「九州モトクロス大会」、「全国花火大会」、「弁論大会」、「講演会」、「シンポジウム」、「子ども－中心－イベント」、「海を利用したイベント」のうちいずれかを含む文書をイベント型（1）、「モトクロス場」、「ゲートボール場」、「多目的運動場」、「ジョギングコース」のうちいずれかを含むものを運動公園型（2）、「水俣病―資料館」、「水俣病メモリアル記念館」、「水俣病記念館」、「シンボル―像」、「決意のシンボル」、「慰霊塔」、「細川一－胸像」、「ネコ－銅像」のうちいずれかを含むものをモニュメント型（3）、「慰霊祭」を含むものを慰霊式型（4）に分類した（表2－5b）。なお、「細川一－胸像」は水俣病の原因究明に尽力したチッソ付属病院医師の細川氏、「ネコ―銅像」は水俣病の犠牲となったネコにかかわる要求である。これらは「水俣病」の教訓化や記念を要求するものと考えられたため、モニュメント型に分類した。「シンボル－像」や「決意のシンボル」は、水俣市の主導により一九九六年に完成した「水俣メモリアル」建設に結びついた要求である。「水俣メモリアル」の解説版には、「犠牲者の慰霊・鎮魂」、「災禍をふたたび繰り返さないことの祈念」といった文字が刻まれている。

各文書における理念と要求の関係について検討するために表2－6を作成した。特定の理念と特定の要求の連関が文中に明示されるものについては表に記載した。たとえば、教訓継承型の理念を論拠にモニュメント型の要求が提示される場合などである。これに対し、特定の要求との連関が文中に明示されない理念、あるいは特定の理念との連関が明示されない要求については「－」を記載した。

表2－5a　埋立地活用をめぐる理念に基づく分類

code	分類名称	理念に関わるキーターム
A_1	明るいまちづくり	「明るい―まちづくり」、「明るいイメージの創出」のいずれか
A_2	観光都市化	「観光―都市」
A_3	環境都市化	「自然との調和」、「公害のない―まちづくり」
B	市民融和	「市民相互の融和」、「市民の心―一つに」、「患者、市民―交流」、「患者、住民―交流」のいずれか
C	公害撲滅・教訓継承	「二度と公害を起こさないという願い」、「ノーモア・ミナマタ」、「教訓―後世」、「教訓―残し」、「水俣病―事実―後世」のいずれか
D	患者救済	「被害者―救済」

表2－5b　埋立地活用をめぐる具体的要求に基づく分類

code	分類名称	要求に関わるキーターム
1	イベント	「国際園芸博覧会」、「物産展」、「海辺のコンサート」、「マーチングフェスティバル」、「遠泳大会」、「競技会」、「九州モトクロス大会」、「全国花火大会」、「弁論大会」、「講演会」、「シンポジウム」、「子供―中心―イベント」、「海を利用したイベント」のいずれか
2	運動公園	「モトクロス場」、「ゲートボール場」、「多目的運動場」、「ジョギングコース」のいずれか
3	モニュメント	「水俣病―資料館」、「水俣病メモリアル記念館」、「水俣病記念館」、「シンボル―像」、「決意のシンボル」、「慰霊塔」、「細川一―胸像」、「ネコ―銅像」のいずれか
4	慰霊式	「慰霊祭」

表2－6に示されているように、第一期において明るいまちづくり型（I_2）の主張を示していた水俣青年会議所や、「百人委員会」の文書に教訓継承型の理念とモニュメント型の要求の連関（C－3）が見られることは第二期の大きな特徴である。「明るいまちづくり」という言葉が含意するのは「暗い」過去からの脱却であり、それは第一期において過去の被害の認定を求める主張と対立するものであった。しかし第二期には、「水俣病」の記憶をモニュメントに刻んだうえで、まちづくりにつなげていこうとする意図が認められる。青年会議所の文書が「公害のない」まちづくりを目指す環境都市化型（A_3）の理念を示すことも、こうした変化を裏づけている。地域内で対話や歩み寄りが進み、「水俣病」をめぐる過去を受容していく必要性が認識されはじめたと考えてよいだろう。

表2－6　各主体における理念と要求の関係（第二期）

主体		理念	要求
既存団体	水俣青年会議所	A_1	1
		A_2	—
		A_3	3
		B	1
		C	3
	水俣病被害者の会・第三次訴訟原告団	B	3
		C	
		D	—
新団体	水俣市百人委員会	A_1	1
		B	1、2、3
		C	3
		—	4

この時期の対話や歩み寄りに関して、「百人委員会」と「被害者の会」・「第三次訴訟原告団」の文書がともに、市民融和型・教訓継承型の理念とモニュメント型の要求の連関（B・C－3）を示している点が注目される。なによりも、「百人委員会」の文書（一九八七年）に記された「水俣病の歴史、記録を集積し、教訓を残して……患者、市民、他所からの来訪者の交流ができるものを要望」するという一文と、被害者団体の文書（一九八八年）の「水俣病の歴史、記録を集積し、その教訓を後世に残しうるもので、水俣病患者、住民はもちろん、国内外の来訪者が自由に使用、交流できるも

のでなければならない」という一文には、両者の歩み寄りを示唆する強い類似性が認められる。

ただし、被害者団体の文書にはまちづくり型の理念（A）やイベント型（1）・運動公園型（2）の要求は見られない。逆に、被害者団体以外の文書にはまちづくり型の理念とともにイベント型・運動公園型の要求が多種多様なかたちで示される。この差異は、各文書における埋立地の意味づけと無関係ではない。青年会議所の文書（一九八四年）では「蘇る水俣の象徴」、「百人委員会」の文書（一九八七年）では「新生水俣」というタームで埋立地が意味づけられているのに対し、被害者団体の文書（一九八八年）には「水俣病患者と住民が被ったすべての被害に対する、いのちとひきかえの代償」というタームが認められる。「被害者の会」は一九八五年のチッソ控訴審に勝訴後も運動を継続中であり、「第三次訴訟原告団」は国・県・チッソの控訴によって裁判の行き詰まりに直面していた（原田 1989）。被害の歴史や奪われた命を象徴する証しとして埋立地が捉えられていたとするならば、裁判や運動を継続中の人びと、その身体に水俣病を病み続ける人びとにとって「再生」という言葉で埋立地が意味づけられることはありえない。むしろ、被害の歴史の証しとなるべき場が「再生」や「まちづくり」の視点から改変されていくことは、危惧すべき事態として受けとめられたのではないだろうか。一九八九年に発表された県の活用構想に対し、「被害者の会」の事務局長は「水俣病の教訓を生かす、という基本理念と資料館建設はわれわれが要求してきたことでもあり、評価するが、水俣病はもう終わったというキャンペーンに利用されるのは明らか」[*8]と語っている。この語りには、「教訓継承」という理念が「再生」や「まちづくり」の問題へと接続されていくことへの懐疑が示されている。

ところで、第二期から第三期への過渡期的特徴として、患者救済型の理念（D）に連関する要求がいずれの文書にも見られない点を挙げることができる。被害者団体の人びとにとって埋立地が被害の歴史の証しという意味で重要だと認識されていたのは間違いないが、「救済」に結びつく具体的活用策については未だ模索中の段階にあったと解釈できる。

第4節　新たな対立の顕在化（一九九〇～九九年）

埋立地の完成からそれを契機とする地域再生事業「もやい直し事業」が終了するまでの第三期は、埋立地の活用をめぐる対立が顕在化した時期である。「もやい直し事業」（正式名「環境創造みなまた推進事業」）とは、被害者・市民・行政が共同で国際会議や市民の集い（講座）、展示会等を開催することによって、市民の相互理解や新たな地域づくりを目指した地域再生事業のことを指す（詳細は第1章第2節の6を参照）。たとえば、環境復元を祈念して一九九〇年八月に行われた「みなまた一万人コンサート」は、その最初の事業である。これは熊本県の主催によって、西ドイツの合唱団を迎え埋立地で市民とともに合唱を行うというイベントだったが、開催当日一部の被害者・支援者によって「行政による水俣病隠しのお祭り騒ぎ」とする抗議ビラが配られた。また、埋立地の整備が本格化したのもこの時期である。熊本県の主導によって、竹林園（一九九二年）、環境センター（一九九三年）、親水緑地（一九九四年）が設けられ、水俣市の主導によって水俣病資料館（一九九三年）と水俣メモリアル（一九九六年）が完成した。一九九七年からは地域再生事業の一環として「実生の森」づくりがはじめられた。

第三期の文書として、九団体・個人によって出された六件を収集できた。「チッソ水俣病患者連盟」・「水俣病患者連合」・「チッソ水俣病関西患者の会」・「東海水俣病患者互助会」の連名で出された文書が一件、「水俣市百人委員会」、「海の声を聞く会」、「本願の会」の文書が各一件ずつ、O氏とS氏の連名で出された文書が一件、被害者有志によって出された文書が一件である。

「チッソ水俣病患者連盟」・「水俣病患者連合」・「チッソ水俣病関西患者の会」・「東海水俣病患者互助会」の四被害者団体は、一九九〇年に埋立地活用構想に関する合同声明文を出した（提出先は不明）。文書形式はワープロ打ち、B４サイズ一頁である。「チッソ水俣病患者連盟」と「水俣病患者連合」は裁判に重点を置かず、チッソや行政との直接交渉による運動を進めてきた団体である。「患者連合」は、「水俣病認定申請患者協議会」を前身としており、第一期においては患者連盟とともに「原告団」に属し、工法安全性型・被害置き去り型・水俣病隠蔽型抗議（Ⅱ$_2$、Ⅱ$_3$、Ⅱ$_4$）の主張を示していた。「チッソ水俣病関西患者の会」と「東海水俣病患者互助会」は、水俣病被害者のうち関西や東海地方に移り住んだ人びとが結集した団体である。

　第二期に発足した「水俣市百人委員会」は、一九九一年に水俣市長あてに提言書を提出した。文書は一九八七年・一九八九年の文書と同様に、趣旨説明と七分科会ごとの提言から構成され、健康福祉、教育文化スポーツ、まちづくり分科会の提言に埋立地活用への言及が見られる。文書形式は、ワープロ打ち、B５サイズ九八頁（うち、埋立地活用に関する言及が五頁）である。

　O氏とS氏は、一九九〇年に埋立地活用に関する意思表明の文書「水俣病　意志の書」を熊本県知事・水俣市長あてに提出している。O氏については一九七四年から一九八五年まで「水俣病認定申請患者協議会」に参加し、第一期には「原告団」に属していた人物であることがわかっている。[*9] 筆者の入手できた資料が活字で転載されたものだったため原本の形式は不明だが、文字総数は九八六文字である。

　先述のとおり、「一万人コンサート」（一九九〇年）の会場で、被害者・支援者有志によって抗議のビラが配られた。ビラを配った有志は、O氏を中心とするメンバーだったことがわかっている。文書形式は手書き、B４サイズ一頁である。

「水俣・海の声を聞く会」は埋立て事業の安全性などを論議する「水俣・海の声を聞く集い」を重ね、一九九〇年に埋立地活用に関する質問状を熊本県知事・水俣市長あてに提出した。文書の形式は、手書き、B4サイズ一四頁である。会の正確な発足時期については不明だが、代表者は、第一次訴訟原告の一人であり、第一期には「原告団」に属していた人物であったことがわかっている。[*10]

「本願の会」は被害者有志一七人の呼びかけによって一九九五年に発足したもので、一九九四年に、呼びかけを行った一七人の連名で埋立地活用に関する要望書（「本願の書」）を水俣市長あてに提出した。文書形式は手書き、B4サイズ四頁である。有志には、O氏、第一期において「原告団」に所属していた「チッソ水俣病患者連盟」委員長（原告団長）と「水俣病患者連合」会長、[*11]第一期において「市民運動の会」に所属し、まちづくり型賛成（I₂）の主張を示していた「水俣病患者平和会」会長、第一期において条件付き工事容認型（Ⅲ）の主張を示し、第二期においては教訓継承型・患者救済型（B、C）の理念とモニュメント型（3）の要求を示していた「水俣病被害者の会」会長が名を連ねている。さらに、第一期において「水俣市漁協」に所属し、漁場復元型賛成（I₁）の主張を示していた人物も加わっていた。

第二期と同様に、埋立地活用をめぐる理念と具体的要求に注目し、構成タームから分類を試みた。対象とした文書六件すべてにおいて、理念と要求とが文中に混在しているが、冒頭の章で文書全体の理念が述べられるもの一件と、そうでないもの五件に大別することができる。こうした構成の違いを踏まえつつ、第二期と同様の基準にしたがって理念と要求を抽出し、また、第二期と共通の名称とコードを用いて分類を行った。ただし、新たなカテゴリーが必要なときには名称とコードを追加した（表2－7a、b）。

まず埋立地活用をめぐる理念については、「明るい－まちづくり」を含む文書を明るいまちづくり型（A₁）、「市民相互の融和」を含むものを市民融和型（B）、「水俣病－事実－後世」、「教訓－財産とされるべき」のうちいずれかを含むものを公害撲滅・教訓継承型（C）、「患者－救済」を含むものを患者救済型（D）に分類した。

表 2－7a　埋立地活用をめぐる理念に基づく分類（第三期）

code	分類名称	理念に関わるキーターム
A_1	明るいまちづくり	「明るい―まちづくり」
A_2	観光都市化	―
A_3	環境都市化	―
B	市民融和	「市民相互の融和」
C	公害撲滅・教訓継承	「水俣病―事実―後世」、「教訓―財産とされるべき」のいずれか
D	患者救済	「患者―救済」
E	自己救済	「墓場として―永い―眠りにつかせてやりたい」、「死者―復権」、「毒殺された―海の痛み」、「埋立てられた彼の地―心痛んでいる」、「埋立てられた我らが命の母体―絶命せず―呻吟して」のいずれか

表 2－7b　埋立地活用をめぐる具体的要求に基づく分類（第三期）

code	分類名称	要求に関わるキーターム
1	イベント	―
2	運動公園	「運動公園」、「スポーツ施設」
3	モニュメント	「（水俣病）資料館」、「シンボル像」のいずれか
4	慰霊式	「水俣忌」、「斎場」
5	活用中止	「企み」、「大罪」、「お祭り騒ぎ」
6	永久放置	「人為―改造―やめてもらいたい」、「永い―眠りにつかせてやりたい」
7	石像	「数多く―石像―祀る」

他方、「墓場として－永い－眠りにつかせてやりたい」、「死者－復権」、「毒殺された－海の痛み」、「埋立てられた彼の地－心痛んでいる」、「埋立てられた我らが命の母体－絶命せず－呻吟して」のうちいずれかを含むものを自己救済型（E）に分類した（表2－7a）。ここまで定義を省略してきたが、患者救済型（D）は、分類基準としたターム（「被害者－救済」、「患者－救済」）が「政府－やるべき」や「熊本県・水俣市－最優先させるべき」といったタームを伴っている点から、行政による制度的（法的・医療的・経済的）「救済」の要求と結びつく理念であると考えられる。これに対し、自己救済型（E）は死者や海・埋立地といった他者の受難に思いをめぐらせることによって、救われてこなかった自身の心情を訴える理念である。

埋立地活用をめぐる具体的要求については、「運動公園」、「スポーツ施設」を含む文書を運動公園型（2）、「水俣病－資料館」、「資料館」、「シンボル－像」のうちいずれかを含むものをモニュメント型（3）、「水俣忌」、「斎場」を含むものを慰霊式型（4）に分類した。他方、「企み」、「大罪」、「お祭り騒ぎ」を含む文書を活用中止型（5）、「人為－改造－やめてもらいたい」、「永い－眠りにつかせてやりたい」を含むものを永久放置型（6）、「数多く－石像－祀る」を含むものを石像型（7）に分類した（表2－7b）。なお、「数多く」というタームには石像の継続的な追加が含意されていると考えられるため、モニュメント型と区別した。

理念と要求の連関表（表2－8）に明らかなように、明るいまちづくり型の理念と運動公園型の要求の連関（A_1－2）や

表2－8　各主体における理念と要求の関係（第三期）

主体		理念	要求
既存団体	チッソ水俣病患者連盟・水俣病患者連合・チッソ水俣病関西患者の会・東海水俣病患者互助会	D	—
	水俣市百人委員会	A_1	2
		C	3
個人	O氏・S氏	E	6
	被害者有志	E	5
新団体	水俣・海の声を聞く会	C	3
		E	4
	本願の会	E	7

教訓継承型の理念とモニュメント型の要求の連関（C－3）が第二期から継続する一方、イベント型の要求（1）は姿を消している。また、患者救済型（D）の理念が未だ埋立地活用をめぐる具体的要求との連関を示していないのに対し、自己救済型（E）の理念は具体的要求との連関を示していることが注目される。つまり、「患者」としての身体的・制度的「救済」ではなく、心情的側面の救済と埋立地の連節が第三期の大きな特徴である。

自己救済型の理念を示すのは、被害者有志（一九九〇年）、O氏とS氏（一九九〇年）、「水俣・海の声を聞く会」（一九九〇年）、「本願の会」の文書（一九九四年）であり、いずれも「原告団」の流れを汲む主体によって提出された。ただし、第一期における原告団の文書には「埋立て」事業と被害者「隠蔽」の連関が示されたうえで、被害者の制度的「救済」に焦点があてられていたのに対し、第三期においては死者や海（埋立地）といった他者の受難が強調されている。この変化の背景としては、第二期後半から第三期前半にかけて、水俣病事件の収束・解決にむけた動きが活発化したことが挙げられる。第二次訴訟や第三次訴訟などで司法が患者認定基準の「狭さ」を厳しく批判したにもかかわらず、行政側はその見直しを拒否し続けていた。制度的「救済」が行きづまるなかで、高齢化する被害者たちのあいだから「生きているうちに救済を」という声が上がりはじめ、一九八九年から水俣病被害者弁護団全国連絡会議と行政の間で、補償協定によらない新たな「救済」システムの確立にむけた協議が行われていた。[*12] 一方、水俣市では一九九三年に発足した「水俣病問題の早期・全面解決と地域の再生・振興を推進する市民の会」に市内の一一〇団体が参加し、水俣病の和解に向けて国の関与を引き出すための署名運動を展開していた。[*13] その結果として、一九九五年の政治解決では、「救済」の対象が「四肢末梢優位の感覚障害がある者および判定検討会がこれに該当すると認めた者」に拡張された。しかし、それは現状の解決であって、「水俣病患者」として公式に認定されたわけではなかった。このことが、過去四〇年にわたる受難の意味を人びとに意識させたと推察できる。

水俣湾に刻まれた被害の痕跡は、病み続けている人びとの存在や、無念のうちに亡くなっていった人びとの存在を身体的に感覚させる媒体でもある。埋立て事業や地域再生事業を通して埋立地から被害の痕跡が消し去られていくことは、「原告団」の流れを汲む人びとにとって「第二の喪失のプロセス」(米山 2005: 125) となったのではないだろうか。すなわち、「将来、私たちの存在の名残り (reminders) は、宿る場所も、そこから想起されるべき痕跡も持たなくなるかもしれない」(ibid.: 125) という危惧を呼び起こしたのだと考えられる。

ところで、被害者有志 (一九九〇年) と「本願の会」の文書 (一九九四年) には「水俣病」以前の生活世界を描写するタームが認められる。とくに「本願の会」が出した「本願の書」には当時の記憶が詳細に記されている。

かつて、水俣湾は海の宝庫でした。回遊する魚たちは群れをなして産卵し、その稚魚たちはここで育ち成魚となり、また還ってくる母の胎のような所でした。百間から明神崎に至る現在の埋め立て地のあたりはイワシやコノシロが銀色のうろこを光らせボラが飛びかい、エビやカニがたわむれていました。潮のひいた海辺では貝を採り、波間に揺れるワカメやヒジキを採って暮らしてきました。私たちはこれらのいのちによって我が身を養うことができたのです。

しかし、産業文明の毒水は海の生きものから人間までも、なんとあまたの生きものたちを毒殺したのか。この原罪は消し去ることのできない史実であり、人類史に人間の罪として永久に刻みこまれなければなりません。

この文書では、「水俣病」以前の水俣湾における生活世界の記憶から「水俣病」が意味づけ直されている。水俣湾にはかつて「はだか瀬」、「緑鼻」、「馬刀潟」、「井川」といった民俗呼称を伴う場所とともに、土地や生きものとの具体的なかかわり（交感）のなかでさまざまに意味づけられた生活世界が存在していた（第1章第2節の1と2を参照）。しかし、「水俣病」によって湾内の魚は狂いまわり、死魚が浮上し、死滅した貝類の腐敗臭が立ち上るようになった（水俣病研究会 1970）。「我が身を養う」存在として意味づけられる土地や生きものとのかかわりは、汚染された魚介類を食した人びとが病み、狂い死んだことによって深く傷つけられた。自己救済型の理念において海や埋立地の苦しみが訴えられるのは、埋立地がかつての生活世界の破壊の上に成立した土地だからであり、制度的「救済」では救われてこなかった「水俣病」の記憶を語り直すうえで、この土地の歴史が重要な示唆を含むものとして受けとめられていたからだろう。

以上の考察から、自己救済型の理念（E）と連関を示す活用中止型（5）と永久放置型（6）の要求は「第二の喪失」に抗し、救われてこなかった心情の証しを残しておくための要求として理解することができる。しかし、これらの要求は、埋立地の積極的な活用策ではない。すなわち、事業そのものを隠蔽行為として否定していた第一期から一歩進んで埋立地の完成を現実のものとして認めつつも、受難の心情を救うためにその場所を能動的に活用する方法については意識されていなかったと考えてよい。他方、石像の建立（7）は埋立地の景観に個々人の受難の記憶を新たに刻み込んでいくことであり、能動的な自己救済の試みと位置づけることができる。

以上、埋立地の現景観の形成過程に着目し、そこに交錯してきた多様な主体の論理を三つの時期に分けて整理した。具体的方法としては、埋立て事業の是非をめぐる論争が最も盛んになったヘドロ処理差し止め訴訟提訴から着工再開までの一九七七〜八〇年を第一期、着工再開から埋立地完成までの一九八一〜九〇年三月までを第二期、埋立地完成からそれを契機とする地域再生事業が終了するまでの一九九〇年三月〜一九九九年を第三期と区分し、第一期においては埋立て事業をめぐって地元の各主体が出した要求・抗議文書、第二期と第三期においては埋立地活用をめぐる要求・抗議文書を対象としつつ、文書を構成するタームから分類を試みた。

第一期は、埋立て事業の賛成／反対やその理由をめぐって多様な主体がそれぞれに多様な主張を示していた対立の時期である。水俣市における当時の人口の大部分を内包する団体は埋立て事業を「明るいまちづくり」にむけた重要な契機としてとらえていた。「原告団」を中心とする団体は、患者認定をめぐる不作為の問題などが顕在化するなかで、行政による「力ずくの声封じ」と「埋立て」事業を象徴的に結び付けた。水俣湾に堆積した水銀ヘドロは汚染物質であるだけでなく、水俣病被害を象徴するものとして受けとめられていたのである。

第二期は、地域内での対話と歩み寄りが進み、「明るいまちづくり」を主張してきた人びとが、埋立地活用と水俣病問題の関係に対して理解を示しはじめた時期である。青年会議所やまちづくりにむけてこの時期に新たに組織された「百人委員会」は、多様なイベントや運動公園としての整備を要求しつつも、公害撲滅や教訓継承といった理念とともに水俣病資料館等の建設を要求した。限定的ではありながら「水俣病」をめぐる過去を受けとめていく必要性が認識されはじめたと考えてよい。一方で、新たな対立の萌芽が見られたのもこの時期である。まちづくりに意欲的な人びとが「再生」の象徴として埋立地を意味づけたのに対し、被害者運動や裁判を継続していた団体は被害の歴史の証しとして埋立地を捉えていた。

第三期は、第二期に萌芽した対立が顕在化すると同時に、法的・医療的・経済的「救済」で癒えなかった心情と埋立地とが結びつけられた時期である。「水俣病」以前の生活世界の破壊の上にできあがってきた埋立地が、制度的「救済」では解消されなかった「水俣病」の記憶を語り直すうえで有効な媒体としてみなされはじめたのである。その認識は二種類の要求を生み出した。一つは、埋立地の活用中止や永久放置であり、救われてこなかった心情の証しを後世に残すことが求められていた。もう一つの要求は、石像を建立することによって埋立地の景観に個々人の受難の記憶を新たに刻み込んでいくことであり、能動的な自己救済の試みと位置づけられた。

ところで、以上見てきた水俣湾埋立地の景観の整備・更新は、さまざまな人びとがそれぞれの心情や経験、記憶を景観やモノに表象しようと試みてきたプロセスと言い換えることもできる。とくに一九九五年に発足した「本願の会」のメンバーは、その景観に受難の記憶を新たに刻み込み、救われてこなかった心情を表現していくことを求めていた。しかし、その一方で、同会による石像製作の実践は、経験や記憶を表象する試みとして理解し尽くすことのできない様相もまた帯びている。最後に、筆者によるフィールドワークのデータをもとに、「本願の会」のメンバーによる石彫りの過程を記述することによって、この点を考察することにしたい。その前に、「本願の会」の概要について述べておく必要があるだろう。

第5節 「本願の会」の活動

1 「本願の会」について

地域振興の視点に基づいた水俣湾埋立地の整備活用に抗議し、そのような活用の中止や永久に放置しておくことを求めた人びとを中心に、一九九〇年代初頭から埋立地の別の活用法についての議論がはじまった。そこに参加した約一〇名程の人びとのなかから、地蔵像の設置という発想が生み出された。「本願の書」は一九九四年にすでに提出されていたが、石像建立の実行主体として会が正式に発足したのは一九九五年一月であり、水俣市公民館で行われた発足の集いには被害者・支援者を含む約三〇人が集まった。一九九六年には、熊本県・水俣市・「本願の会」の三者間で、「水俣湾埋立地における石像設置に関する覚書」（以下、「覚書」と記す）が正式に調印された。そこでは石像の形態について「水俣病の犠牲者に配慮した記念碑的なもので、宗教色を帯びないもの」とされ、環境再生を祈念する市民手づくりの「実生の森」を中心とした区域を設置場所とすることが明記された。しかし、興味深いことに、現在の石像五二体はより海に近い親水緑地に配置されている。

「覚書」には、設置するための手続きとして、石像の形態、規模、設置場所についての三者間での事前協議とともに、水俣市長が熊本県土木部港湾課長に対し使用許可申請を行う必要性が記されている。しかし、「本願の会」の事務局長への聴きとりによれば、高さ六〇センチメートル、縦横三〇センチメートル四方ほどの大きさという規制はあるものの、水俣湾埋立地における親水緑地付近の建立に関しては基本的には「本願の会」に一任されており、行政機関への手続きを経ずとも会の意向で建立が可能というのが実情のようである。また、「本願の会」の意向に賛同した個々人が会に委託することで、みずから製作した石像や購入した機械彫りの石像を建立することもできる。それゆえ、建立者には被害者や被害者遺族以外に、支援者、そして、チッソ労働者、医師、教師、石彫師、大学生といった「水俣病」と多様な関わりをもつ人びとが含まれている。建立者による石像の呼称も「魂石（たましいいし）」、「石像」、「石仏」、「野仏さん」、「お地蔵さん」とさまざまである。

ところで、「本願の会」は、石像建立の活動に加え、「いのち」や「よみがえり」を主題とするさまざまな祈りの行事を展開してきた。まず、同会は一九九四年から「火のまつり」に主体的に関わった。「火のまつり」とは、水俣病で犠牲となったすべての生命に祈りを捧げるために水俣湾埋立地で行われてきた行事であり、会のメンバーであるE氏の強い要望で、この行事が実現したことは先に述べたとおりである（第1章第2節の6を参照）。加えて、この行事には、水俣湾埋立地に建立された石像に「魂を入れる」という意味合いも込められていた。一九九五年当時の「本願の会」の会報には、「火のまつり」について「昨年秋、患者さんの発案から魂石の魂入れ行事の模索として生まれてきました」と書かれている。[*14]「魂入れ」とは、水俣・芦北地域で新しく家を建てるときや、船をつくる際に行われる行事を指す。たとえば、船おろしの際には、船の中央部分の柱のところに小さな穴を開け、その穴に柳の木でつくった一天地六のさいころを埋め込み、塩、米、お神酒を供えたうえで、大工・船主とともにそこに魂を入れる。そしてそこに供えられたお神酒が加勢に来た人びとに振舞われる[*15]（cf. 水俣市史編さん委員会 1997: 185）。つまり、火のまつりは、船に魂が宿るように、石像にも魂が宿ることを願って行われた行事でもあったのである。

ただし、「本願の会」は一九九八年を最後に、個人としての参加は自由としつつも、会として「火のまつり」に参加することはやめている。この背景としては、「第二部として郷土芸能を加えて広く市民が参加できるようにしたい」、「厳粛な祈りの行事が台無しになる」、「宗教がかっているから人が来ないんだ」、「宗教じゃない。慣習だ[*16]」といった実行委員会のメンバー間のやりとりにみられるように、人を呼ぶことを重視する委員とそれに反対する「本願の会」メンバーとの対立が強まったことが挙げられる。なお、本書の第5章に登場するA氏は、一九九九年以降も個人として「火のまつり」への参加を継続してきた人物である。

以後、「本願の会」は独自の行事として、二〇〇〇年には水俣湾埋立地の竹林園で「もとのいのちにつながろい」、二〇〇二年には親水緑地で「魚満天（イヲマンテン）の夜」、二〇〇四年にも同じく親水緑地で「能『不知火』の奉納」を行ってきている[*17]。これら三つの行事の開催日に着目すると、いずれも旧暦の七月一三〜一六日のあいだに執り行われており、旧盆の時期が意識されていることがわかる[*18]。石牟礼道子作の能「不知火」は、竜神の娘である不知火とその弟の常若が、海の底で毒をさらい続ける物語である。常若が上天し、不知火の命も尽きようとする間際に、二人は再会し、来世で夫婦になることを約束される。そのときに中国古代の音楽の始祖であり、さまざまに姿を変える怪神でもある「夔（き）」が現れ、二人の祝婚と海の荘厳のために浜辺の石を打ち鳴らす。この音に、かつて海の毒で死んでいった猫たちや生きものたちの霊も舞い出てくる。そして不知火と常若は、回生の勤行のために海底へと消えていく。[*19] この能作品の「奉納」公演は、「本願の会」メンバーの強い要望によって実現したものである。そして、この「奉納公演」の際には、第4章で詳述するO氏の発案によって、水俣病問題の「加害者」であるチッソにも参加が呼びかけられた。

さらに、「本願の会」が独自にとり行った三つの行事には、石像が組み込まれている点が注目される。二〇〇〇年の行事では未設置の石像四体が祭壇に置かれ、二〇〇二年と二〇〇四年の行事では、既設の石像の前にろうそくが置かれ、火がともされた。全国から約一三〇〇人が参加した二〇〇四年の行事の最終報告書には、「魂石から火を分けてもらい……舞台の前、左右のかがり火に点火する」[*20] といった記述がみとめられる。これら三つの行事については第4章でも記述していくが、ここでは石像の建立が、これらの行事とも連動しながら行われてきたことを指摘するにとどめたい。

2 「本願の会」による石像製作の概要

一九九五年には「本願の会」が購入した機械彫りの地蔵像がすでに建立されていたが、[*21] 石彫りが実際にスタートしたのは、福岡市の石像彫刻家が指導のため水俣を訪れるようになった一九九六年以降のことである。一九九七年以降は彼の指導のもと毎月第二土曜と日曜の二日間にわたってメンバーが一堂に会し、水俣湾埋立地の一角にある空き地で石彫りが行われてきた。その際に会が購入し、石材として用いられたのは、「福光石」と呼ばれる島根産の安山岩質火山礫凝灰岩と阿蘇の溶結凝灰岩である。[*22] 「本願の会」の事務局長であるJ氏によれば、「福光石」を紹介したのは石彫りを指導した石像彫刻家であり、「素人が始めるにはそれがいい」ということでこの石が選ばれたのだという。その後、「なるべく地元に近いもので彫りたい」というメンバーの意向によって、阿蘇溶結凝灰岩が購入されることとなった。[*23]

形態の決定に際しては、個々人が彫りあげたい石像のイメージをもとに、福岡市の石彫師が下絵をつけるか、みずから下絵をつけて行われた。その下絵をもとに、ノミと石頭を使用して個々人が造形したものが現在水俣湾埋立地に存在する石像である（写真2－2）。複数の建立者によると、神仏や人物をモチーフとした石像の表情や、各部位ごとの精度については、製作過程で変更が生じてきたという。石像を彫りあげる期間は数ヶ月～数年で、個々人の体力や技術、石彫りに参加する頻度によってかなりの幅がある。一人につき一体の建立というわけではなく、複数体建立してきた人びともいる。[*24]

石彫り場として利用されてきた埋立地の一角は、水俣市立水俣病資料館のすぐ東側に位置する（写真2－3）。石彫り場の北側は明神崎と呼ばれる昔ながらの岬に接している。明神地区で生まれ育ったA氏によれば、石彫り場は、埋め立てられる前には砂浜があった場所であり、遊び場でもあったという。[*25] 石彫り場にいると、埋立地と明神崎の不自然な高低差が埋め立ての事実をあらためて物語っているように感じられる。車道の近くではあるが、車が通ることは決して多くない。そして石彫り場のすぐ脇を埋立地の排水溝が通っているために、潮の干満によって水量が変化し、水の音が聴こえてくる。石像の建立は二〇〇四年を最後にいったん休止して以降、二〇一二年に再開されており、現在でも空き地には彫りかけの石像が、ある程度の距離を保ちつつ点在している。

写真2－2　「本願の会」の石彫りに用いられているノミと石頭

写真２－３　水俣湾埋立地の一角にある石彫り場

３　石彫りの過程にみる「受け手」としての「つくり手」

それでは、「本願の会」メンバーにとって石彫りとはどのような経験なのだろうか。本章を閉じるにあたり、筆者による聴きとりと参与観察の記録をもとに、この点について検討することにしたい。

第一に、石彫りはきわめて多大な集中力を要する作業であり、そこには人間の意図を脱するような側面が存在することがわかってきた。たとえば、現在までに四体の石像を建立してきているＺ氏（男性）は、石彫りの過程を述懐するなかで、他のことを忘れて「ぐーーって入る」ことを強調していた。[*26] Ｚ氏によれば、石彫りに没頭しているあいだは、「こげん（このように）彫ろうとかあげん（あのように）彫ろう」という当初の意図がかき消え、深い集中のなかで身体を動かしながら、「一生懸命彫るだけ」しかできない時間である。[*27] Ｚ氏が「あそこで、彫りよれば、波の音の、ざばー、ざばーと時々しよって、あー波の音のすっとやねーち思うばってん、あとはもう全然。うん」と語っているとおり、そこでは波の音以外が意識にのぼることはほとんど無かったという。[*28] 一方、現在までに二体の石像を建立してきているT氏（男性）は、「彫ろうとした瞬間に何かが吹っ飛ぶ」と語りつつ、「つくり出す」のではなく、石からある形象が「出てくる」ことを強調していた。

> 不思議なことにね、石、石の、最初はこう荒っぽい石がごろんとあっでしょ。それにあの、すべての、あのなんか、すべての材料となる品物、その地蔵さんになる品物が、入ってるち、それを自分の力で出してあげるちいう、気持になっとですよ。そうすっとどんどんどんどん自分で出てくっと。そこがやっぱ不思議やな。……とにかくよく、顔の表情なんかが出てくっとやもんなぁ。そういう、その人の考えてる、うー、気持ちがずーっとやっぱ最終的には出てくる。最初はあらーこれはおかしかねーち思うとったっちゃ、もうできあがるときにはね、ちゃんとした顔になってる。あれはすごいですね。[*29]

これらZ氏とT氏の語りが示唆するのは、石彫りには、「人が思い描く内なるイメージを外なる石に組み付ける」という作業とは異なる側面が存在するという点である（cf. Ingold 2012）。T氏の語りが示しているように、それは石に内在する何かを「出してあげる」作業でもある一方で、そのなかでは予期せぬ形象との出会いという新たな経験が促される。そして、製作者の心情が石を通じて「出てくる」という語りは、石彫りを通じて初めて見えてくる自己の存在を示唆している。[*30]

石彫りの過程の第二の特徴として、予期せぬ形象との出会いという経験を促すだけでなく、製作者の新たな行為を導くという点が挙げられる。たとえば、「全部問われるもんな。何のために誰のために、っちゅってからすべてをこうやっぱ自分に、模索していくわけ」という、石と向き合う自己についてのT氏の語りからは、石彫りが内省に向う心の動きを生み出していったことがうかがえる。一方、Z氏は、青年時代に明神崎で見た不知火海の夕日と、海面で競うように跳ねる魚たちの情景を石像に文字として刻むことを意図し、当初は「夕映えの海に魚がはねて自己を主張している」との銘を考えていたという。しかし、実際に石像に刻まれた文字は「夕映への海で魚がはねていのっている」であった（写真2－4）。この石像の前で立ちどまって聴きとりを行った際、Z氏は自身の変化について次のように述懐していた。

ばってんが今度これをこう、これに実際にあれする場合、その、跳ねて競い合ってるっちゅうのは、あれせんで、やっぱ、跳ねて祈って、あんときは祈っとったっじゃなかかと。俺はあんとき競い合っとったっち思うとったばってんと、いう感じでね、その、跳ねて祈っていると。[*31]

写真2－4　Z氏の石像に刻まれた銘文

ここには、石彫りを通じて、新たな心情が喚起されるばかりでなく、それが新たな形態の創出へと結びついていることが看取できる。

筆者がフィールドワークを行っていた当時、O氏の甥にあたるM氏が石像を製作中であった。M氏は、水俣湾埋立地の「実生の森」の木の枝から「祈りのこけし」を彫り出し、これまで二〇〇〇体以上のこけしをさまざまな人びとに手渡してきた人物でもある。[*32] 石彫りの時間を共有するなかで、筆者が彫り上げたいイメージについて尋ねると、M

氏は、「かたちが定まっていない」こと、および「どんどん変化していく」ことを強調し、「何かを彫ろうとしているのは確かだけれどもそれが何なのか。どういうかたちに仕上がるのかは予想がつかない」と語っていた。[*33] 事実、M氏は、石彫りの途中、手を休めているあいだに、製作途中の石像をその周囲から幾度も見つめ直し、何かを模索している様子であった。さらに興味深いのは、ノミを介して石と身体が響き合う経験が、石からのメッセージとしても受けとられていたことである。たとえば、ある日の石彫りの休憩中、M氏は「ノミをあてて叩くたんびに、『自分は本当にこれでいいのかな』と問われる」と語っていた。[*34] そして、別の場面では、石からのメッセージを「もう一つの祈り」と表現していた。M氏による次の語りから浮かび上がるのは、石が発する声に応答する行為としての石彫りである。

やっぱり、ノミを入れて、当然ながら木よりも硬いわけですね。えー、そうすると、うーん、魂石が、えー、何かこう、うーん、もう一つの祈りを、私に伝えようとしているような気が、するときもあって、で、それが何なのかはいまわからないけども、彫り続けていくなかで、そして彫り終わって、水俣湾埋立地に安置、したときに、それが何なのかというのは、わかってくるんじゃないかなーと思っているんですけどね。[*35]

これまでに見てきた「本願の会」メンバーによる石彫りの過程は、主体としての人と客体としての石という図式では捉えることができない。製作者が思い描いたモチーフを石に刻もうと試みる一方で、石は一定の自律性を保ちつつ、予期せぬ形象として現出することで、製作者に「出てくる」という新たな経験を促す。加えて、ノミを介して身体と石とが響き合う経験は、製作者を「問う」声や「祈り」に関するメッセージとして受けとられることで、さらなる行為を導いてゆく。ここにみてとれるのは、経験や行為がモノへと向かうだけでなく、モノによって新たな経験や行為が導かれるという、石彫りの過程の二面性である。

以上の点を踏まえ、本書の後半部では、水俣病経験の想起のプロセスをモノと語り（行為）の響き合いとして分析していく。第3章では、いったん生み出されたモノが、次なるモノを生み出す行為にいかに作用するかという観点から、「本願の会」による石像五二体の形態と空間配置の経時的変化について分析する。そのうえで、第4章では、「本願の会」結成の大きな原動力となったO氏による石像と語りをもとに、モノがいかなる語りを生み出してきたのかを通時的視点から検討し、モノを媒介とした水俣病経験の語り直しのありようを明らかにする。さらに第5章では、水俣病をめぐる運動や裁判に積極的にかかわってこなかった「本願の会」メンバー二人の事例をとりあげ、変容しつつも持続性をもち、ある場所に存在し続けることで周囲の景観と複合的に作用するという石像の性質が、モノの製作者による語りとどのように作用し合ってきたのかという観点から、彼／彼女らによる水俣病経験の語り直しのプロセスを読み解いていくことにしたい。

第3章　水俣の景観に立つ五二体の石像たち

――「本願の会」による石像の形態と空間配置をめぐって

第1節　はじめに

本章では、いったんつくり出されたモノが、次なるモノを生み出す行為にいかに作用するかという観点から、「本願の会」によって水俣湾埋立地に設置されてきた石像五二体の形態と空間配置の経時的変化について分析する。前章でみたように、水俣病の原因となったチッソ工場がかつて汚染物質を直接排出した水俣湾は、熊本県の公害防止事業によって一九九〇年にはその一部が埋め立てられた。埋立地の整備活用をめぐっては、明るいまちづくりをもとめる主張と、被害の証しである水俣湾の埋め立てそのものへの抵抗、あるいは水俣病の制度的「救済」では癒えなかった心情表現の場をもとめる主張がするどく対立していた。海をのぞむ親水緑地に立つ五二体の石像は、こうした埋立地景観の整備・更新のなかで、一九九五年に発足した「本願の会」のメンバー個々人によって製作・設置されたものである。これらの石像は、通常のモニュメントとは異なり建立者が個人である点、患者／非患者といった制度的判定ではわりきれない記憶にかかわる物質文化である点において、興味深い対象である。

文化人類学者の慶田勝彦は、国家や近代科学が患者認定や補償の問題としての「水俣病」を構築し、地域や患者同士のあいだに複雑な分断を生み出してきたことに言及しつつ、「本願の会」の試みを、国家的、権力的、分断的な近代の思考の枠組みによって一方的に規定されてきた「水俣病」とは異なる歴史の存在を可視化する実践として位置づけている（慶田 2003）。具体的には、「本願の会」メンバーであるO氏が一九九六年の水俣・東京展に寄せて行った、「日月丸」と名付けられた不知火海の伝統的な木造船による、水俣から東京までの「魂の移動が主題化され」（慶田 2003: 213）た航海が分析され、「水俣病経験という起源」（ibid.: 217）をあらかじめ備えた物語に吸収されえない、断片的でくり返し語り直される記憶や、日々つくり出され、つくり直されている実践に注目することの重要性が指摘されている。

しかし、これら先行研究では語りや文書を対象とした分析に重点が置かれ、モノのもつ歴史構築のための媒体性については議論されていない。そこで本章では、埋立地の一区画に建立されてきた石像の形態と空間配置の経時的変化に関する分析を行うとともに、具体的に石像を建立する行為がいかに個人的な記憶を集合的記憶と結びつけ、「水俣」という歴史的記憶を構築することになるのかをみることにより、モノによる歴史構築の実践についての試論を提示したい。そのうえで、「本願の会」による石像の個別性についても検討することで、これらの石像がメンバー間の（ときにモノを介在させた）対話を通じて生み出されてきたモノであることを論じる。

第2節　モノを媒介とした歴史構築の実践

1　石像の建立と「日月丸」の航海

一九九六年に熊本県・水俣市・「本願の会」の三者間で、「水俣湾埋立地における石像設置に関する覚書」が正式に調印された。そこでは石像の形態について「水俣病の犠牲者に配慮した記念碑的なもので、宗教色を帯びないもの」とされ、環境再生を祈念する市民手づくりの「実生の森」を中心とした区域を設置場所とすることが明記された。しかし、興味深いことに、現在の石像五二体はより海に近い親水緑地に配置されている。覚書の調印が行われる以前の一九九五年に、「本願の会」が購入した機械彫りの地蔵像がすでに建立されていたが、一九九六年から福岡市の石像彫刻家が指導のため水俣を訪れるようになって手彫り石像の製作が可能になった。この年には、はじめての手彫り石像二体が建立されている。形態の決定に際しては、個々人が彫りあげたい石像のイメージをもとに、福岡市の石彫師が下絵をつけるか、みずから下絵をつけて行われた。その下絵をもとに、ノミと石頭を使用して個々人が造形したものが現在水俣湾埋立地に存在する石像である。一人につき一体の建立というわけではなく、複数体建立してきた人びともいる。

石像の設置にあたっては、建立者本人の意向を最優先し、海を臨む親水緑地のなかから場所が選定されてきた。五二体の設置は一九九五年から二〇〇四年までのあいだに徐々に行われたため、場所の選定には既存の石像との位置関係が考慮されたと考えられる。石像は石彫り場からトラックで運搬され、会のメンバー自身の手によって設置された。また、設置の前夜に「御夜(ゴヤ)」と呼ばれる行事を行い、「本願の会」のメンバーやその他有志によって祈りが捧げられてきた。「御夜」を行わないときは、設置当日に御神酒を捧げ、祈りの時間がもたれてきた。

ところで、一九九六年にはじめて設置された手彫り石像二体のあいだには、「日月丸」の「遺灰」と船霊が埋納されている。先述のとおり、「日月丸」とは、「本願の会」のメンバーであるO氏が一九九六年に開催された「水俣・東京展」に寄せ、水俣から東京まで「魂を運ぶ」ための航海を行ったときに用いた船のことである。不知火海に古くからある打瀬船(うたせぶね)という木造船が用いられ、「日月丸」と名づけられた。「日月丸」の航海は「本願の会」の行事として執り行われたわけではなかったが、同会のメンバーによって共有された出来事だった。航海を提案し実際に乗組責任者をつとめたO氏だけでなく、「日月丸」ののぼりに「海よ　風よ　人の心よ　甦れ」と書いた人物（Z氏）も石像を製作している同会のメンバーである。さらに、一九九六年に手彫り石像を建立した人物（E氏）は、「何かひもばくれんな、と言って、O君にきびるわけにいかもんで、自分にしっかりきびっつけて、これが命綱ばい、と。……Oが行くちゅうたときに、よし、おら陸（おか）から来っで、あんた行たとけ。でも陸とあんたはつながっとっとぞ」と語ったエピソードについて述懐している。[*1] 一九九六年八月六日、「日月丸」は水俣湾埋立地の親水緑地のすぐ近くにある船着き場から、「本願の会」のメンバーに見送られつつ出港した。同年八月一八日に東京湾の船橋港に到着した後、会のメンバーは品川で祭壇をつくり、「日月丸」から「魂を降ろす」（鶴見ほか 2002: 43）ために「出魂儀」の行事を行った。[*2] 水俣・東京展が終了した後、「日月丸」は川崎の産業廃棄物処理場で火葬された。そこでも祭壇がつくられ「魂返しの儀」が行われた。[*3]

「本願の会」事務局長であるJ氏によれば、「遺灰」と船霊の埋納は一九九七年に会のメンバーの次のような意向で行われたという。

> Oさんが船長をして、水俣の魂たちを引き連れて東京にのぼっていって、で、東京の様子をみて、天に還っていったみたいな、そういう扱いだから。その亡骸みたいなものを、持って帰ってきて、安置する。いつでもそこに還ってこれるように。[*4]

このことは、この二体の手彫り石像（写真3－1）が一九九七年以降、空間上の中心として意識されてきたことを示唆する。[*5]

写真３－１　「日月丸」の「遺灰」と船霊の埋納地点

２　「本願の会」による石像の形態的特徴

「本願の会」による石像五二体は、海を臨む西向きの面（以下「正面」と表記）に主要モチーフが彫られている。それ以外の面にも何らかの形象や記銘をもつ事例があるが、本章では、まず全体の傾向をつかむために正面に彫られたモチーフに対象を限定する。

正面のモチーフから、石像は、表３－１にまとめたようにいくつかの類型に分類することができる（写真３－２～７）。まず、「地蔵」として分類できるものが五二体中三六体と七割近くを占める。しかし、同じ「地蔵」であっても、表情や持ち物といった要素を個々人の想いと関連するかたちにズラシた事例が多く存在する。たとえば、表情を、地蔵の典型である「慈悲相」から、[*6]苦しみや微笑みへとズラシた石像や、合掌または宝珠を持つのではなく、猫を抱く、正面に向かって指を指す、腕を組むといった、持ち物や印相をズラシた石像が存在する。

そこで、「地蔵」の場合、①僧形、②合掌または宝珠をもつ、③慈悲相という三つの特徴をすべて満たす石像

表3－1　モチーフ分類

大分類		小分類			総数
code	名称	code	細分名称	基準とする特徴	
a	地蔵	a_1	基本型	①僧形、②合掌または宝珠をもつ、③慈悲相	18
		a_2	変異型1	①②③のうち二要素を満たす	10
		a_3	変異型2	①②③のうち一要素を満たす	8
b	地蔵以外の神仏	—	恵比寿	烏帽子・狩衣・鯛を脇に抱く	4
			不動明王	頂蓮・右手剣、左手絹索・背部に焔光	
			如意輪観音	宝冠・天衣・半跏	
c	人物	—	—	—	9
d	その他	—	—	—	3

を「地蔵基本型」（a_1）とし、いずれか一要素ズラシた「地蔵変異型1」（a_2）、二要素ズラシた「地蔵変異型2」（a_3）に分類することができる。

また、地蔵ではなく、神仏としての一般的な定義を満たす石像が四体建立されている（「地蔵以外の神仏型」（b））。それらは、恵比寿（烏帽子・狩衣・鯛を脇に抱く）、不動明王（頂蓮・右手剣、左手絹索・背部に焔光）、如意輪観音（宝冠・天衣・半跏）である。ついで、人物としての特徴を備えているもの（「人物型」（c））が九体、そして、トトロやオタマジャクシのような、どの分類にも当てはまらないもの（「その他型」（d））が三体ある。

このように分類してみると、一般的な神仏としての定義を満たす石像は（a_1）と（b）の二二体と、五二体中四割にとどまり、形態のズラシが顕著である。これらのことから、「本願の会」による石像は、典型的な神仏が存在すると同時に、形態のズラシを特徴とする物質文化と位置づけられる。*7

石像は埋立地の護岸付近に海を臨むように配置されているが、規則的には並んでいない。図3－1は、航空写真*8の判読と現地観察に基づいて作成した親水緑地の模式図上に、石像

写真３－２　地蔵基本型

写真３－３　地蔵変異型１

写真３－４　地蔵変異型２

写真３－５　地蔵以外の神仏型

写真３－６　人物型

写真３－７　その他型

を形態分類ごとにプロットしたものである。この図から、五二体の石像の空間配置には、形態分類群ごとのまとまりを認めることはできない。このことは、異なる時期に個々人によって建立された石像の形態や設置場所が、それ以前に設置されていた石像との関係性のなかで選択・決定されてきた可能性を示唆する。

3　石像の形態と空間配置の経時的変化に関する分析

新しい石像が加わることによって景観が更新されてきた過程を把握するために、各時期の総数の推移を分類群に分けて図3－2に示した。ただし、建立年不明のものが三体含まれる。[*9] 図3－2からは、年を追うごとに多様なモチーフの石像が建立されてきた傾向を読みとることができる。一九九五年時点では地蔵基本型のみで構成されていたが、一九九七年以降は地蔵基本型以外の石像も著しく増加している。

ズラシやモチーフの種類に着目すると、地蔵基本型→地蔵変異型1（一九九六年）→地蔵変異型2と人物型（一九九七年）→地蔵以外の神仏型（一九九八年）→その他型（二〇〇二年）の順に出現してきている。地蔵以外の神仏型よりも人物型の出現が早く、このことは地蔵から表情や持ち物といった要素をより人間に近い形態に変更する、あるいは人物に変更するといった地蔵と人間に関連するタイプのズラシと、地蔵以外の神仏型への多様化の異質性を示唆する。

次に、石像の形態と空間配置の経時的変化を把握するために、一九九六～二〇〇四年まで年ごとに設置されてきた石像の形態と配置を図示した（図3－3～9）。一九九六年には、初の手彫り石像が建立されるとともに地蔵変異型1（図中番号13、14。以下、カッコ内の番号は図中番号を示す）へのズラシが生じた（図3－3）。一九九七年は地蔵変異型2（15、18）ならびに人物型（16）が出現した年で、日月丸の「遺灰」と船霊が埋納された地点を中心とするよ

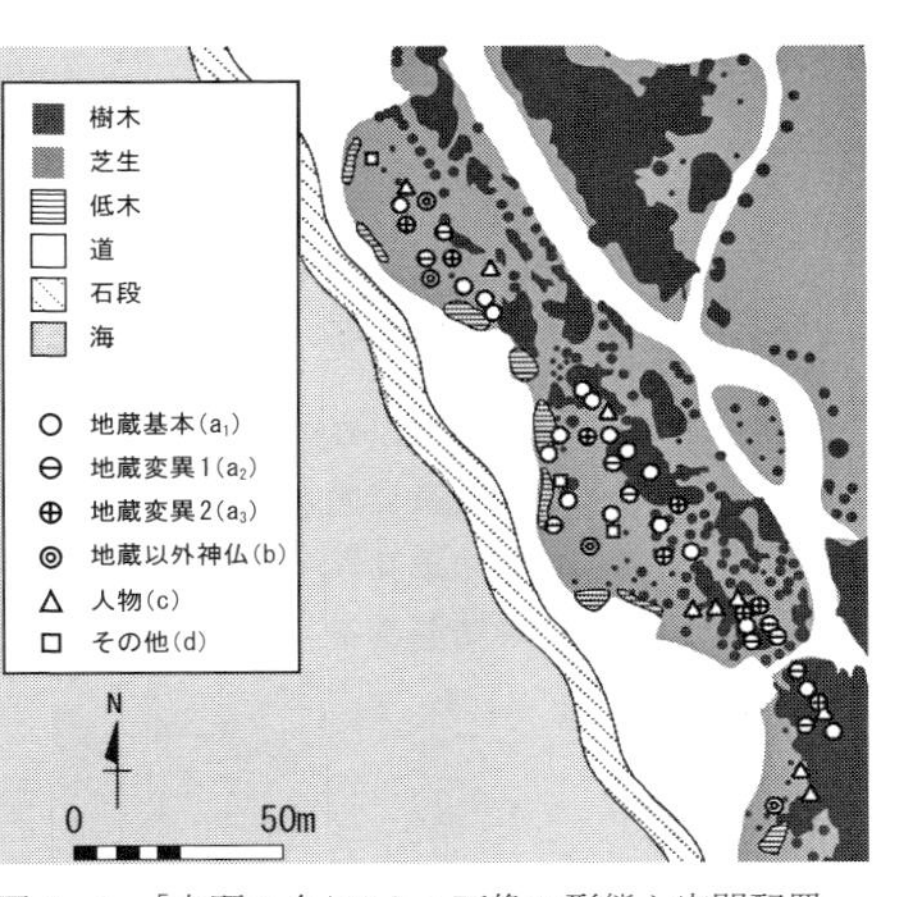

図3－1　「本願の会」による石像の形態と空間配置

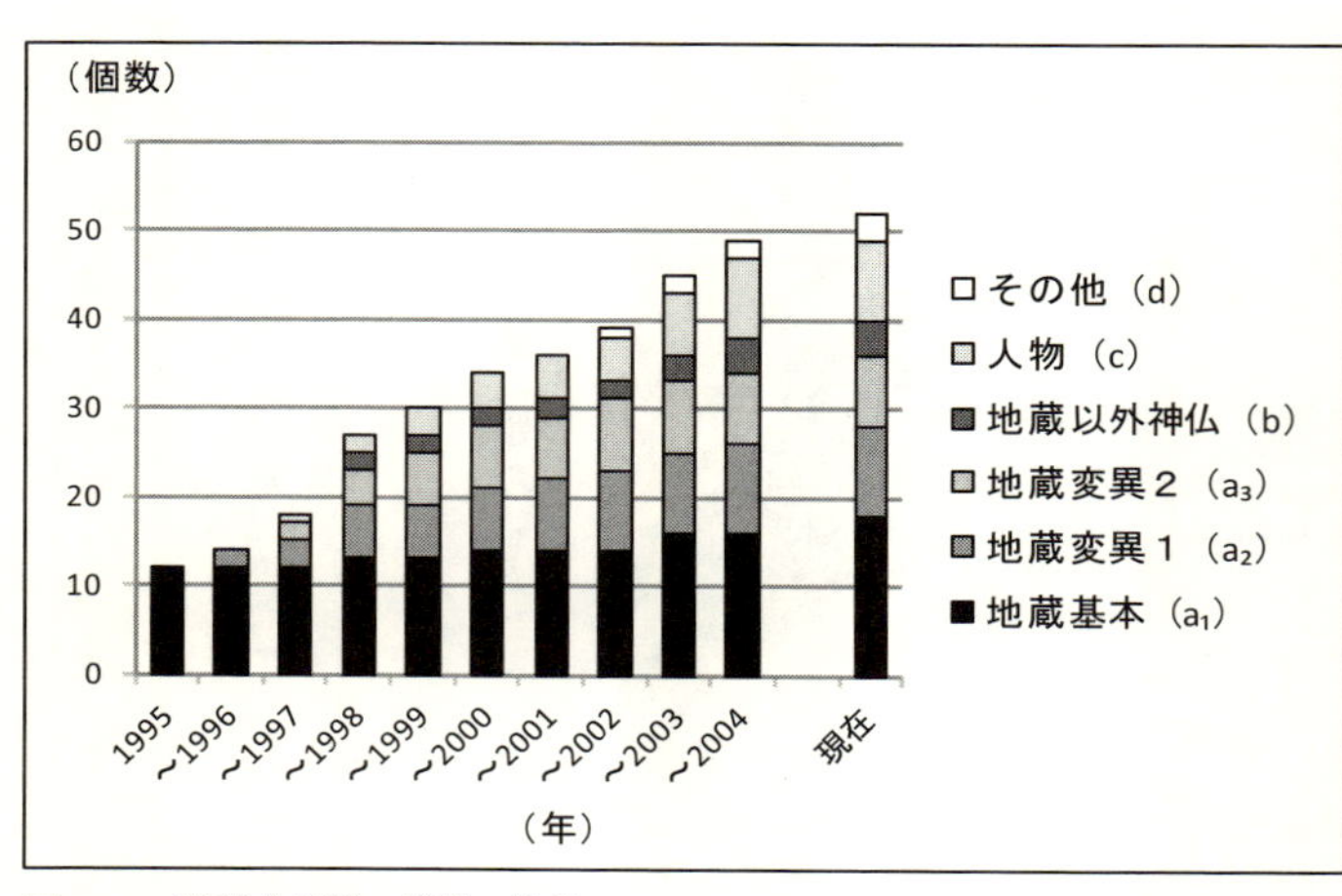

図3－2　形態分類群の総数の推移

うに設置されている（図3－4）。しかし、この年に設置された石像群のなかで比較すると、初めてのズラシである地蔵変異型2の石像は前年の二体から離れた場所にあることがわかる。

一九九八年には、はじめて地蔵以外の神仏型への多様化が進行すると同時に、海側と北側に設置範囲が拡大している（図3－5）。形態のズラシや多様化と空間配置の多様化が同時進行した点が一九九八年の特徴である。地蔵変異型1（20）と地蔵変異型2（21）、人物型（23）に加え、この年にはじめて設置された地蔵以外の神仏型の恵比寿（19）と如意輪観音（22）が既存の石像の分布域からとくに離れた地点に設置されている点は注目に値する。初出の形態であることが、設置場所の選定に影響した可能性が浮かび上がるからである。他方、地蔵変異型2（21、26）は、一九九七年に比べ、設置場所に特定の傾向が認められないことがわかる。

一九九九～二〇〇一年まで形態の新たな追加は認められないが、二〇〇〇年には人物型（31）と地蔵変異型2（32）によって、設置範囲がふたたび北側へと拡大している（図3－6）。ところで、人物型の石像（31）は、おおよそ直方体に近い石に人の顔面のみが彫り込まれている点で特異である。全五二体の石像のうち、この石像を除く「地蔵基本型」、「地蔵変異型1、2」、「地蔵以外の神仏型」、「人物型」に含まれる石像にはすべて胴体が存在するからである。しかも、この特異な人物型の石像は、既存の分布域からとくに離れた地点に設置されている。

二〇〇二年の石像の設置場所には、一九九七年や一九九八年とは異なる傾向を読みとることができる。この年にはじめて「その他型」(39)が加わるが、それは既存の石像の設置範囲の中央付近に建立されているのである(図3-7)。それは「オタマジャクシ」をかたどった形態を呈し、[*10]台座には「願」の文字が彫り込まれている。

一方で、二〇〇三年に建立されたその他型の石像(40)は、北側のはずれに設置されている(図3-8)。これはトトロの形態をかたどったもので、胸に「夢」の文字が彫り込まれている(写真3-7)。トトロという初めて

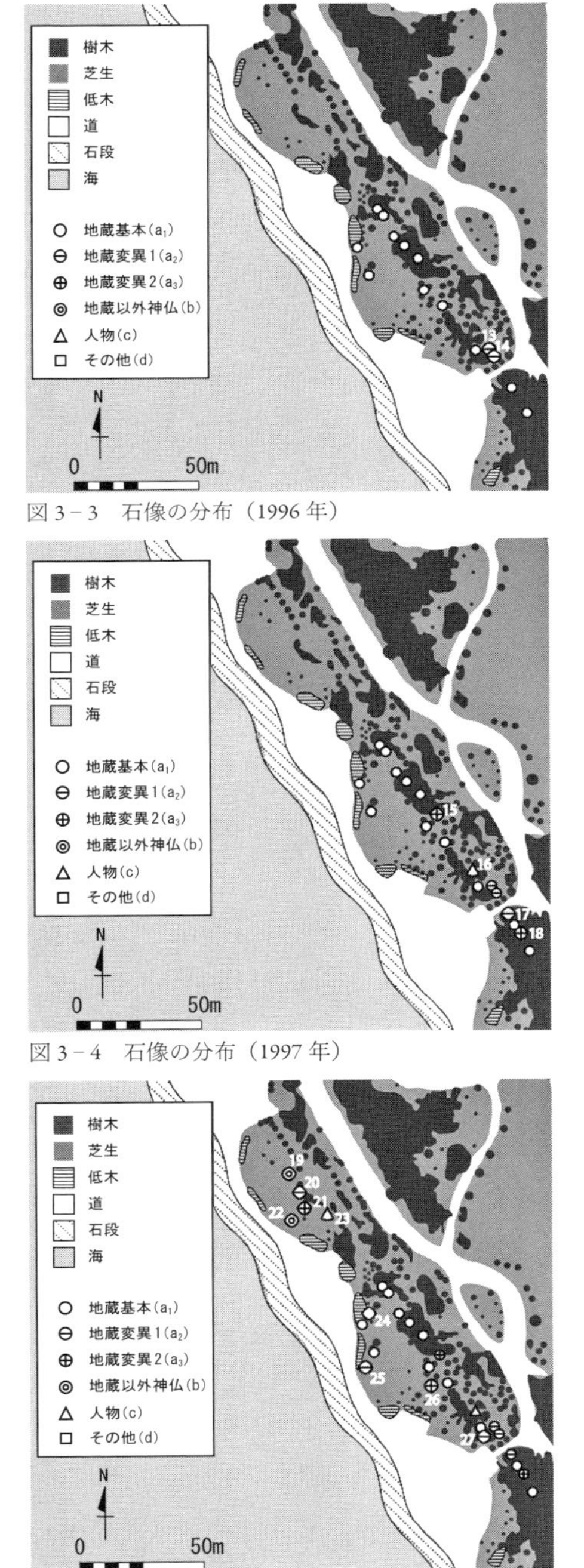

図3-3　石像の分布(1996年)

図3-4　石像の分布(1997年)

図3-5　石像の分布(1998年)

の形態が既存の石像分布域から離れた地点に設置された点は、一九九七年の「地蔵変異型2」、一九九八年の「地蔵以外の神仏型」の設置パターンと類似する。また、二〇〇三年には人物型（45）の追加によって、南側にも設置範囲が拡大している（図3－8）。さらに、地蔵以外の神仏型である恵比寿（43）は、既存の石像の分布域の中央付近に設置されている。二〇〇四年には地蔵以外の神仏型のなかでもはじめて不動明王（49）が追加され、設置場所として南側のはずれが選ばれている（図3－9）。

以上のことから、初出の形態とその選地傾向に相関の可能性があると考えてよいだろう。ただし、一九九八年設置の地蔵変異型2（21、26）や、二〇〇三年設置の二体目の恵比寿（43）が示唆するように、既存の形態に類似する石像の設置にはこの傾向が認められなくなる。

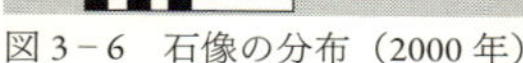

図3－6　石像の分布（2000年）

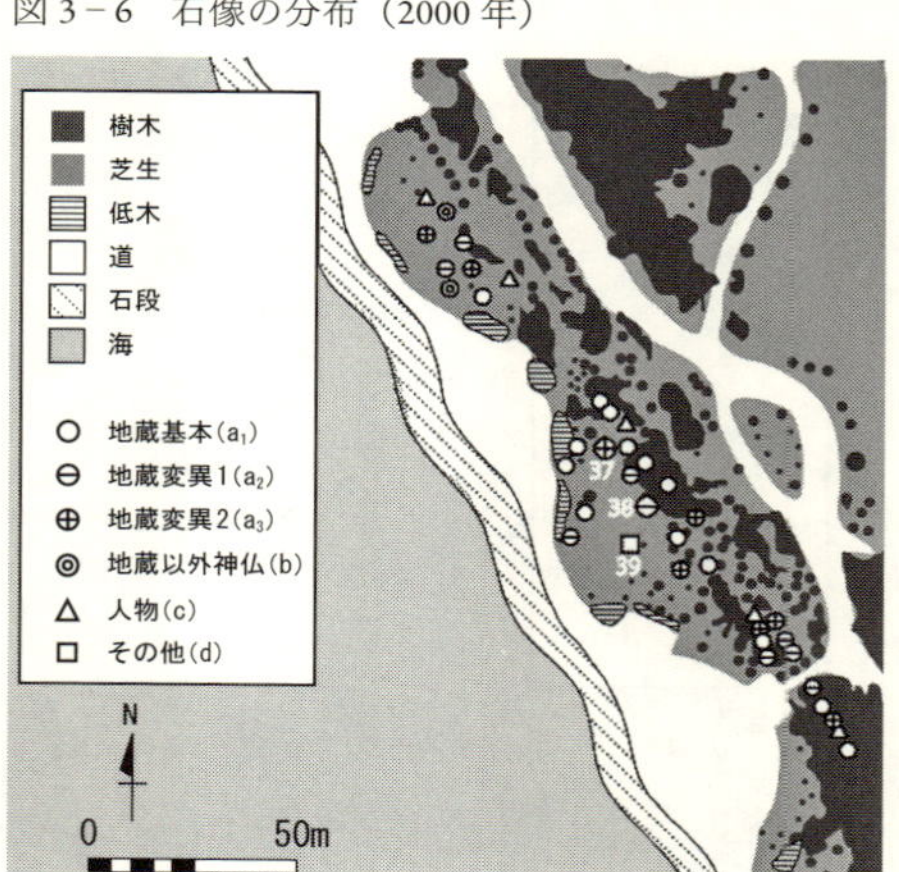

図3－7　石像の分布（2002年）

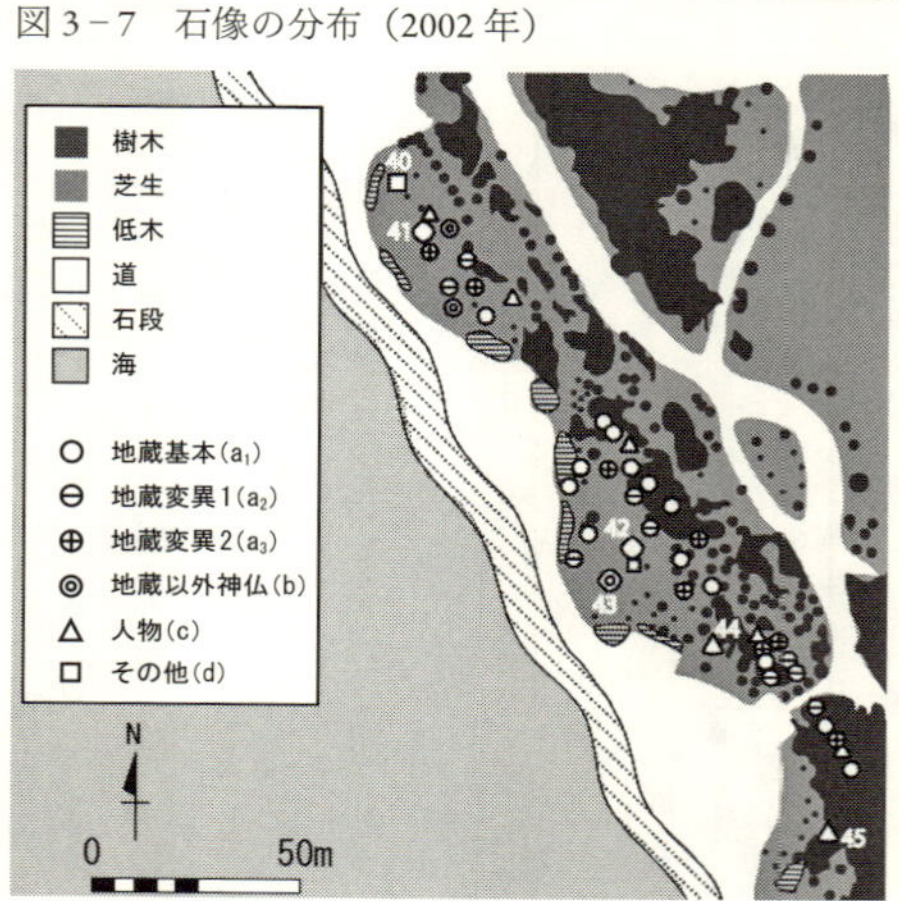

図3－8　石像の分布（2003年）

分析結果をまとめると、次の三点が指摘できる。①年を追うごとに「地蔵」を起点とする形態のズラシや多様化が徐々に進行してきた。②形態のズラシや多様化が進行するにつれて、限られた空間範囲のなかで分布のパターンもまた多様化してきた。③初出の形態の場合、既存の分布範囲から離れた場所に設置される事例が散見されることである。このことは、「本願の会」のメンバーが行ってきた石像設置による景観の更新に際して、既存の石像との関係性が意識されてきたことを示唆している。

4　石像建立による歴史構築の実践

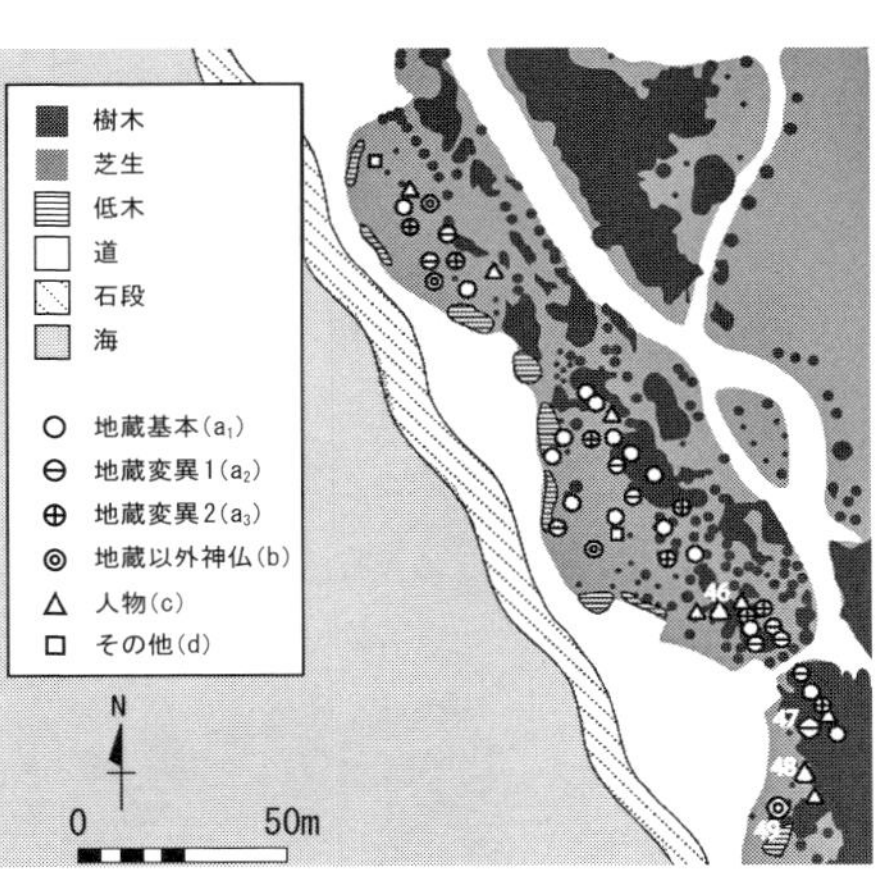

図3－9　石像の分布（2004年）

A氏（女性）は水俣湾沿岸の明神町で一九五一年、チッソに勤める父親の娘として生まれた。水俣病が「奇病」と呼ばれていた三歳のとき（一九五四年）に父親が発病、五歳のとき（一九五六年）に漁師だった祖父が発病するとともに、父親を劇症型水俣病で失った。残された母親は四人の子どもを抱えながら生活を支えた。寝たきりの祖父も一一年間の闘病の末一九六六年に亡くなった。A氏は地元の小・中・高を卒業して大阪で就職したが、約一年間勤めた後に水俣に帰郷し、地元で結婚した。被害者運動等に関わることなく水俣病問題については沈黙を続けてきたが、一九九四年に開催された地域再生事業イベント「水俣の再生を考える市民の集い」をきっかけに、父や親族の水俣病被害について語り始め

写真３−８　Ａ氏建立の２体目の石像

た。「本願の会」には結成当初から参加し、会計を務めてきた。Ａ氏は一九九七年に一体目の石像（写真３−６）を、二〇〇三年に二体目（写真３−８）を建立してきた。

二体の石像の形態はともに「人物型」である。しかし、モチーフを詳細にみると、そのあいだに「ずらし」を認めることができる。Ａ氏は、自身の「小さいとき」をイメージして「五、六歳の女の子」を一体目に彫ったという。それは、着物と下駄を身につけ、手を胸のところで合わせた姿である。二体目については「母親と私のイメージ」で彫ったと語ってくれた。丸顔でおさげ髪の表情から、「小さいとき」のＡ氏がイメージされたと考えられる。しかし服装は洋装で、母親に抱かれながら、その手をしっかりと握っている。少女の髪型と輪郭は一体目と共通するが、二体目の石像では服装や姿勢がずらされ、しかも新たなモチーフとして「母親」が追加されている。

二体の石像は同一の場所に設置されてはいない。一体目の石像は、「日月丸」の「遺灰」と船霊が埋納された二体の地蔵型石像（一九九六年建立）に近接する（図３−４、図中番号16）。他方、二〇〇三年に建立された二体目は、その時点の石像分布範囲からは離れた親水緑地の南端に位置する（図３−８、45）。

一九九四年に水俣病について語り始めたＡ氏は、一九九六年に開かれた水俣・東京展で父親の遺影展示を強く希望し、会場で公開した。翌年の一九九七年には幼少期の自己をモデルとする着物姿の少女の石像を、さらに六年が経った二〇〇三年に母親に抱かれた洋装の少女の石像を建立した。すなわち、A氏によるモノを媒介とした歴史構築の実践は、同時期にではなく、父親の記憶→幼少期の自己の記憶→幼少期の母親の記憶という順番で展開してきている。もっとも新しい二体目の石像は、親水緑地の景観の中央に建立された一体目と異なり、親水緑地の南端に建立された。父亡きあと家族を支え、患者でありながら裁判には加わることのなかった母親の記憶とその表現としての石像は、他のメンバーとの対話や彼／彼女らが建立した既存の石像との対照のなかで、新しいタイプであるがゆえに控えめに提示された可能性がある。だとすれば、石像の建立は、個々人の記憶を「本願の会」の集合的記憶の中にうめ込み、「水俣」の歴史の束に加えていこうとする実践と捉えることができる。

第3節　石像の「個性」について

以上、正面（西向きの面）に彫られたモチーフに対象を限定しつつ分析を行ってきたが、「本願の会」による石像には、それだけでは捉え切れない側面もまた存在する。そこで、正面以外の面に彫られた副次的なモチーフを視野におさめつつ、モチーフの配置やモチーフ間の関係性をみていくことで、これらの石像がメンバー間の（ときにモノを介した）対話を通じて生み出されてきたモノであることを明らかにしたい。

1　多面に配置されるモチーフと記銘

「本願の会」による石像五二体の外形に注目すると、「柱状」のものと「丸彫り」のものに大別することができる。「柱状」とは、角柱や円柱の外形を呈しているもので、たとえば（人物や神仏などの像を）立体的に彫り上げた「丸彫り」と区別される形態である（cf. 庚申懇話会編 1975: 322–323）。「柱状」に製作された石像の一群（計一〇体）を時間の流れに沿って整理すると、モチーフや記銘が石像のより多くの面に配置されていくという傾向が読みとれる。一九九七年に初めて柱状の石像を建立したA氏は、胸のところで手を合わせた少女のモチーフを正面に、「波」を東面にそれぞれ刻んでいる。この石像は、柱状であるというだけでなく、正面以外の面に建立年と建立者名以外のモチーフを刻むという点においても初めての試みであった。二年後の一九九九年には、東面に「夕映の海」という銘を刻む人物型の石像が、Z氏によって建立されている。翌年の二〇〇〇年は、柱状の石像へのモチーフの配置を考えるうえで大きな画期となった。というのは、D氏によって、おおよそ直方体に近い石の四面にそれぞれ異なる表情の顔面が彫り込まれた人物型の石像が建立されたからである。さらに、四つの顔面がほぼ同じ大きさで彫られている点も注目に値する。この石像が建立される以前には、正面モチーフと同等の重みづけをもったモチーフが、正面以外の面に彫られた事例は存在しなかったのである。

そして興味深いことに、この石像の建立後、四面にモチーフや記銘を刻む石像が次々と生み出されていった。二〇〇一年にはH氏によって、東面に小さな三体の地蔵、南面に「一九八三年までここは海でした」という銘、北面に記年銘とH氏の名前を刻んだ地蔵変異型1の石像が建立された。H氏は二〇〇三年になると、東面と北面にそれぞれ「いのるべき　天と思えど　天の病む」、「さくらさくら　わがしらぬひは　ひかり凪」という詩を、南面に魚を刻んだ地蔵基本型の石像を建立している。二〇〇三年にはこれ以外にも三体、柱状の石像が建立された。F氏による地蔵基本型の石像は、四面にモチーフが認められる事例であるが、各面に河童や鬼といったほぼ同様の大きさのモチーフが配置されている点で、D氏の石像との強い類似性を示している。他方、同じ年に建立されたA氏とZ氏による石像は、正面と東面の二面のみにモチーフが刻まれている。二〇〇四年にはK氏による柱状の石像が二体建立された。一つは、正面にのみモチーフが配置された不動明王の石像であり、もう一つは、四面にモチーフや記銘を刻んだ地蔵変異型1の石像である。

このように整理してみると、形態のズラシや多様化が主要モチーフ以外の側面でも生じてきていることとともに、初出の形態の石像が後続する石像製作に及ぼす継起的な影響が看取できる。この継起性は、新たな石像が製作される際に既存の石像の形態が参照されてきたことを示唆している。

2 モチーフ間の連鎖的関係

この点について理解を深めるために、人間以外の生きものをモチーフに組み込んだ石像（計六体）のあいだの関係性についてみていく。その先駆けは一九九八年にO氏が建立した恵比寿像である。そこには一般的な形態の恵比寿像と同様に、脇に抱えられた鯛のモチーフが認められる。その一方で、神仏像の一般的特徴を逸脱するかたちで人間以外の生きものをかたどった石像が一九九九年に建立された。それはN氏による地蔵変異型2の石像であり、猫を両手で抱きかかえながら苦しそうな表情を呈している（写真3－4）。そしてこの石像が建立されてから三年後の二〇〇二年、O氏は神仏像の一部としてではなく、人間以外の生きものそれ自体をかたどった石像を建立している。それは「オタマジャクシ」の形態を呈する石像であり、その他型の石像として初出の形態であった。翌年の二〇〇三年に建立された二体の石像には、対照的な形態のズラシが読みとれる。その一つはT氏建立の恵比寿像であり、O氏の恵比寿像とは違って鯛の腹側が上を向くようにつくられている（写真3－5）。この点について、T氏は、「魚の理屈」を知っている漁師の「本当の握り方」をしているのだと教えてくれた。[*11] もう一つはH氏が建立した地蔵基本型の石像であり、南向きの面に魚が彫り込まれている。これは、人間以外の生きものを正面以外の面に配置するという新たな試みであった。二〇〇四年に建立されたK氏の石像でも、魚のモチーフが正面以外の面に彫られている。ただし、この石像における魚のモチーフは、O氏、T氏、H氏の石像に比して戯画化された形象で彫り込まれているだけでなく、大根などのさまざまなモチーフと組み合わされている点で特徴的である（写真3－9）。

写真3－9　K氏建立の石像における魚のモチーフ

以上のことから、石像の設置だけでなく、製作においても既存の石像との関係性が意識されてきたと考えていいだろう。この点に関して、本節で記述した石像の建立者が、すべて水俣湾埋立地の石彫り場で石像の製作を行ってきたメンバーであることも重要である。というのは、各々のメンバーの着想やその意図が石彫りの合間やその他さまざまな機会における対話を通じて伝達されてきており、そのことが既存の石像の参照や（差異化を伴う）模倣を促してきた可能性がここに浮かび上がるからである。[*12]

第4節　おわりに

慶田の論考では、国家や科学的知見によって規定された「水俣病経験という起源」（慶田 2003: 217）が問題化されていた。慶田が「起源」ということばで照射するのは、本来多様であったはずの水俣病経験を、特定の書き出しと筋をあらかじめ備えた一つの正史、すなわち「普遍的な歴史」に固定してしまう近代という枠組みである（cf. クリフォード 2003; 保苅 2004）。これに対して、「本願の会」の実践は、くりかえし断片的な記憶を語り直すことによって、一つの歴史に縮減できない個人史の存在を可視化する企図ととらえることができる（慶田 2003）。

慶田がとり上げた「本願の会」の人びとは埋立地に石像を建立してきている。そしてそこには多種多様な形態が認められる。地蔵や恵比寿といった一般的な神仏として定義できる事例ばかりでなく、表情や持ち物、手の形を神仏像の一般的特徴から個々人の想いと関連するかたちにズラシた事例が多く存在するのである。そのほかにも、幼少期の自己のイメージを彫り込んだものや、魚や猫、トトロなどの多様なモチーフが認められる。記年銘および聴きとり調査の情報を併せることで、これら形態のズラシや多様化が、「地蔵」を起点としつつ徐々に進行してきた様相を析出できた。さらに、水俣湾埋立地の親水緑地という限られた空間範囲のなかではあるが、形態のズラシや多様化が進行するにつれ、石像の配置もまた多様化してきていることを見出した。石像に認められた形態の「ずらし」や空間配置の多様化は、時間の経過のなかで進行してきている点で、生活世界における記憶の更新や、断片的な記憶の語り直しといった実践に通じる可能性がある。石像を複数体建立してきた人びとの存在はこの推測を補強するものである。

ただし、モノとしての石像は一回性の強い語りと異なり、一度設置されるとそこに存在し続けるのであり、完全に新しいものに置換されるわけではない。この更新性と継続性が、A氏の事例に見られるように、個々人の歴史構築の実践を生み出している。A氏にとっての石像は、連鎖する作業の節々に建立され、時々に参照され、記憶を語る場として利用されてきた（第5章で詳述）。こうして更新されゆく親水緑地が、一つの正史に纏め上げられない水俣病の個人史を、切り縮めることなく、しかし一つに束ねるための景観となってゆくのかもしれない。

最後に、正面（西向き）以外の面に彫られた副次的なモチーフを視野におさめつつ、モチーフの配置やモチーフ間の関係性について記述した結果、①形態のズラシや多様化は主要モチーフ以外の側面でも生じてきたこと、②新たな石像が製作される際に、既存の石像との関係性が意識されてきたこと、③石彫りやその他さまざまな機会における対話のなかで各メンバーの着想やその意図が伝達されてきており、そのことが既存の石像の参照や（差異化を伴う）模倣を促してきた可能性を指摘できた。これらのことは、「本願の会」による石像が、メンバー間の（ときにモノを介在させた）対話を通じて生み出されてきたモノであることを示唆している。いったんつくられた石像は、水俣湾埋立地の景観の一部となることで、製作者本人に、そしてその他の製作者に対しても新たな行為の可能性を提供し続けるのである。

それでは、この石像の更新性と持続性は、具体的な水俣病経験の想起にどのように作用しているのだろうか。次章では、この点に着目しつつ、「本願の会」結成の大きな原動力となったO氏の事例について検討していく。

第4章　モノを媒介とした水俣病経験の語り直し

――「本願の会」メンバーのライフヒストリーをめぐる一考察

第1節　はじめに

本章の目的は、不知火海沿岸で水俣病の被害を生き抜いてきたある個人のライフヒストリーを事例に、モノを媒介とした水俣病経験の語り直しのプロセスについて考察することである。

第2章および第3章で明らかにしたように、「本願の会」による石像製作の実践は、主体としての人と客体としての石という図式では捉えきれないものである。それゆえ、ここではモノに付与される意味ではなく、過去の痕跡としてのモノが人びとに何かを想起させる力に注目する。現存する造形物はそれぞれ時間軸上のさまざまな点にその由来をもち、製作時あるいは使用時の状況をその形態に帯びているがゆえに、それを目にする人びと、使用する人びとの経験に影響を及ぼす。だとすれば、モノを語りから解釈する、あるいはモノを用いて語りの解釈を行うのではなく、モノと語りの関係性を通時的視点から読み解き、そこに浮かび上がる「水俣病経験」の動態に光を当てていくことが重要となる。

本章ではこの視座に立ち、「本願の会」結成の大きな原動力となったO氏（男性）のライフヒストリーに光を当てる。芦北町女島の沖という漁村で生まれ育ったO氏は、幼少期に父親を劇症型水俣病で亡くした経験から、その「かたき討ち」を胸に一九七〇～八〇年代の水俣病をめぐる運動に指導的立場で関わってきた人物である。ところが「仕組みのなかの水俣病」に限界を感じたO氏は、一九八五年に運動を離脱し、制度への働きかけによらない独自の活動を展開してきた。

ところで、第3章で見たように、「本願の会」のメンバーによって現在までに製作・設置されてきた石像五二体には、地蔵や恵比寿といった神仏として定義できる一般的な形態が認められる一方、表情や持ち物といった要素を個々人の想いと関連するかたちにズラシた事例が多く存在する。そのほかにも、幼少期の自己のイメージを彫り込んだものや、魚や猫など、多様なモチーフが認められる。これら形態のズラシや多様化は一挙に生じたわけではなく、「地蔵」を起点として徐々に進行してきた。本章で注目するO氏は、恵比寿像、そしてオタマジャクシをかたどった石像、トトロなど、既存の形態とは異なる石像を製作し、形態の多様化を主導してきた人物でもある。[*1]

以下では、O氏が生まれ育った漁村の暮らしを踏まえたうえで、フィールドワークのなかで収集した被害者運動や裁判の記録、「本願の会」発行の季刊誌、文書化されたO氏の語り、筆者による聴きとりをもとに、O氏の語りの変遷とO氏によって製作・設置されてきた五体の石像がどのような関係にあるのかという問題について検討し、モノを媒介とする水俣病経験の語り直しについての試論を提示する。とくに、通時的視点からモノとその製作者の語りのズレに光を当てていくことで、製作者の想起にとってモノが一定の可能性を提供したり、逆に制限するような様相を明らかにしていきたい。

第2節　水俣病顕在化以前の漁村の暮らし

1　沖集落の成り立ちと漁業の変遷

女島地区は、水俣市から北に直線距離で一〇キロメートルほど行ったところある。沖、釜、大崎、小崎、大矢、福浦、平生などのいくつかの集落から成り立ち、さらにそれぞれの集落のなかにいくつかの小字が含まれている。たとえば、O氏が生まれ育った沖集落は、小さな半島に位置する五〇数世帯程の村であり、大ノ浦、京泊、牛ノ水、池ノ尻、網引、東泊、天口という七つの小字から構成されている。

不知火海沿岸の漁村をめぐり歩き、牛ノ水で悉皆調査を行った民俗学者の桜井徳太郎は、沖集落が幕末期〜明治の初め頃にかけて人びとが住みついた比較的新しい漁村であると指摘している（桜井 1979: 19–20）。桜井によれば、それ以前は近隣の農村に住む人びとが海辺に掘建小屋をつくり[*2]、定期的に沿海の漁労に従事していたものが、幕末期〜明治の初め頃になると漁業に専念するために世帯ごと移住し、地先で漁業をするようになった。さらに、こうした元村からの分村と同時に、天草や人吉、長島（鹿児島）などからも沖集落に移り住む人びとがいた。それゆえ、沖集落は、「出自を非常に多元的に持っている混合集落」（ibid.: 21）という性格を有している。

O氏の祖父もまた、明治の初めに一家を連れて天草の竜ヶ岳から対岸の女島に移り住み、網子を集めて沖集落で地曳網漁を始めた。網元を継いだO氏の父（F氏、一八九八年生まれ）は、太平洋戦争が終わって村に多くの男性が戻ってくると、沿岸部の後背にある山の一部分を崩して波打ち際を埋め立て、造った土地に家を建てた。さらに、ダイナマイトを使って大きな岩を砕き、その石で波打ち際に石垣をつくったのである。[*3] その後、F氏の娘と結婚した網子たちも、その土地に家を建てて所帯をもった。[*4] O氏が生まれ育った小字・東泊の一部は、かつての海であり、それゆえにいまでも番地が無い家が残っている。そして潮の満ち際のすぐのところに、海を見つめるようにして民家が立ち並んでいる。また、沖集落の海辺には石造りの恵比寿像がいくつも存在し、海を向くように置かれている。沖集落の人びとは恵比寿に、豊漁から家族の健康に至るまでさまざまな願い事を託してきたのである。[*5]

ところで、一九四九年には、イワシの豊漁に湧く不知火海を横目に、沖集落でもイワシの巾着網漁を始める網元が現れ始めた（最首 1983）。それまで沖集落では、イワシが地先に押し寄せてくるのを待つ地曳網漁が中心であったのに対し、その網元たちが不知火海一円へと出漁できる巾着網漁への進出をはかったのである。当時の沖集落には五軒の網元があり、F氏もまた網元の一人として、一九五二年にイワシの巾着網漁に着手した。[*6] 沖集落で行われるようになった巾着網漁は、幅が約五〇〇メートル、長さが二五〇〇メートル程度の網を使い、二艘の船で網を巻き上げるもので、三〇人ほどの人手を要した（井上ほか 2009: 199）。夜に集魚灯で魚を集め、光に群がったカタクチイワシを網で取り囲むように二艘の船をまわし、群れが逃げないように網を引き揚げる漁法である。網を揚げる二艘以外にも、イワシを見つけて指示する船や獲った魚を運ぶ船が必要だった。それゆえ親戚中心の網子では人手が足りず、網元たちは近隣の農村や天草からも網子を募ることになった（cf. 辻編 1996; 井上ほか 2009）。当時、沖集落にあった五軒の網元それぞれに二〇～三〇人が集まっていたのであり、村は賑わいを見せていた。[*7]

O氏が二〇人キョウダイの末っ子として生まれたのは、この巾着網漁が盛期を迎えていた一九五三年のことである。

2　幼少期のO氏の暮らし

幼い頃の村の雰囲気について、O氏は次のように述懐している。

俺は大勢のなかで生まれて大勢のなかで育ったわけです。家族という雰囲気が満ちていたことだけは確かなんですが、どこからどこまでが家族かというとよくわからない。第一、姉たちの場合、働きに来ていた人たちと結婚したのが多いんです。……三〇人からが食事をするんだから、賑やかなもんです。食事といったって、いまのように、手のこんだものではなく、麦飯に味噌汁に焼き魚や煮魚、そんなもんです。仕事で忙しいときにはカライモやにぎり飯ですませる。飯は大きな鍋に二つぐらい炊いてもペロッとなくなった。活気があって楽しかったけど、ボケッとしとったら、食べるもんがなくなる（辻編 1996: 5–6）。

この「家族という雰囲気」に関して、当時から沖集落に住み、O氏の父（F氏）とは別の網元のところで働いていた網子の男性は、この村のほぼすべての人びとがいずれかの網元で働き、とってきた魚を食べるという「ほとんど同じ生活」をし、「御互い」という精神を有していたと語っている（井上ほか 2009: 194）。当時、網元は漁獲高に応じて配分を決め、魚を網子たちに分けていた。[*8] さらに、高齢者や子どもにも「めて」（辻編 1996: 201）と呼ばれる分け前が与えられていた。網子は分け前の魚を各家に持ち帰って食すとともに、釜でイリコを製造した。こうして当時の沖集落では、天日干しされたイリコが至る所に並ぶ風景がみられたのである（井上ほか 2009: 218）。一方、沖集落には限られた農耕地しか存在しないため、畑をもたない人びとは魚を農家のところに持っていき、野菜や米と物々交換を行っていた（水俣病患者連合編 1998: 106）。O氏のイトコにあたる沖集落の女性によれば、隣近所でも「魚が捕れたときは持って来てもらうし、またうちでも捕れたらあげたり」といった物々交換が行われ、「それこそ同じ釜の飯というような生活」(栗原編 2000: 174) が営まれていたのである。[*9]

O氏の父であるF氏は、「輪」(和) を重んじ、網子同士のけんかやいじめをとても嫌っていたという (辻 1996: 6–12, 34)。O氏が生まれ育った家には、F氏とその妻に加え、O氏のキョウダイ、モトエ (本家) を継ぐ予定のO氏の長兄とその妻・子ども、住み込みで同居している網子がおり (阿部ほか編 2016: 11)、そのなかでもF氏は非常に強い存在感を示していた。O氏は当時のF氏の姿について、「とても鮮烈に焼きついとるもん・・いまでも。・・親父が咳払いをするとね、それだけでみんなビターーーッち静かになっとった。親父の目線とか動きをみんなが見とっとやもん。ものすご威厳があったったい。そして、うちん家におったよその子たちより、自分の子どもに厳しかったもんな。・・そうでないとやっていけないのよ。大勢いる網元の家っちゅうのは」と語っていた。[*10]

F氏はまた、魚が無くては生活ができない程、魚に愛着を持っており、[*11] 朝昼晩どんぶりに入った「ぶえん」(刺身) が食卓にのぼっていた (阿部ほか編 2016: 9)。身体も非常に頑健で、医者に一度もかかったことが無かったという。F氏は幼いO氏を「みじょがり」(可愛がり、深い愛情を注ぎ)、つねに自分のすぐ近く、あるいは膝の上に置いていた。農家に魚をもって遊びに行くときも、網屋や船大工のところに行くときも、村の寄り合いに出るときもO氏を連れて出かけたのである (辻編 1996: 7–8)。

こうして幼い頃のO氏は、F氏からの深い愛情を受けつつ、海際で多くの生きものたちと遊び暮らしていた。たとえば、二歳の時から天気のいい凪の日にはF氏に背負われ、イワシ漁の船上で、網にかかったさまざまな種類の魚をつかんで遊んでいたという。[*12] 当時、クスノキやマツやアコウなどの原生林が山に生い茂るとともに、O氏の遊び場でもあった干潟には藻場が広がっており、数えきれない程のアジやタイの稚魚、イカ、エビ、カニ、タコ、貝類などがそこで生きていたという[*13]（辻編 1996: 199）。

3　水俣病の発生

そんなO氏の家に異変が訪れたのは一九五七年のことである。O氏の家にはつねに二〇匹ほどの猫が住みついていたが、一九五七年頃から次々と死に始めたのである。[*14]そしてチヌ（クロダイ）・タイ・スズキ・タチウオなどの死魚が海に浮き始め、その数もだんだんと増えていった。巾着網漁を続けていたF氏は、不漁が原因で多くの網子を抱えていくことが困難になったため、一九五七年頃から地曳網漁に切り替えていた。[*15]主な漁場は、当時チッソの工場排水によって濃厚に汚染されていた水俣の地先沖や水俣湾内であり、夜間に一五〜二〇人で操業していた。こうしてF氏は、一九五九年に急性劇症型の水俣病を発症し、O氏が五歳のときに壮絶な死を遂げたのである。F氏の網子をつとめていた人物によれば、発症後、F氏は「ずーっと魚を食べてきているのに、魚で何で病気になるか」と否定していたが、自覚症状が出てきてからは「水俣病じゃなか、してくれるな」と語っていた。[*16]F氏は発症して約三ヶ月間で亡くなったが、O氏によれば、死の間際に力を振り絞りながら、子どもたちに次のように伝えたという。

親父が死ぬときに、遺言のように、キョウダイがいっぱいおるからね、もめないように丸くやっていけっていう、こう畳にね、「の」の字を書くように（当時の父親の身振りを再現しながら）、丸を、狂いながらね、うん、書いていったったい。……親父は家族のことを思って丸くやるようにって言ってね、もうよだれ垂らしながらね、狂いながら、やせ細り・・もう遺言のようにもう畳が擦り切れるようにしてしよったたい。言いよったたい。あれ、言葉にならないのよ。「アレオエアレオエアエー」ちゅって言ってるわけよ。丸く、指で、畳を。[*17]

F氏は女島地区で最初の劇症型水俣病患者であり、その後、O氏の親族も次々に発症していった。[*18] F氏が亡くなった一九五九年には、O氏の甥と姪にあたる人物が、母親の胎内で水銀に犯されたことで、胎児性水俣病の重篤な障害を背負って出生した。そして、O氏自身も中学生の頃から耳鳴りやめまい、身体のしびれに悩まされるようになった。集落の人びとからは、「奇病の血統」、「水俣病がうつっで（移るから）よりつくな」、「あすこから嫁はもらうな」といった声が投げかけられ[*19]、O氏は差別と迫害のなかで多感な幼少期を過ごしたという。

O氏は、網元を継いだ兄の船で一九七二年から漁の手伝いをしていたが、一九七三年に初めて「若潮丸」という船を造り、同年代の甥二人と漁を始めた。O氏は差別を恐れ、熊本県への患者認定申請をためらっていたが、女島に移り住んだ支援者との出会いや症状の悪化を契機として、二〇歳のとき（一九七四年）に「水俣病認定申請患者協議会」（以下、「申請協」）に加わった。一九七五年には副会長、一九八一年には会長に就任し、運動を指導してきたO氏であるが、一九八五年に「脱落」と言われつつも一人運動を抜け、申請を取り下げた。O氏は、みずからが「狂い」と呼ぶ精神的葛藤を経て、以後チッソの前に一人で座り込むなど、制度への働きかけによらない独自の行動を展開してきた。一九九五年には「本願の会」を結成し、九七年に一体目の石像を建立した。O氏は現在でも不知火海で漁を続けている。

以下では、①O氏が運動に参加した一九七四年から運動を離脱した一九八五年まで、②一九八六年から「本願の会」による石彫りが開始される一九九六年まで、③O氏が石像の製作・設置を行ってきた一九九七年以降という三つの時期に区分して、O氏による語りと石像の変遷のなかに水俣病経験の語り直しのプロセスを読み解いていく。

第３節　石像建立に至るまでのＯ氏の語りの変化

１　水俣病をめぐる運動への参加（一九七四〜八五年）

Ｏ氏が「申請協」に加わった一九七四年は、水俣病をめぐる運動の大きな転換点の翌年にあたる年だった。[*20] 一九七三年、水俣病第一次訴訟の原告たちはその勝訴判決を受け、チッソ東京本社前で座り込みを続けていた被害者グループ「自主交渉派」と合流し、チッソとの直接交渉によって「補償協定」を勝ちとった。協定の内容は、認定された患者に症状ランクに応じた一時金と年金等の支払い、さらにその後に認定された患者にも同じ補償を適用するというもので、さまざまな理由で名乗り出ることのできなかった大量の人びとがこれを機に認定申請を行い、運動の規模も急速に拡大することとなった。それ以降、チッソを相手どった少数の被害者たちの闘いに代わって、水俣病の認定制度をめぐって行政責任を追及する多数の未認定患者の闘いが、水俣病をめぐる運動の中心になっていく。事実、一九七四年八月一日開催の「申請協」結成大会で採択された決議文には、次のような文言が認められる。

数多くの沿岸住民は潜在患者と呼ばれ、認定申請に及んでは未認定患者と称されて、何らの保障もないまま、病苦・生活苦にあえいでいる。私たちは、チッソのいけにえの身でありながら、水俣病患者として確認されることを、いろいろの理由でひきのばされている。……私たちは、事ここに至っては、病苦の身にありながら、一刻もじっとしてはいられない暗い気持ちのなかで、同じ病苦との相互扶助により患者自身が行動を共にし、私たちが納得しうるような認定制度の革新を目指すものである（池見 1996: 222、傍点筆者）。

「申請協」は一九七四年に、熊本県知事を相手どって「不作為違法確認訴訟」を熊本地裁に提訴した。「相当な期間内になすべき処分をしない」ことが違法であることの確認を求める裁判である。O氏は後に、当時のことを次のように述懐している。

正直、言葉には苦労しました。不作為じゃの、裁量権じゃのて。全然知らん言葉ばっかり。認定の遅れだけでなくて不作為という以上、作為を知らないとダメでしょう。必要に迫られて用語解説の本や六法全書を読みました。裁判では、書証に物証、そして口頭弁論。その言葉で、早速、明日は交渉に使わにゃいかん。最初、前向きに努力しますとかいう、役人の言葉をつかまえきらんやったですね、逃げられてしまって。*21

この訴訟は二年後の一九七六年に判決を迎え、「申請協」ははじめての勝訴を手中にした。年末に判決が確定したが、それは未認定患者「救済」の前進を意味しなかった。改善がなくとも罰則がなかったのである。この年に熊本大学で行われた自主講座における講演のなかで、O氏は、集落のなかに〈顔〉のみえる関係のなかで症状をお互いに比べ合い、認め合うような「無形の審査会」（熊大自主講座実行委員会編 1982: 55）があると語っている。ここからは、行政機関によって認定される「水俣病」と地域内での認識にズレが生じていたこと、さらに地域内での対話を通してO氏がこのズレを問題化し始めていたことがうかがえる。

ところが、環境庁は逆に、一九七七年に出された保健部長通知、七八年の事務次官通知によって患者認定基準を狭め、大量の認定棄却者を生み出していった。これらに対し、「申請協」は環境庁や県庁での長期座り込みによる直接交渉を試みるが、環境庁は機動隊を導入して被害者・支援者を強制的に排除するなど、交渉する意志を見せなかった。[*22] こうした経験に基づき、「申請協」はふたたび訴訟の場に活路を求める。一九七八年の年末には、行政の不作為によって認定申請者が被った被害の賠償を求める通称「待たせ賃訴訟」が熊本地裁に提訴され、O氏が原告団長をつとめた。O氏が「申請協」の会長に就任したのは、それからしばらくたった一九八一年のことである。

筆者の知るかぎり、この時期にO氏が原告・被告として関わった訴訟は、先述の二つ以外に三件ある。第一は、一九七五年に地検に提訴された通称「謀圧裁判」(刑事訴訟)である。これは熊本県公害対策特別委員会(以下、「公特委」)の委員が「申請者には補償金目当てのニセ患者がたくさんいる」と発言したことに抗議する際、委員に暴行を加えたとしてO氏を含む被害者・支援者四名が傷害罪・公務執行妨害罪で起訴されたものである。第二は、「ニセ患者」と中傷したことへの謝罪と賠償を求め、「公特委」の委員を提訴した通称「名誉棄損訴訟」であり、O氏は原告に名を連ねた。第三に、水俣湾の埋め立て中止を求めて一九七七年に提訴された「ヘドロ処理差止訴訟」である。もう一つ、O氏に関連する訴訟として通称「水俣病刑事事件訴訟」を挙げておきたい。これはチッソ元社長と元工場長を相手どって一九七六年に提訴されたもので、二人の被告の刑事責任が問われた裁判である。死亡させられた被害者の一人としてO氏の父親が名を連ねていた。

この時期のO氏の語りに共通する傾向として、父親の「かたき討ち」を運動の動機とする点と、告発者としてみずからを位置づける能動態表現が多く認められる点を指摘できる。以下は、一九七九年七月に開かれた「謀圧裁判」の第三六回公判における供述の記録、および香取直孝監督による映画中のインタビュー(一九八二年)である。

いつかは敵をとってやろうと、はっきり思っていました[23]（傍点筆者、以下同）。

ホント、狂い死にという感じだった。で、病院に入院してるときも、立って廊下を歩いたりあるいはそのトイレに行こうとしても、立ったらもう、歩き出したら今度は止まらずに、柱にぶつかったりね、障子にぶつかったりして、その姿は私にはあんまり、衝撃過ぎたというか、六歳だったから何の心の準備も無いままに……それがゆえにやっぱりその親父を殺されたという、なんとしてもこのかたきを討たなければ、自分の始まりも終わりも無いと思って。[24]

この傾向は、「水俣病刑事事件訴訟」の控訴審判決に傍聴にいった際の語り（一九八二年九月）に最も強く表れている。O氏は裁判後、チッソ元社長のところに歩み寄り、感情を爆発させつつ、次のように語ったことが当時の新聞記事に報告されている。

アンタに殺されたFの息子じゃがなあ。これで終わったと思うなよ。今度はオレたちが裁いてやる。天ちゅうは下すぞ。[25]

語りに一貫した傾向が認められる一方で、揺らぎもまた認められる。一九八二年初頭、O氏は、支援団体によるインタビューのなかで、次のように語っている。

『待たせ賃裁判』は待たせ賃という金の要求が本当のスジではなくて、早く救済せよということなんです。それがいまの裁判という一つの制度のなかでは不作為の慰謝料請求ということになるんだけど、行政が、救済を違法に放置していることに対する責任の追及なんです。

この運動に参加することによって、自分が検証されていく……いつも逆に恐ろしいと思うことは、自分がもし逆の立場に立っていたらと思うと、非常に恐ろしさを感じます。[26]

「裁判という一つの制度のなかでは……だけど……」という語りからは、自身の求める「救済」と裁判で争われる事柄のズレを意識しつつも、裁判のなかに何らかの活路を見出そうとするO氏の企図を読みとることができる。しかし同時に、「自分が検証されていく」という語りは、そのようなズレを意識し始めたO氏の葛藤を示唆する。同インタビューのなかでO氏は「待たせ賃訴訟」を「救済・認定を迫る」運動と位置づけており、「救済」と「認定」を並置して語っているが、同年に行われた香取監督による映画中のインタビューでは、胎児性患者である甥とその家族の生活に思いを巡らせながら、患者認定とそれに伴う補償について次のように語っている。

金もらったって、発作が止まるわけでもないし、頭の痛みや手足の痙攣やしびれが無くなるわけでもなんでもないわけですよ。それは金を払ったというのは、チッソが加害者としての社会的な責任を、いくらか逃れただけの話で、被害者たちにとってみれば、病気が治るわけでも何でもないわけですよ。[27]

これらの語りは、「救済」のあり方や水俣病の責任の所在をめぐるO氏の揺らぎを示唆していると考えられる。父親の「かたき討ち」を運動の動機としていたO氏にとって、チッソの幹部に「天ちゅうを下す」ことが重要な意味をもっていた一方、O氏が参加していた当時の運動は、患者認定の基準や不作為をめぐる国・県との交渉という意味合いが強かった。すなわち、当時の水俣病をめぐる社会的状況においては、水俣病を発生させた責任と、水俣病発生後の対応をめぐる行政の責任が混在しており、とくに後者が大きな争点となっていたのである。さらに、認定／棄却の分断がO氏の住む沖集落にも深い影を落としていたことに加え[*28]、O氏が参加していた当時の裁判において、国や県、チッソの元幹部が上告や控訴を繰り返していたことも、O氏に葛藤をもたらした大きな要因であったと考えられる。

「待たせ賃訴訟」は、一九八三年七月の一審判決で原告側が勝訴したものの、国、県は控訴を行った。一九八五年一一月の二審判決でも原告側の勝訴となるが、国、県は上告を行った。一審判決の際の新聞記事からは、O氏が裁判に大きな期待を寄せていたことが読みとれる。判決を聞いたO氏は「満面笑みを浮かべて支援者と何度も握手を繰り返し[*29]」、記者に対して「四年半にわたる苦しい闘いが報われて満足です。……行政に対策を迫るうえで有力な武器になる[*30]」と語っていた。また、「待たせ賃訴訟」控訴審のO氏による『供述録取書』（一九八四年九月三〇日）にも、「私達は、チッソからも、行政からも、審査会からも、そして県議会、警察、そして検察からも裏切られてしまいました。こうなってしまうと、公の機関として私達が唯一、希望の証を立てられるのは裁判所しかありません。……国、県に対して、天にかわって裁けるのは裁判長、両裁判官、あなた方の他にだれも居ません。私達患者は、不知火海の入江の奥で、じっと息を凝らし、天にも祈るような気持で、裁判所の御英断を期待しております」とあり、その期待の大きさがうかがえる。さらに、「水俣病刑事事件訴訟」は一九八二年の控訴審で有罪判決が下されたが、被告の上告によって八八年の最高裁判決まで長期化することとなっていた。

運動のあり方に疑問を持ちはじめたO氏は、チッソ前への無期限座り込みや「ゼロか一円か国家予算」（辻 1996：101）の要求を提案するが、周りには理解されることがなかった。O氏のこのような姿勢は運動の指導的立場にいたもう一人の人物とのあいだに対立を生み、O氏は徐々に孤立を深めていった。一九八五年一〇月の「申請協」役員会では、「待たせ賃裁判が最高裁まで行くなら行政には期待をかけられない。チッソを標的とすべき時だ」と、会長の辞任を申し出た（高倉 1998：225）。「脱落」と言われつつも一人運動を抜けたO氏は、みずからが「狂い」と呼ぶ三ヶ月間の精神的葛藤[*31]を経て、一九八五年一二月、父親の命日に患者認定の申請を取り下げた。

2 運動の離脱から石彫りの開始まで（一九八六～九六年）

認定申請を取り下げた翌年、『熊本日日新聞』の記者による聞き書きのなかで、O氏はみずからが体験した三ヶ月間の「狂い」について次のように語っている。

> 自問自答している時、こまかころに、お前は何を見てきたのか、よく考えてみろ、と入り込んでいくわけですね。……自問し続けている時、突然、自分の魂の泣き叫ぶ声を聞いたっですよ。自分の六歳の時の魂の。[*32]

ここでは、「狂い」を経たO氏によって、水俣病をめぐる運動に参加することでは癒えることのなかった心情が、「魂」の痛みとして表現されている。そして、この世とあの世をつなぐ「魂」という言葉で「水俣病」が捉え直されたことは、O氏によって「水俣病経験」として想起される範囲の拡大につながったと考えられる。

運動の離脱後、O氏は一九八七年の年末から約五ヶ月間にわたって、週に一回「常世の舟」と名づけられた木造船に乗って女島から水俣のチッソ工場前まで行き、単独で座り込みを行った。水俣湾埋立地が完成する一九九〇年三月までのO氏の語りの傾向として、「責任」ではなく「罪」ということばが多用される点を指摘することができる。O氏は、認定申請取り下げに関する新聞記者のインタビューに「罪深さにチッソの中にいる人たちが気付いて欲しい」[*33]と応え、「水俣病刑事事件訴訟」の最高裁判決（上告棄却）の際の取材に対し、「二人の被告は、人間として犯した罪の深さを知って欲しい」[*34]、「こんなふうに紙切れにして済むことじゃない。水俣病事件の罪深さに向かう心の動きがほしい」[*35]と語っている。これらの語りにおいては、「チッソ」という企業を指す抽象名詞の代わりに、「チッソの中にいる人たち」「二人の被告」といった顔の見える具体的個人を指すことばが多用されており、O氏が、自身の救われてこなかった心情を、企業や行政の責任ではなく個々人の「人間の罪」として対象化してきたことが推測される。

一方、「水俣病刑事事件訴訟」の最高裁判決に関する新聞記事には、O氏自身の「罪」の意識とともに父親以外の死者について語られるようになるという新たな傾向が認められる。

裁判を通じて、ただ責任論ばかり展開していては死者たちに顔向けできないではないか。[*36]

この裁判で一番情けない思いをしているのは水俣病で死んでいった人たちだ。[*37]

これらの語りは、運動を離脱したO氏のなかで、「水俣病」をめぐる問題が、父親だけでなく「死者たち」の問題へと拡大してきたことと、「顔向けできない」ということばに表れているように「死者」に対するO氏自身の罪が意識されてきたことを示唆する。

水俣湾埋立地が完成した一九九〇年三月以後、O氏は「再生」のアピールを主眼にすすめられた埋立地活用に対して抗議を行い、そのような活用の中止や永久に放置することを求めるとともに、小さな集まりをもち、埋立地活用の方向性についての議論を重ねた（第2章第4節を参照）。一九九四年に「本願の書」を水俣市長に提出し、一九九五年に「本願の会」を発足、また一九九六年八月には、「水俣・東京展」に寄せて「日月丸」と名づけられた木造船で、水俣から東京まで「魂を運ぶ」ための航海を行った。「日月丸」は一九九六年八月六日、水俣湾埋立地の親水緑地のすぐ近くにある船着き場から、「本願の会」のメンバーらに見送られつつ出港し、同年八月一八日に東京湾の船橋港に到着した。航海は船尾に「海よ　風よ　人の心よ　甦れ」と書かれたのぼり旗を掲げて行われた。船橋港到着直後に新聞記者から受けたインタビューのなかで、O氏は「よくぞ無事に着けたという感じ。水俣の魂を届けたいという、みんなの願いが通じたのだと思う[*38]」と語っている。

この時期の新たな傾向として、O氏自身の「罪」についての語りが頻繁にみられるようになる。以下は、それぞれ「いのちと環境」をめぐる特集記事、水俣病四〇年の特集記事、戦後五〇年の特集記事に掲載された語りである。

私自身のうちにも罪がある。例えば発生当時、私がチッソ社員だったら公害を隠す方向で動いたでしょう。[*39]

チッソだけの罪なのか。自分の中にチッソはいないだろうか。人間の罪深さに……。[*40]

わびを入れる場所だと思うんです、あの埋め立て地は。……自分の罪を思う時に初めてわびを入れる気持ちになれる。[*41]

講演の記録に目を向けると、みずからを問われる者として位置づける受動態表現が多くなる。以下は、一九九六年に品川で開催された「水俣・東京展」における講演の記録である。

まさか自分が問われているなどとは一度も思ったことがなかったわけです。

水俣病事件史のなかで亡くなった人、あるいは魚、猫、鳥、傷つき倒れ殺されていったそういう命の問いかけていることは、亡くなった人の救いということだけではなくて、実は生きている私たちにかけられた願いだと思うわけです。[*42]

O氏のなかで、水俣病をめぐる問題が父親以外の死者へと拡大してきたことを先にみたが、ここでO氏を問うものとして、死者だけでなく、人間以外の生きものが含まれている点に注目したい。

告発者（能動態表現）から問われる者（受動態表現）へ、企業や行政の「責任」から人間としての「罪」、そして自己の「罪」へ、「父親のかたき討ち」から死者や人間以外の生きものを含めた水俣病問題へ、というO氏の自己意識の変化は次のように理解できるかもしれない。すなわち、O氏がなぜ問われるのかと言えば、すでに亡くなってしまった犠牲者をはじめ、声を上げることさえできない自分より弱い立場の生きものすべてを、（告発者としての）O氏が見過ごしてきた「罪」に気づいたからではないだろうか。その気づきを時系列に沿ってたどれば、O氏が見過ごしてきたと認識するものの範囲は、父親（一九七四〜八五年）だけでなく父親以外の死者、そして人間以外の生きもの（一九八六〜九六年）へと拡大してきたことが明らかになる。

第4節　石像の建立と水俣病経験の語り直し

O氏は、現在までに計五体の石像を建立してきている。ただし、建立年不明のものが一体含まれる（写真4－1）。一九九七年一〇月に設置された石像はO氏自身をモチーフとするものである。僧形であり、地蔵を思わせるが、宝珠や錫杖あるいは合掌といった一般的な地蔵の持物や印相とは異なる（写真4－2）。二体目に製作された石像は漁師の神さまである恵比寿の姿を呈しており、一九九八年七月に設置された（写真4－3）。恵比寿が腰かけている台座の裏面（東向きの面）には、「日月丸」の文字が彫り込まれている。その次が「胎児」、「オタマジャクシ」、「精子」のモチーフでつくられた石像であり、[*43] 二〇〇二年二月に設置された（写真4－4）。うつむき気味の顔面部には目が二つ彫り込まれており、その台座には「願」の文字が刻まれている（写真4－5）。そして最後に、胸に「夢」と刻まれたトトロをモチーフとする石像が二〇〇三年二月に設置された（写真4－6）。以下では、それぞれの石像の建立前後のO氏による語りの変化に注目しつつ、水俣病経験の語り直しのあり方を読み解いていきたい。

一体目の石像の建立前には、O氏自身の「身代わり」として石像が語られていた。O氏は、一九九四年春～九五年夏にかけて行われた文化人類学者の辻信一による聴きとりのなかで、次のように語っている。

わび入れをしようという気持ちになった自分のいわば身代わりとして、野仏さんに座ってもらおうと思うんです。そしてその野仏さんを仲立ちとして魂と魂とが出会えればいい、亡くなった人と生きている人とが

写真4－1　O氏建立の石像（建立年不明）

写真4－2　O氏建立の石像（1997年10月建立）

写真4－3　O氏建立の石像（1998年7月建立）

写真4－4　O氏建立の石像（2002年2月建立）

写真4－5　O氏建立の石像（2002年2月建立）

写真4－6　O氏建立の石像（2003年2月建立）

つながればいい、と。この願いを本願と呼ぶんです（辻編 1996: 158）。

前節までの整理を併せて考えるならば、埋立地に座したO氏自身を体現する一体目の石像は、父親や父親以外の死者、そして人間以外の生きものたちから問われる者としてのO氏の自己意識に関わっていることが推測できる。しかし、ここでは、解釈を行うのではなく、この語りにおいて、石像の意味内容を固定することよりも、石像がもつ未来に向けた効果が希求されている点に言及するにとどめたい。

ところで、一体目の石像建立後のO氏の語りには、「命」という言葉が多用される傾向とともに、「魂」を別の言葉で言い換えようとする試みを読みとることができる。この試みは、「水俣・東京展」によせて「日月丸」で「魂を運ぶ」航海を行ったときの経験に由来するものと考えられる。「日月丸」が東京湾の船橋港に到着した後、「本願の会」のメンバーが中心となって祭壇をつくり、日月丸から「魂を降ろす」ために「出魂儀」と呼ばれる行事を行った（鶴見ほか 2002: 43）。作家の石牟礼道子によれば、その際に東京の一部の支援者たちが「魂なんて、そんなのいまごろあるの?」、「気味が悪い」、「大和魂、靖国神社を連想する」と言い、「魂を降ろす」試みは拒否されたという（石牟礼 2000: 9, 78; 鶴見ほか 2002: 41–42）。その後、子どもを亡くした親たちのグループ「小さな風の会」のメンバーが祭壇をつくってくれたことで、行事は執り行われたのだが、このときの経験は、O氏のその後の活動を方向づける一つの契機となったと考えられる。一九九七年一一月に「小さな風の会」の代表である研究者がO氏を大学に招き、学生たちと行った座談会「私達は今」において、O氏は次のように語っている。

魂ってなんなのかっていうと……私が思うところでは、やはり命の共同性みたいなところにかかわるんだと思うんです。さっき話しましたように、私たちが海辺で生まれて、海の生き物から陸に上がってくる、ち

写真4－7　芦北町女島のイワシ漁の網元と網子たち（1949年頃撮影）

ょうど水際のところに生まれ育って、チッソが壊した部分もそこなわけですよね。……（かつての女島では）男手がいない、働き手のいない、たとえば一人っきりで住んでるおばあさんなんかにも持ってってやる。一緒に分け与えて食うという共同性が村の中にあったですからね。もちろん、一方で封建的な面も決りごとなどにはあったけれども、肝心なところでは命を共同にしているという実感が生活のなかにあったんですね。それが精神的な風景として記憶のどこかにまだ残っていると思うんです。私が再現したいのは、やっぱりそこのところにかかわるんです。[*44]

この語りからは、O氏が、「魂」とは何かという問いの手がかりを「水俣病」以前の漁村の暮らしの記憶に求めていることがうかがえる。その背景にはある写真からの喚起があった。一九四九年頃に撮影されたその写真には、沖集落の海辺でイワシ漁の網元や網子たち、子どもなど多様な年齢層の人びと三〇数名が笑顔で映っている[*45]（写真4－7）。また、人びとの手前には、茹でたカタクチイワシが天日干しされている。

この写真は、筆者がフィールドワークを行った当時も、O氏の家の離れ「游庵」の壁にかけてあった。O氏は同座談会でこの写真と「命の共同性」の関連について次のように語っている。

昭和二三〜二四年ころの海辺で、漁をした時撮ったものです。この頃は取れた魚を皆でわけあって食べている。私の体験から言いますと、どんな小さな子どもでも、朝、網をやる時に手伝ってくれれば、夏でも冬でも、朝早く地引網をやる時に手伝ってくれれば、手伝うっていってもたいした仕事じゃなくてもですよ、そこら辺りにおりさえすれば、何匹かは分け与えて皆で持ってった。誰も手ぶらで帰る人はおらんようなわけですよね。[*46]

ここでO氏によって想起された「水俣病経験」は、水俣病発生以前の漁村の記憶との関連でとらえ直され、水際で人と生きものたちが密接にかかわり、そして村人同士が命を共同にしているという実感を伴う世界を破壊したものとして語られている。O氏によって恵比寿像が建立されたのは、この座談会の八ヶ月後である。

O氏が生まれ育ち、いまなお住んでいる集落には地蔵は存在しない。その代わり、石造りの多様な恵比寿が存在する。たとえば、O氏宅の近隣に住む親族の敷地には、O氏の父親が祀っていた恵比寿像（写真4－8）や、その後それが風化したのに伴って、O氏の兄が漁のために買い替えた恵比寿像が置かれている[*47]（写真4－9）。また、集落の人びとが共同で拝む恵比寿像が、海岸線に海を向くよう設置されている。さらに、辻による聴きとりのなかで、O氏は「仏教の他に恵比寿さんや山の神さんがあって、日常生活ではこちらの方がずっと大事です。そして、いろんなものが積り重なってできた層の一番下に、ちゃんと魂を置いている」（辻編 1996: 207）と語っている。「魂とは何か」という問いと、「命の共同性」という回答の間に恵比寿があると考えられる。身近にあった恵比寿が答えを想起させたのか、答えに辿り着いた後に恵比寿を「命の共同性」の象徴としたのか、その先後関係は不明だが、一九九八年七月に水俣湾埋立地に建立された恵比寿像は、問いと答えとをとり結ぶ触媒として恵比寿が位置づけられていることを示唆する。

この恵比寿像を建立した後も、O氏による水俣病経験の語り直しはさらなる展開を見せる。その特徴は、水俣病を生き抜いてきた人びとの行為が暗示する「命」との向き合い方を中心に物語が組み立てられ、それがチッソおよび国家の思想や、現代社会における「命」をめぐるさまざまな諸問題と対比され、連接されるという点にある。たとえば、O氏は、一九九九年一〇月に熊本の真宗寺で行われた講話のなかで、「水俣病のことで、私は一番大切なことが三つあるだろうと思っています」と前置きしたうえで、①不知火海沿岸の人びとが毒された魚を食べ続けてきたこと、②子どもが胎児性水俣病によって重篤な障害をもって生まれてきても、あるいは「奇病」

写真4－8　O氏の父親が祀っていた恵比寿

写真4－9　O氏の兄が祀っていた恵比寿

や水俣病と言われそのことがわかっても、子どもを生み育て続けてきたこと[48]、③チッソや国から多くの人が殺され続けても、被害者側からは一人も殺さなかったことを挙げている[49]。そのうえで、これらのエピソードが、「いただくいのち」として「命を選ばない」、「つながりのある命として授かっていく」という精神性を暗示していると語り、原因がわかっていても水銀に汚染された排水を止めなかった「チッソ的、国家的な」精神、そして出生前診断、保険金殺人といった現代的問題と対比させていくことの重要性を訴えている。

二〇〇〇年一〇月に熊本の無量山真宗寺で行われた講話のなかで、O氏は、「もとのいのち」や「いのちの記憶」という言葉で「命」を捉えている。たとえば、魚について次のように語っている。

> 食べ物というよりはもう商品として見るようになってきてしまうような気がします……イヲ（魚）はもっとはっきり海から、あるいはえびすさんからいただくもの、授かりものというか、分け前を貰ったという受け止め方があって、そこに信仰心というか、海への感謝の気持ちというものが、いまより遥かに強くありました……もとのいのちの関係がわからなくなっている[50]。

O氏は続けて、そのような「命」の受けとめ方を可能にするのが「命の記憶」であると語る。

> 殺して、食ってという罪の自覚というものが蓄積されて、体験化されていくんではないかというふうに思うわけです。そういうことを、命の記憶という時に、私自身の体験の中にそれがあるような気がします。そのことが非常に大きなブレーキの役割を自分のなかでしている、暴走しないように。殺すということが人に向かないように、他の生き物のなかで何とか止まっているという気がします[51]。

ここでは、「もとのいのち」が商品化された命ではなく、海や恵比寿から授かる魚の命であること、そして「授かる」という関係性は、身体化された殺生の罪深さの自覚（命の記憶）をもとに紡がれていくことが示されている。これらの語りが暗示する「水俣病」とは、「命の記憶」を喪失した人びとによって引き起こされた事件である。であるからこそ、そのなかで、命を選ぶことなく、向きあい、授かってきた人びとの経験は、水俣病と同種の問題性をもつ（とO氏が考える）現代の諸問題に対してメッセージを発し続けるものとして、捉え直されているのである。

O氏は「本願の会」のメンバーに提案し、二〇〇〇年八月一三日に水俣湾埋立地にある「竹林園」と呼ばれる場所で、「もとのいのちにつながろぃ」という祈りの行事を執り行った。「本願の会」発行の季刊誌を通じて呼びかけがなされ、水俣だけでなく、東京、福岡、熊本から集まった八〇人が参加した。[*52] 行事では、「本願の会」メンバーが彫った石像を中心に祭壇が設置され、「本願の会」メンバーによる語りと祈りの時間などがもたれた。この行事のなかで、O氏は参加者にむけて次のように語っている。

私たちはけっして人間一人だけで生きているわけではありませんで、とりわけ漁師は海の魚をとって殺して喰って生きてきましたし、海に養われて来たという恩義があります。また、海は私たちが寿命を迎えて帰ってゆくべき場でもある。……毒物殺人事件、保険金殺人事件、さらには子が親を殺したり、親が子を殺したり……私たちはいかなる存在なのかということを、ほとんど見失いかけている。そういう時に当って、世の中の一切の諸事情をとり払った時、私たちは何者なのかと問わざるをえません。水俣病事件は数多くの犠牲の上に立って、そのことを私たちに問いかけているのではないかと思います。[*53]

O氏は、その後、二〇〇二年二月に「胎児」、「オタマジャクシ」、「精子」といった命に関わるモチーフの石像を建立している。とくに「胎児」はつながりのなかにある「授かる命」というO氏のイメージにとって重要な意味をもつ形態である。しかし、この石像には目が彫られているものの手足は無く、人間の形態というよりも、非人間的形象である点が特徴的である。

二〇〇二年三月以降の語りに認められる新たな傾向として興味深いのは、第一に、人間以外の「命」の視点から物語が語られる点、および生きものたちの奥に超自然的存在が想定されている点である。たとえば、二〇〇二年八月に行われたインタビューには、次のようなO氏の語りが認められる。

> むしろいま私たちの人間社会や自分たちのありようみたいなものは、死者たちから見た方がよく見える、その問題性が。ほかの命から、いま人間を見たらどげん見えるだろうか、と。[*54]

さらに、二〇〇二年三～四月に行われた「本願の会」の季刊誌編集部によるインタビューのなかで、O氏は「守り神」である魚の視点で想像された世界について、次のように語っている。

> いま、有明海や不知火海の漁師たちは「貝も取れない。魚も取れない」と嘆く訳ですよ。イヲ（魚）がいなくなったというのは、何%減った何トン減ったと計量的には表せるのですが、私自身はそんな数値では納得できない所がある。ひとから聞かれて「イヲは人間から隠れたのじゃなかろうか」と答えたことがあります。イヲは人間に愛想を尽かして「お隠れ遊ばした」というのが、私の実感なのです……他の海に逃げたの

ではなく、もう一つの海、空の海に隠れたのではないか。本願の会でこの話をしたら「そうかも知れん」とみんな言っていましたよ。イヲは空の海に隠れたのだから、並み大抵のことでは戻ってくれないのじゃないか、そんな話になりましてね。その例会で出たのですが、今年の夏は埋立地で「イヲマンテの祭り」をやろう、ということになりました。……水俣病は魚が犯されることから始まった訳で、一番最初の犠牲者が魚だった。魚は私たちにとって、いわば守り神みたいな生き物です。[*55]

「イオマンテ」とはアイヌの人びとが行っていた「熊送り」のことを指す。[*56] アイヌの人びとは狩猟で得た子グマを、大切に飼育した。そして子グマがある程度まで成長すると、「コタン（集落）」を訪れたことに感謝し、再訪を願って子グマの魂を「カムイモシリ（神の国）」へ送ったと言われている（アイヌ民族博物館 1993: 159–162; 木村ほか編 2007: 72）。O氏は水俣で魚を意味する「イヲ」という言葉を用いて、「イオマンテ」を「イヲマンテン（魚満天）」と読み換え、二〇〇二年八月二四日に水俣湾埋立地の親水緑地で「本願の会」のメンバーとともに「魚満天の夜」という祈りの行事を執り行った。そこでは、不知火海への魚たちの再訪を願って、タチウオなどの生き魚が捧げられた。O氏はその挨拶のなかで「いま、不知火海の魚は非常に少なくなっています。一体、あのたくさんの魚たちはどこへ行ったのか、天の空にでも行ったのか……今宵、生き魚を捧げいのちを祀る儀式を執り行い、ふたたびこの不知火海に帰ってきてもらいたい。そして、地上の生命が太うなることを望みます。私たちは、生き物たちを敬い、その生命に繋がる人になりたいと思います」と語っている。[*57]

第二の傾向は、毒を引きとって抱いていく存在として、「自然」や「生きもの」たち、そして自己を含む「人間」を位置づける語りが認められる点である。たとえば、二〇〇二年七月に広島で行われた「水俣・広島展」における講演で、O氏は、先述した水俣病をめぐる三つのエピソードを紹介した後、次のように語っている。

毒とか危険なものとか、ゴミの焼却場、水俣の埋立地もそうですけれども、そういうものを悪しきもの、忌まわしきものとして忌み嫌う傾向が、この世の中のいろんなところに見受けられますが、水俣は魚や海だけではなくて、人間も、みずからのその毒を分け合って引き取ったんじゃないかとさえ思うんです。まさしく、親子孫、三代四代にわたって根絶やしにされる恐れさえあった。……そういうなかで、思い切っていえば、毒をも愛する、そういう「信」が貫かれていたんじゃないかと思います。それは二つ目の、毒を背負って生まれている子への向かい合い方、命への向かい合い方を見るときに、すべてを抱いていくということ、これが貫かれたと思います。[*58]

これらの語りでは、かつてO氏を問うていた人間以外の「生きもの」たちが、まさに「毒を分け合った」者としてO氏と同じ地平に位置づけられている。一方で、O氏は「生きもの」である魚の奥に「守り神」としての超自然的な存在を見出している。興味深いことに、この講演の約一月後、二〇〇二年八月に日本テレビの「金曜ロードショー」のなかで宮崎駿監督による映画『となりのトトロ』が放映されていた。そして「トトロ」をモチーフとする石像が建立されたのは、それから約半年後、二〇〇三年二月のことである。毒さえも引きとって抱いていく存在としての「自然」や「生きもの」たち、そして「生きもの」の奥にある超自然的存在について思いをめぐらせていたO氏が、テレビ放映を目にしたことで、そのイメージとクスノキの精霊であるトトロを結びつけた可能性が浮かび上がってくる。

以上、語りの分析から、O氏による自己意識が告発者から問われる者へと変化してきたこと、そして「魂の痛み」とともにみずからの罪を対象化する過程のなかで、O氏によって想起される「水俣病経験」の範囲が、劇症型水俣病で亡くなった「父親のかたき討ち」（一九七四〜八五年）から、父親以外の死者や人間以外の生きものたちを含めた「水俣病」（一九八六〜九六年）へと時間の経過とともに拡張してきたことを読み解いた。そのうえで、一九九七年以降の語りの変化とO氏によって水俣湾埋立地に建立されてきた石像の関係について分析した。ここで、事例を通して明らかになったモノを媒介とする水俣病経験の語り直しのあり方について通時的に整理しておくことにしたい。

図4-1は、O氏によって製作された石像の設置時期と語り（キーワード）の発話時期の対応関係を示したものである。O氏による石像の正確な製作期間は不明であるが、少なくとも一体につき数ヶ月以上の時間がかけられたことがわかっている。

O氏はまず、一九九七年一〇月に自己をモチーフとする石像を建立した。同年一一月の語りからは、「気味が悪い魂」という言説に直面したO氏が、「魂とは何か」という問いに答えるための手がかりを「水俣病」以前の漁村の暮らしの記憶（命の共同性、命のつながり）に求め、その再現を希求していたことが読みとれた。二体目の恵比寿像が設置されたのは、この語りを発してから八ヶ月後の一九九八年七月である。O氏の身近にあった恵比寿が「命の共同性」という答えを想起させたのか、それとも答えに辿りついた後に恵比寿を「命の共同性」の象徴としたのか、その先後関係は不明だが、埋立地に建立された恵比寿像は、問いと答えをとり結ぶ触媒として恵比寿が位置づけられていることを示唆する。

その後、O氏は「授かる命」という概念を手がかりとして、現代社会の諸問題と水俣病経験との連接を試みはじめる。一九九九年一〇月以降の語りにおいては、水俣病を生き抜いてきた人びとの行為が暗示する「命」との向き合い方を中心に物語が組み立てられ、それが現代社会における諸問題と対比・連接されるという特徴がみて

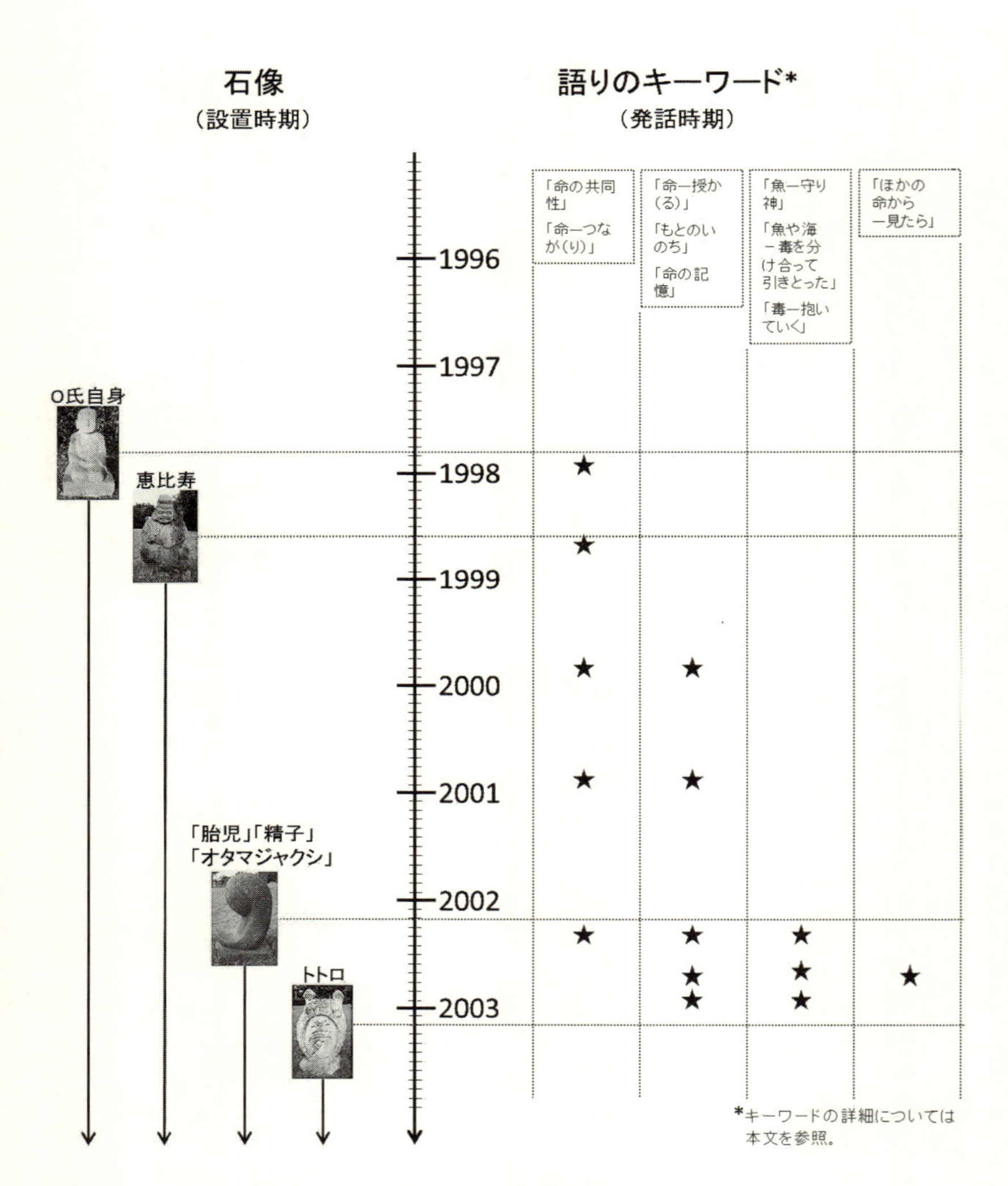

図4−1　O氏による石像の設置時期と語りの発話時期の対応関係

とれた。O氏が「胎児」、「オタマジャクシ」、「精子」といった命に関わるモチーフの石像を建立したのは、「授かる命」について語り始めてから二年半近く経った二〇〇二年二月である。この先後関係から、この石像の製作・設置という行為は、O氏のそれまでの語りに実感を付与する経験となった可能性が浮かび上がる。その経験は、しかも、「命」の視点から紡がれた物語へと引き続いてゆく。O氏はこの石像の建立後、「ほかの命から見たら」と問いかけつつ、毒さえも引きとって抱いていく「自然」や「生きもの」の存在、そしてその奥にある超自然的存在（守り神としての魚）について語り始め、その過程で二〇〇三年二月にトトロをモチーフとする石像を建立したのである。

O氏の語りと石像の連鎖的で継起的な関係から浮かび上がるのは、主体としての人と客体としてのモノという図式では捉えきれない、両者の往復運動である。O氏は、一九九八年八月に社会学者の栗原彬によって行われたインタビューのなかで、「石を彫っていると、気持ちの状態が丸ごと出てきますね」（栗原 2000: 301）と語っている。石像の製作プロセス、そしてみずからが建立した石像を水俣湾埋立地で目にする経験は、O氏のそれまでの語りに実感を付与し、過去を想起させ、さらには新たな意識を喚起する機会となってきたのではないだろうか。いったんつくられた石像は、水俣湾埋立地の景観の一部となることで、製作者本人に、そしてその他の製作者に対しても新たな行為の可能性を提供し続ける。

第5節 「一人の私」に立ち返る

私がO氏と出会ったのは、最後の石像（トトロ）が建立されてから三年半後、二〇〇六年八月のことである。

それ以後、現在に至るまで、O氏は鈍感な筆者に対し、自分の見ていることや感じていることを少しずつ教えてくださった。その詳細は別稿に譲るが、最後に、本章の議論についての理解をより深めるうえで示唆的な諸点を、O氏との対話のなかからとり出しておくことにしたい。

1　漁師としてのO氏

まず、O氏がその身に水俣病を引き受けながらも、漁師を続けてきたことの意味について考えてみたい。それは、「命の共同性」や「授かる命」といった語りが、どのような生活世界の文脈から出てきたものなのかを問うことでもあるだろう。

「若潮丸」で漁を始めた一九七三年以降、O氏が漁をしていなかった期間はプロパンガス会社に勤めた一九七九年からの約二年間のみである。それ以外の期間は、吾智網、タイの養殖、タチウオの一本釣り、流し網漁とその漁法は変えながらも不知火海で漁を続けてきた。そしてO氏はいまなお沖集落に住み、夫婦で「甦漁丸」に乗りながら漁師としての生活を続けている。O氏が漁にかける想いを理解するうえで、先述の「謀圧裁判」における次の語り（一九七九年）が示唆的である。

　いまでは私一人しか親代々の漁業にたずさわっておらず、私がこの好きな漁業を止めると誰も跡を継ぐ者がいなくなる……私たちの生きる原動力を提供してくれた海は、生産現場でありまた生活そのものとしてありました。全身のしびれやふるえる体、とくに後頭部の痛み、唇、手足のしびれと筋肉の直状態から解放されることのないなかで、何とか海との関係を保ちたいと思いながらも、生産労働すら自由にならないことにはがゆく思うのです。[*59]

この語りからは、O氏がみずからの身体を支配する水銀という「毒」との格闘を続けながらも、父親から受け継いだ漁業を何とか絶やさぬように努めてきたことがみてとれる。[*60] そして海は、「生きる原動力」を与えてくれる存在として位置づけられている。

では、漁をすることはO氏にとってどのような経験なのだろうか。O氏と対話をくり返すうちに、彼が漁師として生き抜いてきた日常的実践に基づき、「現象」と「暗示」という言葉を独自の仕方で区別していることがわかってきた。「現象」とは目に見えるもの・自明のものであり、「暗示」とは「現象」が物語る何かのことを指している。たとえば、O氏は朝起きてすぐに、木々の揺れ、鳥の飛び方、雲の動き、波の色を観察するが、これらの「現象」は風と潮の動きを物語っている。O氏は、漁に出ていくほかの漁師たちの船のエンジン音から、彼らの心理状態さえ読み解くことができると語っていた。さらに注目されるのは、こうした理解の仕方が人間以外の生きものにも適用されていたことである。O氏は「いのち」のことを「姿かたち」だけでなく、「働き」としてもとらえており、両者が切り離せないことを強調していた。たとえば、筆者が漁の手伝いをしている途中、O氏ははにかみながら、「あんたも漁の手伝いばして、けっこう魚を殺しとっとだけん、詫び入ればせんば。だいぶ魚の恨みがたまっとるぞ」と語りかけてきたことがあった。[*61] つまりO氏は、日々の生活のなかで、目に見えるものの奥に不可視の働きを捉えようと試みてきたのだと考えられる。

O氏はこの不可視の働きのことを「訪れ」とも呼び、漁と「遊び」の関係について次のように語っていた。

「訪れ」に出会うことが大事だと思う。・・朝起きて外に出ると、風がこう（風の様子を手振りで表現しながら》吹いているのを感じるやろ？　それに鳥が鳴いてたり、花の香りが匂ったり・・こう色んな・・そういうのはすべて「訪れ」なのよ。自然界が発しているメッセージなんだから。だけどほとんどの人はそれが「訪れ」とは気づかずにスルーしてしまうのよね。……ただその「訪れ」をキャッチできたときには、何ちゅうかな……そのためにはね、遊び心が必要なの《力強く》。遊びにはここからここまでっちゅうのが無かけん・・無限の運動空間やっで《力強く》、終わりもないし自由なのよ。大体あんた、野生の動物ば見とっても普段はリラックスしてるように見えるがな。がちがちに力を入れてるわけじゃなくてさ、それでいていざというときにはパッ！　と素早く動くやろ？　それはね、狩人のあり方なのよ。自然界の「訪れ」を感じるごつせんば獲物はとれんけん・・そしてね、「訪れ」をキャッチしていくと関係性が作られていくこともあるのよ。……「訪れ」もね、それをスルーし続けているもんのところには来んとよ。だから俺がいつも言うように、イオもどうせ食われるんなら、自分の本当の価値に気付いてくれるもんに出会いたかっち《笑》。焼酎も一緒たい《笑》[*62]。

O氏の網にはタチウオに加え、アジ、モチウオ、シラグチ（シログチ）、ハモ、ヒラ、シイラ、カナガシラ、シロギス、ワタリガニ、アシアカエビなどの実にさまざまな魚介類がかかってきた。網を揚げる過程では、網から魚を外し、魚種ごとに箱に入れていく。自宅で食すための魚に関してはそれ専用の箱に移すのだが、ときに魚の鮮度を保つためにその首を折ることがあった。そこでは魚種によって網からの外し方が異なるし、同じ魚種であっても個々の魚によって絶命する際の鳴き声に違いがあった。漁を終えて帰ってくると、選り分けておいた魚をO氏の妻がぶえん（刺身）、焼き物、煮物、揚げ物等に調理し、O氏は焼酎を片手に、心から愛おしむようにそれらを食していた。このように海から魚たちを獲り、その命を奪い、それを頂くという日々の生活——O氏の言葉で言えば「命の現場」において、魚たちの命がもつ働きがとらえられてきたのである。[*63]

「現象」と「暗示」を区別しつつ、「現象」が物語る何かを探すというO氏の方法は、O氏が「狂い」と呼ぶ三ヶ月間の精神的葛藤の際にも重要な役割を果たしたと考えられる。O氏は当時について、「自分が探しているものは何なのか……何も見えない、支える何ものもない」（辻編 1996: 105）と述懐している。この語りは、「父親のかたき討ち」を強く求めていたO氏が、水俣病への「認定＝補償＝救済」という自明性のもとに自身の居場所を見つけられなかったことを示唆する。こうして、「狂い」を経て以降のO氏は、支配的な言説からは零れ落ちる自己の存在を、自分なりの仕方で確証しようと試みてきたのである。O氏は筆者に対し、この試みのことを「この世界から飛び出す」、「概念を破る」、「新たな世界を手に入れる」と表現していた。[*64] 本章で見てきたように、O氏が運動を離脱した一九八五年以降、自己の存在を問い直すための重要な手がかりとしてきたのは、自身が幼い頃に垣間見た漁村の暮らしの記憶である。O氏は「狂い」のなかで、その記憶を何千回、何万回と繰り返し反芻していたという。[*65] 筆者との対話のなかで、O氏は「身体性」という言葉を、「分かちがたいつながり」の意味で用いていたが、聴きとりを繰り返すうちに、それが（死者をも含む）親族、人間以外の生きもの、山川海との結びつきを意味し、「生かし、生かされている」という関係性を示していることがわかってきた。[*66] 言い換えれば、O氏は、自身の身体がさまざまな働き合いのなかにあること、すなわち自身の身体という「現象」がさまざまな「暗示」に貫かれていることを見出してきたのだと言える。[*67]

これらのことは、O氏による水俣病経験の語り直しのプロセスが、生業と暮らしのなかから見出された手がかり（あるいは方法）と密接に結びつきながら展開してきたことを示唆している。

2　加害と被害の相対化をめぐって

しかし、だからといって、O氏がかつての伝統的な世界に戻ることができるわけではない。というのは、O氏は携帯電話を使用しており、プラスチック製の漁船には漁業探知機やGPSが搭載されているからである。[*68] それゆえO氏にとって、「内なるチッソ」に向き合っていくことが重要になってきたのだと考えられる。筆者との対話のなかで、この言葉は、現代社会において誰もが「加害性と被害性を持ち合わせざるをえない」状況を喚起すると同時に、[*69]「人間の罪深さ」を意味する言葉として使われていた。つまり「内なるチッソ」という着想は、当時チッソで働いていた人びとのように、いつ何時でも動員されかねない「内なる他者」をO氏自身も抱えていることに加え、「内なる他者」への絶え間ない配慮こそが重要であるという点にO氏が気づいたことを示唆している。[*70] そしてこの気づきは、「人間」としてすべての生きものの命に祈りを捧げるというO氏の生き方につながっていった。

ただし、すべての人間が加害者になりうるならば、あるいは加害と被害が相対的なものでしか無いのならば、多くの人間の命を奪い、甚大な環境破壊を引き起こした責任が霧散してしまうようにも思える。しかし、運動を離脱した直後のO氏は、当時のチッソ社長宛に『水俣病』問いかけの書」（一九八六年）を送っており、そこに「父を殺し、母と我ら家族に毒水を食わせ、殺そうとした事実を認めてほしい」、「水俣病事件はチッソと国・県の共謀による犯罪であり、その三十年史であった事実を白状してほしい」（辻編 1996: 224）と書いている。また、二〇〇九年には、チッソの分社化を盛り込んだ水俣病特別措置法案の提出を受け、O氏を含む連盟者一同（六六一名）によって「緊急　共同声明」（二〇〇九年三月二〇日）が出された。そこには「原因企業チッソの本社と収益事業子会社を切り離す「分社化」とは、加害責任から逃亡する為に本社を替え玉として清算事業団化し、後日これをも解体するというもので……これは、明らかに公然たる「偽装倒産計画」であると糾弾しなければならない。……水俣病事件の加害者らのこのような横暴かつ不当な真実の歪曲に断固として抗議し、撤回を要求する」という文言が認められる。つまり、ここで注意しなければならないのは、O氏による加害と被害の相対化は、加害や被害という事実の消失・忘却を促すものではないという点である。

第一に、O氏の試みは、加害／被害という枠組みによって「水俣病」が補償の問題に置き換えられてしまうことへの拒否として展開してきている。すなわち、かつては加害者チッソとの「相対（あいたい）」を強く求めていた水俣病運動が、水俣病の認定制度のあり方を問う運動へと変質してきたことが、O氏による問題提起の背景にはある。[*71]そもそも水俣病への認定申請をするか否かは被害を受けた人びと自身の手に委ねられており、認定制度を運用する国・県によって、被害の全貌を把握するための悉皆調査が行われたことはこれまでに一度も無かった。病んだ身体それ自体から「水俣病とは何か」が問われたのではなく、補償という視点から認定基準がつくられたのであり、その基準が政治的に変更・操作されることさえあったのである。このことは地域内に認定患者と棄却患者の分断を生んだだけでなく、「認定＝補償＝救済」という自明性のなかに人びとを導くという効果をもっていた。つまり、認定制度を前提とする以上、加害／被害の枠組みで水俣病を語ることは、補償問題に結びつかざるをえないという状況が生み出されてきたのである。

さらに、水俣病の政治解決策（一九九五年）および水俣病特別措置法（二〇〇九年）は「水俣病と疑わしき人びと」への「救済」策であり、そこには「水俣病患者」さえ存在しない。加害／被害をめぐる状況は時代を経るごとに、ますます不明瞭になってきているのである。また、政治解決策および「最終解決」を掲げた特別措置法には、「被害者」に補償が支払われることで水俣病が「解決」するという含意がある。O氏は、曖昧な「解決」策が「忘却」につながることを危惧しつつ、[*72]むしろ「認定＝補償＝救済」という自明性それ自体を問題化することで、「終わらない水俣病」と向き合おうと試みてきたのだと言える。O氏は実際に、特別措置法施行の年に行われた「本願の会」の例会で、「終われないものを終われないものとして、自分たちの側でどう積み上げていくかが大事だろうと思う」と語っていた。[*73]

第二に、O氏自身も「加害責任とか言うとるうちは、当事者以外は入り込む隙がほとんど無いわけでしょ？加害と被害があって、それ以外は一体何なんだという話になってしまうから」と述べているように、水俣病問題を加害／被害という対抗的図式のなかに置くことは、水俣病をめぐる「当事者」を限定することにもつながってしまう。本章で見てきたように、（とくに一九九八年以降の）O氏は、命を選ぶことなく、向き合い、授かってきた水俣の人びとの経験を、水俣病と同種の問題性をもつ現代の諸問題に対してもメッセージを発し続けるものとして捉え直してきた。この文脈において、水俣病問題をめぐる「当事者」は、海に毒を流した人びと、被害を拡大させてきた人びと、その身体を水銀で侵された人びとだけにとどまらない。たとえば出生前診断といった「命を選ぶ」ことに関する問題に直面し、被害／加害（あるいは善／悪）といった二元論では語りつくせない悩みを抱えた人びともまた水俣病問題をめぐる「当事者」になりうる可能性をもっているからである。

第三に、O氏の試みは、「被害者」ではなく「人間」として生き、〈顔〉のみえる人間に出会いたいという希求に根差している。[*74] たとえばO氏は、水俣病を「苦」で始まって「苦」で終わる過去形の物語として語るのではなく、むしろ「命の喜び」を起点に水俣病を語っていく可能性を積極的に模索していた。[*75] また、O氏は、「チッソ」のなかにいる人びととも「相対」で向き合い、そこに〈顔〉を見出そうと努めてきた。[*76] O氏が「常世の舟」をつくり、一九八七年の年末からチッソの水俣工場前に一人で座り込みを行ったことは先に述べたが、これに加え、O氏は『チッソ水俣　工場技術者たちの告白』（NHKスペシャル、一九九五年七月一日放送）をテレビで見た後、すぐにNHKに電話し、放送の音をテープ起こしした原稿を送ってもらったという。この番組は、水俣病の発生当時にチッソで働いていた技術者たちへの綿密な取材に基づき、当時のチッソがどんな思惑で動いていたかに迫ったドキュメンタリーである。O氏から筆者が貸していただいたテープ起こし原稿には、O氏自身が赤鉛筆で引いた下線が部分的に認められた。なかでも、元経済企画庁水質調査課にいた人物の次の証言は、同じ赤鉛筆が使われているものの、右側と左側が括弧でくくられ、左側に「注」の文字が付されていた。

ま、やっぱり高度成長期の真っ最中、っていうかはしりくらいで「追いこせ、追いつけ」の時代だったわけですよね。だから産業性善説ですよ。産業性善説。時代がそういう時代だったんだよ。だから時代に負けてねそれを担当する役人がね、何もしなかったじゃないかといわれればもう謝るしかないんだよ。謝るしかない。あるていどわかっててやってるんだから。なんていうのかなぁ、確信犯だな、ある意味では。ぼくは確信犯だと思うね、これは。こんなことというと怒られるけど。

チッソの工場前に一人で座り込み、通勤・帰宅するチッソの人びとと対話を交わすだけでなく、チッソの技術者や行政機関の職員の証言を通して彼ら一人ひとりの心情と向き合う経験は、O氏に「内なるチッソ」の存在を気づかせるうえで大きな意味をもったと考えられる。O氏は筆者に対し、「相対(あいたい)」の重要性をくりかえし強調するとともに、「やっぱり相対よ。顔の見える関係、一対一で向き合ったときに、相手も自分とあまり変わらないことに気づくっちゅうか・・」と語っていた。[*77]

O氏はさらに、初期の水俣病運動の最前線で被害者との交渉にあたったチッソの社長・嶋田賢一の追悼集に強い影響を受けたと言い、筆者にもそのコピーを見せてくださった。水俣病第一次訴訟の判決直後、一九七三年三月から四月にかけて水俣病「東京交渉団」と相対での交渉を続けていた嶋田は（cf. 石牟礼編 1974: 149–221）、高血圧で倒れて入院した。そして入院中、当時のチッソ専務に対し、ベッドに仰向いたままの嶋田が口述し、専務が書きとった記録がこの追悼集に含まれているのである。そこには、次のような記述が認められる。

東京交渉団と対立している点は、株式会社（含む労働者）の存立点を考えて対立しているのである。国家の問題になるのであれば、島田は交渉に当るのをやめる……行政介入せざれば、会社はつぶれると思うので、その時における嶋田の応対の仕方は、一自然人としての心情的な補償金を約束せざるを得ぬと考える（患者は、判決金を不充分なりとして、会社に突き返した。会社は、それは受け取っている。従って、現在、判決は不在の状況である。そのなかで、自然人としての嶋田が、心情的に考える金額は、会社の支払能力をはなれたものにならざるをえない）。[*78]

O氏は、この文章を初めて読んだときの心情を、「感動さえ覚えたよ。まぁ本当に……追い詰められて、極限状態で初めて出てきた言葉だというのは、あるけども」と振り返ったうえで「企業とか社長・・そういう立場を超えた言葉なのよ。一人の私というか・・この地点でなら対話はできるっち思う」と語っていた。[*79] 加害者／被害者の枠のなかで生きるのではなく、立場を超えて「一人の私」に立ち返ることに対話の可能性が見出されていることは興味深い。

O氏は、二〇〇四年八月に水俣湾埋立地で石牟礼道子による新作能「不知火」を奉納する際に（第2章第5節を参照）、チッソの社員にも共に奉納するように呼びかけている。O氏によれば、その呼びかけの背景には、次のような想いがあったという。

埋立地というのは、これまでの対立関係というのがもはや通用しない場所というか、共に立つ場所としてあると思う。・・そこでは加害／被害という責任じゃなくて、それぞれのもっている課題に対して応答する責任が大事になってくるのよ。そういう意味で共に立つ場所だと思う。・・だから能「不知火」の奉納のときにチッソに参加を呼びかけたわけよ。[*80]

ここには、これまで「加害者」と位置づけられてきたチッソの人びとでさえ、責任追及の対象ではなく、「共に立つ」呼びかけの対象として位置づけられていることがみてとれる。O氏によれば、それは「怨念を超えて希望につなげる」ための方法であり、事実、チッソの社員のなかからも「不知火」の奉納に個人として参加する人びとが現れたのである。[*81] つまり、ここでO氏によって望まれているのは、補償を支払うことで完遂しうる「加害責任」ではなく、一人の人間の生き方へと結びつくような「課題」として水俣病を捉えていくことであり、そうすることで「希望」としての水俣病を未来へと手渡していくことだと考えられる。

3　モノとコト

水俣病特別措置法が施行される前年あたりから、O氏は、「物事」、「モノとコト」という捉え方の重要性を筆者に繰り返し話してくれた。たとえば、水俣湾埋立地に何が埋め立てられているのかという点に関して次のように語っていた。

あの埋立地っちゅうのは、モノとコトを、モノを一つ、コトを一つ埋め立てたっちゅう感じがしとるもん。水銀っていうモノが一つあるわな。それ以外に、コトというのは、人間の罪深さ、引いては社会の罪深さを埋め立てたという風に思ってるのよ。だってあれで何もわかんなくなっちゃったら・・あそこは人間の罪深さを埋め立てた土地なのよ。・・その罪というのは誰々の罪、チッソという一企業の罪というだけでは追い切らん。だってあの時代、その生産物を享受しとる人たち、毒水の垂れ流しを国も黙認したし、高度成長の国策のなかで人びとも黙認した。・・市民も黙認したやろ？　そこには共犯関係があったのよ。[*82]

ここからは、水俣湾に埋め立てられた「人間の罪深さ」・「社会の罪深さ」という「コト」、すなわち水銀という「モノ」を埋め立てるだけでは決して解消しえない「責任」の所在をO氏が見据えていることがうかがえる。[*83]このようなO氏の捉え方は、水俣病の経験をいかに記憶していくかという問題を考えるうえでも示唆的である。というのは、たしかにモノの問題のみに焦点を絞ることによって、コトの忘却が促されるという事態も生じうる一方で、モノが想起させるコトによって、口伝えとは異なる仕方で記憶が紡がれていく可能性もまた浮かび上がるからである。この意味で、O氏による水俣病経験の語り直しのプロセスが、水俣湾埋立地に立つ石像ばかりでなく、戦後間もない頃の色あせた写真、沖集落に存在する恵比寿像、チッソ社長の追悼集といったさまざまな「モノ」と連動しながら展開してきたことは興味深い。

モノとコトは一体となって人間に働きかける。この点に関して、漁から帰ってきたある夜のO氏の語りは印象的である。モノの介在によって、時空を超えてコトが想起され、絡み合わされ、新たな行為（語り）が創出されゆく可能性を示唆するからである。最後にその語りの一部を示して本章を閉じることにしたい。

これは《焼酎のビンを指しながら》昨日あんたがもってきてくれた焼酎のビンやろ？　これは《すぐ右隣にある木箱を指して》二〇年ぐらい前にうちに来た町の保健の箱たいな。こうやって見ていくと一つ一つに背景があってそれぞれにルーツがある。・・モノなんだけどコトがあっとたい。物事のモノとコト、おれはモノの語りで物語っち言うばってん、すべてのモノが語りかけてくるけん……モノにはコトがあって、そん、命にも姿かたちと働きがあるやろ？　おれは働きが命の本質だと思うとるばってん・・だけんモノにも命があっとよ。コトっちゅうのは働きだけん。[*84]

第5章　モノが／をかたちづくる水俣の記憶

――「本願の会」メンバーによる石像製作と語りの実践を事例に

第1節　モノと語りの相互作用をめぐる問題

本章の目的は、水俣病をめぐる運動や裁判に積極的にかかわってこなかった「本願の会」メンバー二人の事例をもとに、石像のモノとしての性質が彼／彼女らの記憶のあり方にどのような影響を及ぼしてきたかについて通時的視点から考察することである。「本願の会」のメンバーにとって、水俣病の経験とはいかなるものなのか。それはいかに語られ、記憶されてきたのか。そして一回性を特徴とする語りに、石像というモノが加わることでいかなる効果があるのだろうか。

ところで、筆者自身も含め、近年の水俣研究において、現在を生きる水俣の人びとの心性に対するアプローチは十分でない。社会学者の成元哲は、一九八〇年代以降の水俣病をめぐる運動に言及しつつ、加害性と被害性を併せもつ人びとが、生業や暮らしのなかで新たなモラルや生き方を模索する矛盾に満ちた実践から「水俣病運動」を再検討する必要性を論じている（成 2001）。しかし、従来の水俣研究の多くが加害／被害という対抗的図式を暗黙裡に前提としていたことで、多様な個々人の立ち位置の変化や、立場を越えて紡がれる語りや実践など、公害問題の新たな展開は主たる対象からは外されてきた。また、対抗的図式の強調によって、水俣病をめぐる運動や裁判に積極的に加わることのなかった人びとの心情や語りは捨象される傾向にあった。そこで本章では、水俣への移住者J氏（男性）、および水俣病問題について長年沈黙を続けてきた被害者遺族A氏（女性）が製作した石像と語りの実践に注目し、モノが／をかたちづくる水俣の記憶のあり方について考察することにしたい。とくに、変容しつつも持続性を持ち、ある場所に存在することで周囲の景観と複合的に作用するという石像の性質が、モノの製作者による語りとどのように作用し合ってきたのかを通時的に読み解いていく。その前に、インタビュー中の語りとその変化にアプローチするための視点について補足しておく必要があるだろう。

社会学者の桜井厚は、語りにおけるストーリーの変化に言及するなかで、新たなコンテクストの出現とともに、語り手による過去の語りの参照性に変化の要因を見出している（桜井 2002; cf. Greenspan 1998: xvii）。後者の側面に注目するならば、語りはその一貫性の探求へと向かう。なぜなら、語り手は聴き手や社会の要求に基づいて、あるいは過去の経験に意味を見出すために一貫性を探求するからである（バートレット 1983; Linde 1993: 17; 浅野 2001）。この点に関して、トラウマ的経験を抱えた人びとは困難に直面する。社会学者のアーサー・フランクは、慢性疾患を抱えた人びとの語りを対象に、言語化という作業には、混沌とした体験と距離を置き、それを何らかのかたちで反省的に把握することが求められると述べている（フランク 2002: 140–141）。浅野智彦もまた、ホロコーストの生存者の語りに現れる沈黙が、「語り手と語られる体験とのあいだに十分な距離がとれないこと」に由来するとしたうえで、語りの「一貫性や完結性を内側からつき崩してしまうもの」としての「語りえなさ」に注目している（浅野 2001: 15, 19–20）。それゆえ、言い淀みや沈黙を語りの失敗として否定的に意味づけるのではなく、その語り直しのプロセスのなかに、語りえないことに対する語り手の姿勢を読み解いていくことが重要である（cf. Greenspan 1998; 菅原 2000）。

ただし、「語りえなさ」をもたらすのは、過去の体験に対する反省的な把握の欠如だけではない。たとえば沈黙について、それが語りの終了や、語り手と聴き手のあいだの権力関係に関わる可能性も指摘されている（Anderson et al. 1991)。一方で、語られる言葉や語り手／聴き手の関係性に注目するだけでは見えてこないこともある。高久聡司は、あるNPO団体のメンバーの語りをそのコンテクストに注目しつつ分析するなかで、死者が「いるはずなのにいない」という感覚が沈黙を誘発すると指摘している（高久 2008）。また、心理学者の高木光太郎は、記憶を過去の出来事についての言語的表象の構築過程ではなく、かつてあったはずの事物を現在の環境のなかに探索する行為として捉え、その不安定性や動態性に注意を促している（高木 2006）。

これらの研究は、語られる言葉だけでなく、語りの実践がどのような環境、モノによって媒介されているかに注目しつつ、語りの変化を読み解いていくアプローチの有効性を示唆する。これらの視点に基づき、以下では「本願の会」メンバーの実践を事例として、モノが／をかたちづくる記憶のあり方について見ていくことにしたい。

第2節　石像を介した死者をめぐる想起の変容——J氏の事例

1　新たな生き方を求めて

J氏（男性）は一九五九年、静岡県の沼津市に生まれた。ものづくりが好きだったJ氏はエンジニアを志し、東京にある大学の理工学部に入学したが、石牟礼道子による小説『苦海浄土』との出会いや、小さな教会を中心とした農村コミュニティづくりに取り組むフィリピン人の神父との対話を通じて、高度経済成長を支えていた科学技術のあり方に疑問を感じ始めたという。J氏は大学で熱工学を専攻し、瞬間的に爆発的なエネルギーを起こし、そのエネルギーを余すことなく使うためにはどうすればよいかについて学んでいた。[*1] 一方、J氏が大学に在籍していた一九八〇年代前半は、日本企業によるアジアへの公害輸出の問題が顕在化し始めていた時期でもあり、J氏は次第に「日本の豊かさを生むために外国でそういうことをやっている。そのシステムのうえに自分は一体何のために仕事をするのか」[*2] と考えるようになったという。

J氏は、一九八三年に大学を卒業後、一年間の派遣ボランティアとして水俣を訪れたことを契機に移住を決意した。[*3] このときJ氏がボランティアとして参加したのは、水俣病と有機農業を学ぶフリースクール「水俣生活学校」（一九八二年開設、以下「生活学校」と表記）である。生活学校は、「水俣病センター相思社」（一九七四年設立、以下「相思社」と表記）の活動と密接に連動しながら開設された。相思社は、「水俣病患者と患者に心を寄せる人々が相思う心の交流の場」[*4] としてつくられたNGOであり、その設立目的としては、以下の四つが構想されていた。①水俣に被害者が集まることのできる場をつくる、②被害者の立場に立った医療の提供、③水俣病にかかわる記録の収集・保存、④被害者とその家族のための共同作業の場をつくる。[*5] この背景としては、水俣病の第一次訴訟を担った被害者が「判決後」の生活不安を強く意識し始めたことが挙げられる。一九七〇年代中頃以降の水俣では、相思社に集った人びとを中心に、水俣病をめぐる「運動」のみならず、被害者の「生活」を視野に入れた環境づくりもまた進められていたのである。

生活学校は、相思社が一九七七年から開催していた「水俣実践学校」（以下、「実践学校」と表記）を母体とするフリースクールである。実践学校は、「患者さんたちが補償金をもらいはじめて、家を建てはじめ、車を買って、生活が現代化してくるようになると、想像力で補わないと、水俣病がだんだん見えなくなってくる……水俣病のことをなんとか生身で感じることをやらなくてはいけない」（柳田 1985: 67）という相思社スタッフの思いから、参加者に農作業や漁業といった生活を通じて水俣病を考えてもらうことを目的に、毎年一週間から一〇日間にわたって開催されていた。これに対し、生活学校では、一年間水俣に住み込むことで、生活や労働それ自体を参加者がつくりあげていくことがめざされた。生活学校を提唱した人物によれば、それは「チッソが展開したような歩みで世の中の幸福を実現していく、新しい労働を作っていく、そういう社会を作っていく体系というか、人間の志向性」、すなわち「チッソ型社会」(ibid.: 66)に対するオルタナティヴとして構想されていた。この取り組みは、公害を再生産するような社会のあり方に疑問を抱いていたJ氏の問題意識と響き合うものだったと考えられる。清水らが相思社職員への聴きとりを通じて明らかにしているように、生活学校は政治運動への参加ではなく、みずからの生き方を模索するために水俣に来るという「水俣に入る別のチャンネルを作った」(清水ほか 2000: 36)のである。こうしてJ氏は、生活学校の二期生として、胎児性・幼児性の水俣病患者たちと共に野菜・芋の栽培や牛の飼育などに取り組んでいくことになる。[*6] 生活学校に在籍していた当時、J氏は「生活の違いが私に見せてくれるものは、都市の醜さと、人間の本来の生の姿なのではないかと思い、浮かび上がってくる一つ一つの感覚を大切にして毎日を生きている」[*7]と書き残している。

2　水俣での出会いと石像の建立

生活学校を卒業後、水俣でできるものづくりを模索していたJ氏は、一九八四年に胎児性・幼児性患者とともに紙漉きの工房を設立した。そこは「一人ひとりにとっての在り方、生き方の模索」のための場として位置づけられ、和紙づくりだけでなく、映画の上映活動や、数少なくなった在来種の綿の栽培、機織り、化学肥料を使わない野菜の栽培といった仕事がゆったりとしたペースで進められた。[*8]

ところが、工房の設立後、水俣病をめぐる運動の関係者から「運動の矢面に立つべきだ」、「若い奴はな、デモ行進の先頭に立って旗ふるんだよ」との声が投げかけられ、「胎児性患者の子たちを搾取してる」といった噂まで聞こえてきたことで、一九八〇年代中頃のJ氏は精神的に疲弊していた。[*9] その頃に出会ったのが後に「本願の会」の初代会長をつとめたY氏（男性）であり、J氏はY氏からもらった言葉に救われたという。Y氏は「訴訟派」に属した被害者であったが、第一次訴訟の判決後には自給自足の農園をつくり、生活学校の牛飼いの指導も行っていた。[*10] J氏が相談に行くと、Y氏は「お前は何者だ」と尋ねたという。J氏が「紙漉きです」と応えると、Y氏は「そうか、じゃあそれをやればいい」と回答した。このシンプルな回答を得たことで、J氏は周囲の声に煩わされず、紙漉きに集中していくことができたという。[*11] こうしてJ氏は水俣で何か問題に直面するたびに、J氏の父と同年齢でもあるY氏のところへ相談に行くようになった。J氏はこのエピソードについて、とても嬉しそうに、笑顔で語ってくれた。

また、J氏は、Y氏に農園を開いた理由を尋ねたときのことを次のように述懐している。

いっぱいいろんなことを考えて、親元を飛び出して水俣に来て患者の言葉を親の言葉のように聞いてきた。Yさんに僕の目には見事なまでに自給自足を実現している乙女塚農園をどうして開くことになったのか尋ねたことがあった。頭でっかちの自分は「水俣病の教訓」やら「環境」などという言葉が返って来るものだと、てっきり思い込んでいたのだが、Yさんはまるっきりちがうことを言った。「第一には、リハビリのためたい。病院でしても動かんばってん、猟に出てウサギば追いかけとれば、体が自然に動くと。底の底まで見てきたっぞ、どげん虐められたっちゃ食いもんば作っとれば生きられる。そげん思うてここばつくったったい」。「生きる」「考える」ということがどういうことなのか、あらためて考える。[*12]

この記述は、J氏にとってのY氏が、生き方を考え直すきっかけを与えてくれる「親のような」存在として位置づけられていることを示している。J氏は、生産量の半分が規格外として処分されるイグサなど、廃棄される素材を原料とした和紙づくりに積極的にとりくみ、現在まで紙漉きを続けてきている。[*13]

J氏にみずからの立ち位置の再考を促したもう一つの重要な契機として、O氏（第4章を参照）との対話を挙げることができる。J氏は、一九八九年頃にO氏から「水俣病を自分のことと思えないならさっさと帰っていいよ」と言われたときの経験を、少し気恥ずかしそうに語ってくれた。[*14] 第4章で見たように、O氏が希求していたのは、加害者／被害者という二者間の問題ではなく、一人の人間の生き方へと結びつくような「課題」として水俣病を捉えていくことであった。だとすれば、O氏がJ氏に問うていたのは、「誰かの水俣病」を支えるかどうかではなく、J氏にとって「私の水俣病」とはいかなるものなのかという点であったと考えられる。そしてこの問いかけは、その後のJ氏の水俣病とのかかわり方に大きな影響を及ぼしてきたことが推測される。

J氏は「本願の会」にその発足以前から関わり、一九九八年からは事務局長を務めてきた。その二年後の二〇〇〇年に、J氏は「本願の会」の季刊誌に次のように書いている。

本願の会の事務局長を引き受けている自分は「魂」があることをあたりまえのこととして教わって育ってきていない。けれども、ここで引き受け、引き継がないと、これから先にはまるで伝わらない。他にもあるであろう先人たちの本当がそっくり葬り去られてしまうような気がするのである。「水俣の魂」って何だろう。何を次の世代に残せばいいのだろう。[*15]

ここからは、「魂」が、「あたりまえ」ではない異質な何かである一方で、探求すべき対象としても位置づけられていることが読みとれる。このことは、「本願の会」のメンバーと対話するという行為が、J氏にとって既存の知識の獲得や、会員として参照すべき知識を身に着けることではなく、受けとった言葉を反芻し、その意味を問い直す機会となってきたことを示唆する。

J氏は一九九八年に一体目の石像を（写真5－1、図3－5、図中番号25）、二〇〇二年に石像をもう一体建立してきている。一体目の石像を見ると、僧形であり錫杖と宝珠をもっている点で地蔵の一般的特徴を備えていると言えるが、その表情は「慈悲相」とは異なる（石像の形態的特徴については第3章を参照）。この石像について、J氏は「Yさんとの繋がりで彫った」と語ってくれた。[*16] 二体目の石像は、子どもを亡くした親たちのグループ「小さな風の会」に頼まれてJ氏が彫ったもので、僧形・慈悲相であるが、子どもを抱いている点で、一般的な地蔵のモチーフとは異なっている（写真5－2、図3－7、図中番号38）。この石像の背中には「風」の字が彫り込まれている。

私がJ氏とはじめて出会ったのは、二〇〇七年八月にJ氏の工房を訪ねたときである。以後、毎年夏にJ氏の

写真5－1　J氏建立の石像（1998年建立）

写真5－2　J氏建立の石像（2002年建立）

工房で計五回のインタビューを行った。[*17]そのなかで、J氏が家族やアルバイトの人に声をかける場面もあったが、基本的には対面関係における一対一の対話形式で進められた。なお、本章でインタビューの語りを示す際、読点（、）は息継ぎの箇所、句点（。）は文の切れ目、中黒（・）は一秒間の沈黙、三点リーダー（……）は中略、二重括弧内は語り手の様子をそれぞれ表わしている。

3　J氏によるY氏についての語り（二〇〇八年の語り）

J氏へのインタビューのなかで特徴的だった点として、語りのなかにY氏が登場する回数がきわめて多かったことが挙げられる。それは、J氏が「本願の会」にその発足以前から関わっており、一九九八年からは事務局長を務めているということもあって、筆者による質問が会の発足の経緯や石像製作の活動に向けられていたためでもある。しかし翻って考えると、こうした特徴は、J氏にとっての「本願の会」や石像が、Y氏と深く結びついていることを示唆する。事実、「本願の会」や石像に関する筆者の質問に対し、J氏は必ずと言ってよいほどY氏に言及していた。たとえば、二〇〇八年七月のインタビューで、J氏は、「本願の会」メンバーによる石像製作の活動を方向づけた大きな要因としてY氏の「お地蔵さん像」を挙げ、以下のように語ってくれた。なお、Y氏は、一九九〇年代初頭の水俣湾埋立地の整備活用に対し、「いまのままでは、患者は犬死にじゃ。払った犠牲も、強いられ続けている犠牲も患者がいなくなれば、みんな忘れられてしまう。おどんたちの生きた証しばどげんかして残せんもんじゃろか」と語っており、[*18]埋立地に設置される地蔵は「生きた証し」の具象化にかかわる媒体として捉えられていたと考えられる。

彼のお地蔵さん像っていうのを聞いたときにね、死んだ後まで、要するに、この人はどうのこうのって言われたくないと、その死んだ後はもうやっぱり、無条件で頭を撫でて、あの、ヨシヨシっていう風に、あの、されたいと。だから、その、ま、生きて、いまね、いる人たちのあいだも、……反発しあってるけども、……一緒にやろうよって言って一緒にお地蔵さんをつくるような活動、にしていこうっていうような……一番古い時期からの水俣病の患者、でもあるし、……人と人との関係とかも色々熟知していたし……ここには誰々さんに行ってもらおうとかっていうようなことが、できたのは、Yさんだけなんですよ。……でももう会をスタートさせる時点では、まぁ、簡単に言えば、ほとんど、もう、口もきけない状態。（傍点筆者、以下同様）

Y氏は一九三〇年、精米を生業とする家に生まれた人物である。[*19] 水俣の学校を卒業後、五四年に家業を継いだY氏は、水俣病がまだ「奇病」と呼ばれていた五六年に劇症型水俣病を発症し、学用患者の第一号として熊本大学病院に入院した。その当時、「奇病」は地域の人びとから伝染病としても恐れられたため、精米業は立ちゆかなくなった。Y氏は極貧の生活のなかでやむをえず生活保護を受けたが、そのこともまた地域の人びとの差別を助長する結果となった。J氏の語り中の「どうのこうのって言われたくない」という部分は、これらY氏の経験を背景としていると考えられる。[*20] Y氏は、一九六七年からチッソの子会社で働きつつ、水俣病第一次訴訟の原告として水俣病をめぐる被害者運動を主導した。一九七三年の勝訴判決後、東京のチッソ本社前で座り込みを続けていた被害者グループ「自主交渉派」と合流し、「東京交渉団」の団長としてチッソと七〇日間にわたる交渉を続け、「補償協定」を勝ちとったのである。その後、運動の第一線からは退いたが、第一次訴訟の原告を中心とした「水俣病互助会」の会長をつとめた。J氏が述べているとおり、これら水俣病をめぐる運動を組織してきた

Y氏の経験は、「本願の会」結成にも大きな影響を与えた。一九九四年に出された「本願の書」には、地域、所属する被害者団体、認定患者／未認定患者にかかわらず、実に多様な被害者が名を連ねている。「本願の会」が発足してからわずか半年後、Y氏は多発性脳梗塞で倒れてしまったため、地蔵をみずからの手で製作することはできなかった。その後、Y氏は入院生活を続け、二〇〇二年に水俣の療養施設で亡くなった。

4　石像を介して死者の声を語り直す（二〇〇九年以降の語り）

J氏は二〇〇八年のインタビューにおいて、Y氏による「お地蔵さん像」を「無条件で頭を撫でて、ヨシヨシとされたい」と語っていたが、二〇〇九年八月に行ったインタビューではこの語りに変化が認められた。J氏は、「本願の会」の発足に言及するなかで、次のように語っていたのである。

> Yさんも、このままじゃ自分たちは犬死じゃーとかって、言ってたから、まぁ割とこう苦悶の表情を浮かべたりとか、悲しい表情を浮かべたりだとかしてる羅漢さんをね、彫って置きたいんだと思ったんだけど、……そこはもう発想が全く違ってて、こんだけ世のなかでいじめられてきたんだから、死んでからはかわいがられたいって言って、……でなるったけかわいいお地蔵さんをそこにね、並べて、みんなから頭なでてもらって、ていうのをつくりたいって。

二〇〇八年の語りに対し、ここでは「かわいいお地蔵さん」という語りが追加されていることがわかる。一方、筆者にとって、J氏が一九九八年に建立した一体目の石像は「かわいい」というよりもむしろ苦しそうに見えた。

Y氏が「かわいいお地蔵さん」を置くことを願っていたのだとすれば、「本願の会」による石像製作とY氏の想いの結びつきを強調するJ氏が、苦しそうな表情を彫ったのはなぜなのか。以下に示したのは、上の語りの直後に行われた石像の表情をめぐるやりとりである。

筆者：たしか一体目は・・あの、ちょっと苦しそうな表情をしたお地蔵さんというか。
J氏：Yさんに、似ちゃったんだな。……亡くなっちゃったからねぇ。まぁ、うん、もうちょっと長く生きててほしかったっていうか、もうちょっと長く元気でいてほしかったっていうか・・あの、まぁいろんな意味で、……Yさん、の顔ばっかり見てたから段々段々そうなっちゃった。

ここでJ氏は、「苦しそうな表情」という筆者の語りを受け入れたうえで、その原因をJ氏が石像を製作していた当時のY氏の表情に求めている。Y氏が脳梗塞で倒れたのは一九九五年七月のことであり、J氏による一体目の石像の製作から設置（一九九八年）に至るまでの期間は、Y氏が入院していた時期と重なる。J氏は、「本願の会」の季刊誌に寄せた文章のなかで、「石の硬さが人を寡黙にさせ黙って向き合うことを求めてくる」[*21]、「石を彫り始めて三〇分くらいは、無駄口を叩いていられるが、じき、皆、無口になる。僕はその頃から石と対話を始める」[*22]と書いている。さらに「似ちゃった」、「段々そうなっちゃった」という語りからは、J氏による一体目の石像の製作過程が、石の硬さを通じて、言葉を発することが叶わなくなったY氏の想いと対話する機会であった可能性が浮かび上がる[*23]。

一方、J氏は同インタビューのなかで、石像の風化に伴って「苦しみ」の表情が変化していく点に注意を促し、自身が製作した石像がY氏の望んだものへと変化すると語っていた。なお、このインタビューの時点で、一体目

図５－１　風化に伴うＪ氏の石像の変容

の石像建立（一九九八年）から約一〇年が経過していた。一九九八年に撮影された石像の写真と二〇〇九年に筆者が撮影した写真を比較すると[*24]（図５－１）、後者では、石像の目元や鼻、頬、口元において凹凸部分がいくらか磨滅していることがみてとれる。

Ｊ氏：まぁＹさんはだからその、まぁ、何ていうかな、トータル的に言うと、まぁ・・その、みんなが頭撫でてくれるようなのがいいっていう、ことだったよね。

筆者：はい。

Ｊ氏：でもああやって並んじゃっていると、何彫ったって頭撫でてるよ。……お地蔵さんてのは、そのまぁ多少要するに表情がね、あの、かげりがあろ、あろうとなかろうとまぁ、大概は、その、自然に風化されていくと、あの、穏やかな顔、になってっちゃうの。みたいね。表情が段々段々みてとれなくなってく。出っ張ってるとこしかもう出てこないの。だからまぁ、その、それはそれでいいのかなーとか思う、のよね。

石像の風化をめぐる語りは、翌年に行われた二〇一〇年八月のインタビューへと引き続いてゆく。そこではさらに、地蔵がもつ人と人とをつなぐ働きへと話題が展開した。

J氏：　まぁ苦しいっていうかね、まぁみ、見方によっては苦しいだし、でしょうし、見方によってはなんか、あの、微笑んでんのかもしれないし、わからないけどまぁYさんと、がそうだったからね。お地蔵さんが、まぁ・・出会わしてはくれたからなぁ。

J氏とY氏が実際に出会ったのは、一九八〇年代中頃以降であり、そこに地蔵は介在していない。しかし、ここでは「お地蔵さんが出会わせてくれた」と語られており、論理的には矛盾が認められる。しかし、先述のように、J氏による一体目の石像の製作プロセスが、Y氏の想いと向き合い直す経験であったとするならば、この語りは、J氏が石像を介してY氏と新たに出会ってきたことを示しているのかもしれない。

地蔵がつなぐ縁について語り終えた後、J氏は、Y氏の「お地蔵さん像」に言及しつつ、次のように語っていた。

J氏：　Yさんはもう、煩悩の部分も含めて、水俣病から生きてるうちは解放されないって、言ってるよね。想いのなかに、死んだ後は、っていうのが出てくるのと、やっぱり、生きてるうちはもう、水俣病からの解放、が無くて、死んだ後は、もう、勘弁してほしいなぁっていう・・正直なYさんの想いがあるように思う。

ここには、二〇〇八年、二〇〇九年のインタビュー中の語りに比して、Y氏の生前の無念さや、死後に向けた想いが強調されているだけでなく、Y氏による語りが「水俣病からの解放への願い」というJ氏の言葉で語り直されていることが読みとれる。

それから一年後、二〇一一年八月に行ったインタビューにおいて、J氏は石像の風化だけでなく、石像の周囲に集う子どもたちや生きものに言及していた。二〇〇〇年代は、スポーツ施設や遊具施設の設置など、水俣湾埋立地の公園としての整備がすすめられた時期である。ソフトボール場四面を含む広大な緑地が二〇〇一年に、テニスコートやグラウンドゴルフ場が二〇〇七年にそれぞれ完成していたこともあり、筆者もまた、子ども連れの家族、スポーツに励む少年少女、散歩する人を目にする機会が頻繁にあった。以下は、「本願の会」発足時の意図と現状のズレについての語りである。

J氏：なんでそこにお地蔵さんがあるのっていう違和感を、あの、人びとは持って、その、疑問が、どっかで要するに水俣病を考えていくような、その、きっかけになるかもしれないみたいなことを考えたところもあるんだよね。ところが、お地蔵さんは、あそこの埋立地のなかで、風景の一部として完全にできあがってしまってて、違和感がないみたいな。あの、もう、当たり前になっちゃってるよね。……子どもたちはそのうえを、あの飛び越えて遊んでたりとかするし、平気で鳥は、ねえ。

筆者：糞？

J氏：鳥の糞をいっぱい付けてたりとかして、段々段々こう、いい味にはなってきてる。

この語りの後、「まだ私の歳でもその感覚はわかんないけど」と前置きしたうえで、Y氏の「お地蔵さん像」について次のように語っていた。

J氏：その、まぁ、生きていたその、何ていうかな、ときは、もうホントに人にいじめられて、嫌な思いもいっぱいさせられて、あの辛かったと。だからあの世に行ってまでおんなじ思いはしたかないと。だからもう、その自分が、こうた、携わった、全部彫ったわけじゃないにしたって自分が携わった、あるいは自分に関係するようなお地蔵さんであれば、そのお地蔵さんたちは、その人がみて、あーかわいいって言って頭を撫でてくれる、みたいな存在であってほしいと。だからそれは恨みを引っ張っていかないんですよね、そこまで。現世がこうだったから、その逆に言うと、来世ではかわいがられたいと。……みんなが、その、自分たちを受け入れてくれること。つまり解放されたいのよねえ。ていう願いの裏返しだったの。……かわいがられたいっていうのは、言ってた。げ、現世に対抗してね。

前年までの語りと比べると、ここでは生前／死後の対比が「現世／来世（あの世）」と言い換えられ、「恨みを引っ張っていかない」との語りにみられるように、Y氏の無念さや死後に向けた想いが、「来世」のY氏による恨みの超克や許しとしても捉え直されている。風化に伴う石像の表情の変化や、親水緑地に集う子どもたちや生きものの存在が、「来世」や「水俣病からの解放」をJ氏に想起させた可能性がここに浮かび上がる。

第3節　語りえなさに関与する石像――A氏の事例

1　神が寄りつく渚

A氏（女性）は水俣湾沿岸の明神町で一九五一年、チッソに勤める父親の娘として生まれた。A氏の祖父（一八八六年生まれ）は、もともと芦北町女島の大矢集落で漁をしていたが[*25]、一九三四年頃に家族を連れて「明神崎」と呼ばれる岬に移り住んだのである[*26]。

「明神」という地名は、明神という土着の神がこの地に寄り付いたことで付けられたという（中村 1980: 65）。水俣湾をみおろす明神崎の突端（明神ケ鼻）に祀られている明神は（写真5-3）、元禄三（一六九〇）年頃にはまだ、水俣川上流にある宝川内（ほうかわち）吉花集落の氏神として川渕の岩棚に祀られていた。吉花集落の人びとが作成した解説版によれば、ご神体が木像だったため一夜の豪雨による濁流で流されてしまい、岬の下でご神体を発見したある漁師が明神海岸の岸壁に祀ったという。集落の人びとが連れて帰ろうとするとご神体が急に重くなったため、人びとは「たぶん帰りたくないということだろう」と悟り、この地で祀るようになった[*27]。そして、一九六〇年には岬の地主であった人物から土地が寄贈され、明神の人びととの協働で、海岸の岸壁から眺望のきく岬の台地上に移されたのである[*28]。このとき明神が鎮座するための石祠の設置を記念して、石の台座には石工や協力者たちの名前が刻まれており、そのなかにはA氏の祖父の名前も認められる。

豊かな漁場をめざして水俣湾にやってきたA氏の祖父は、網を買い、丸島や梅戸など近隣の集落から網子を募って、この地でイワシの地曳網の網元を始めていた。イワシの他にも、ボラやコノシロを獲っていたという[*29]。水俣湾は、対岸に浮かぶ恋路島と湾の北側に位置する明神崎によって囲まれた内湾であり、不知火海のなかでもとくに海面が穏やかである。沿岸にはカキやビナなどの貝類がつく岩々や「馬刀潟（マテガタ）」をはじめとする豊かな干潟、山からの養分を含んだ真水が湧く岩の割れ目やくぼみがあった。また、湾内の至る所に漁礁となる瀬や藻場があり、イワシやアジ、タイなどの回遊魚が産卵する、すなわち生命が誕生する場所だったのである。一八八六年生まれの湯堂の漁師によれば、明神の下は「もう網たてかさすりゃ、鰮の廻って来よった所」（岡本編 1978: 250）であり、「魚網はボラでもエノイオでもコノシロでも何でも、入らんもんはなかった」（ibid.: 251）という。

写真 5－3　明神

A氏は明神崎の南側にある生家にいまなお住み続けており、庭には家を抱くように巨大なアコウの木が生えている[*30]（写真 5－4）。A氏が「魚見張りの木」とも呼ぶこの木は、A氏の祖父が、不知火海の海面にイワシの魚影を発見し、網子たちに合図を送るために登っていた木でもあった。このアコウの木から少し降りたところ、A氏の生家がある岬の台地上と浜のあいだの斜面は、けもの道を通って「炊きもん」（薪）をとりにいく「暮らしのなかで使っていた山」であった。そこには、明神崎で最も樹齢の永いアコウが生えており、かつては漁師が航海するための目印としてもつかわれていた。この「山」から少し東に行った海岸地帯の旧地名は「藪佐（ヤブサ）」であり、「神さまが住んでいるところ」と言われていた[*31]。そしてヤブサからこの「山」に抜ける経路は「オオサキウサキ」と呼ばれる「神の通り道」とされ、地元の人びとによってその「入り口」のところにお神酒が捧げられていたという[*32]。

A氏の生家の下は現在では埋立地になっており、眼前には不自然に平らな土地が広がっているが、かつてはアコウの木の脇を抜

写真5－4　A氏の生家の庭にあるアコウの木

け石段で海に降りていくと、砂浜と石垣でつくった簡単な波止場があり、そこにモマンチョと呼ばれる木造の手漕ぎ舟がつながれていた。船着き場の近くには、大きなクスノキが生えており、その下に、釜で湯がいたイワシをバラ（四角い竹の笊）で干す場所があった。[*33] そして、その周りに広がっていた砂浜や磯辺が、A氏の遊び場だったのである。そこにはナベコサギと呼ばれる小魚やカニなどたくさんの生きものがおり、とくにビナやヒザラガイといった貝類と戯れた経験をA氏は活き活きと語ってくれた。A氏は、「貝がいっぱいいたからねぇ、カラス貝とかねぇ。なんかフジツボとかねぇ、へへっ、なんかねぇもう、歩けばほら、ジワジワパッンッとかっていう音がする」、「ゾワゾワゾワゾワーって、音立てて、移動するわけよ」といったように、幼い頃に感じた生命の賑わいを、しばしば「擬音」をつかって表現していた。[*34]

A氏の父（一九一七年生まれ）は、一九四〇年からチッソ水俣工場の工作課に勤めていた。弁当にも刺し身を持っていくほど魚が大好物だったA氏の父は、[*35] 優秀な製缶工であり、建物の鉄骨やタンクをつくる作業やパイプの配管作業に精を出していたという。[*36] ところが一九五四年、水俣病がまだ「奇病」と呼ばれていた時代に発病し、[*37] チッソの附属病院に入院してしまう。A氏が三歳のときのことである。その一年後、症状に快復傾向が認められたので一時退院し自宅療養を始めたが、ふたたび病状が悪化し、A氏が五歳のとき、一九五六年に劇症型水俣病で亡くなった。自宅療養中、家族は刺し身などできるだけ新鮮な魚を食べさせることで回復を祈ったのに対し、家族が信じた魚それ自体がすでに濃厚に汚染されていたのである。

また、この年にはA氏の祖父も発病している。残された母親は四人の子どもを抱えながら生活を支えたが、寝たきりの祖父も九年間の闘病の末一九六六年に亡くなった。A氏は地元の小・中・高を卒業して大阪で就職したが、約一年間勤めた後に水俣に帰郷し、地元で結婚した。被害者運動等に関わることなく水俣病問題については沈黙を続けてきたが、一九九四年開催の地域再生事業イベント「水俣の再生を考える市民の集い」をきっかけに、父や親族の水俣病被害について語り始めた。一九九七年から現在に至るまで、水俣市立水俣病資料館の語り部をつとめ、これまでに過去の体験を幾度も語ってきている。

「本願の会」には結成当初から参加し、一九九七年に一体目の石像を、二〇〇三年に二体目を建立してきている（写真5-5、5-6）。二体の石像はともに人の姿を呈している。しかし、モチーフを詳細にみると、そのあいだに変化を認めることができる。A氏は、自身の「小さいとき」をイメージして「五、六歳の女の子」を一体目に彫ったという。[*38] それは、着物と下駄を身につけ、手を胸のところで合わせた姿である。二体目については「母

写真5-5　A氏建立の石像（1997年10月建立）

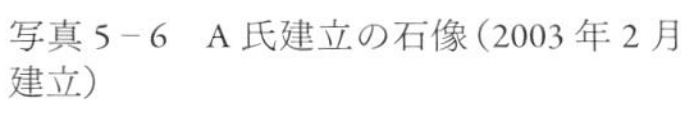

写真5-6　A氏建立の石像（2003年2月建立）

親と私のイメージ」で彫ったと語ってくれた。[*39] 丸顔でおさげ髪の表情から、「小さいとき」のA氏がイメージされたと考えられる。しかし服装は洋装で、母親に抱かれながら、その手をしっかりと握っている。少女の髪型と輪郭は一体目と共通するが、二体目の石像では服装や姿勢がずらされ、しかも新たなモチーフとして「母親」が追加されている。なお、一体目の石像の裏面（東面）の下部には「波」のモチーフが刻み込まれている。

A氏は現在に至るまで、使用済みのビンを再生し、コップや水差し、アクセサリーなどをつくるリグラス工房を主宰してきている。筆者がはじめてA氏と出会ったのは、二〇〇七年八月、A氏の工房を見学に訪れたときであった。それ以降、A氏の工房、水俣湾埋立地、A氏の生家といったさまざまな場所で計六回のインタビューを行った。[*40] また、インタビューはすべて一対一の対話形式で進められた。

2 「五、六歳」の時間がもつ意味（二〇〇八年の語り）

二〇〇八年七月にA氏の工房の一角で行ったインタビューのなかで、A氏は周囲に異変が起き始めた時間を、父親が亡くなった「五、六歳の頃」を基準に語っていた。ここではまず、二〇〇八年のインタビュー記録を検討することで、A氏にとってこの「五、六歳」の時間がもつ意味について考えてみたい。A氏が「五、六歳」であった一九五六年は、水俣病公式確認と言われる年であり、地元にもまだ水俣病という認識がほとんど存在しなかった年でもある。

その水俣病ていうのは、たぶん、私は、ず〜と・・見て、その猫が、狂って死んでいったのも、まぁそれはもう実際に見てるけど、色んなその、変化が起きていくのも見てたし、そして人が亡くなっていくの、も、見てたし、で、その・・だけども五、六歳の、子どもは、その・・人に言う、伝えるだけの力は無かったと思うんですよね。……またそれよりも何よりも、その五、六歳の頃からまぁ父親が病気になったりじいちゃんが病気になったり、ずーっとまわりが、病気になって、亡くなっていったり身体が弱くなっていったりするのがこう、当たり前のように思って育ってきたけど、それをずっと見てたけど、そのー、そのことは人に、とても言えないことだっていうのをその五、六歳ぐらいのときからもう、私はなんか学んだような気が、してたんですよね。

ここで、「五、六歳」という時間は、A氏が異変を人に伝える力をもたなかったと同時に、それを人に言えないこととして学んだ時間として語られている。つまり「五、六歳」という時間は、A氏にとって「当たり前のように思って」きた異変が何か別のものに変わる時間、異変を「人にとても言えないこと」として「学んだ」、境界に位置する時間でもある。

この背景には、まだ水俣病が顕在化する前の「奇病」時代に父親を亡くしたこと、また、そのなかで「奇病」に対する偏見・差別意識など、父親の死に対する周囲の反応を幼いA氏が敏感に感じとっていたことがあると考えられる。[*41] 以下は、「小学校に入ってから耳にした大人たちの言葉」をめぐるエピソードであるが、このときの体験は、以後A氏が水俣病を避けるようになったきっかけとして意味づけられるものである。

五、六歳では不思議っていう風にはあまり思わなかったんですよ私はたぶんね。で、小学校に入ってから、がね。……なんとなくその、おじさんたちとか、大人の人たちとか、が話してる言葉でね。その「あの人の家にはその奇病の人がおらす」とかっていう言葉を聞いて、いくわけですよ。

まぁうち付近の人、うち付近ていうか家の近所の人たちは全部奇病だった。……奇病って呼ばれてる人たちは、その、水俣病の人たちよりも、もう一段階、なんかこう、貧しい人たちっていうか、そんな印象だったですね。……だから小学校ぐらいになってからこれは隠さないとなんかいけない、あんまり人に言われないぞっていうのが自分のなかでずっとあって、その、自分から進んでその、父親のこととかじいちゃんのことを話すっていうのが無くなったですね。

これらの語りは、小学生のA氏のなかで「奇病」と水俣病が区別されるようになっていったということを示唆しており、さらに、「奇病」と水俣病が対置されるだけでなく、「水俣病で死んだ人よりも奇病で死んだうちの方が貧しい」という上下関係として捉えられていたことが、親族やその死について語らなくなっていったA氏に大きな影響を及ぼしていることが注目される。また、上の語りにおいて、「当たり前」（五、六歳より前）に対して「不思議」（小学生以降）という言葉が使われていることが注目されるが、これは、A氏によって「日常」／「非日常」の区別にも言い換えられており、「奇病」と水俣病の区別をめぐるA氏の認識や、「五、六歳」や「小学生」という時間の境界性を理解するうえで重要な意味をもっていると考えられる。

その、隣近所とか親戚とかもう、おんなじような病気になっていくし、猫もおんなじような病気になっていくし。・・異変が起きたって言われるけど私たち子どもにとっては、その、非日常じゃなくて日常のこと、だったですよね。

これらの語りに見られる「当たり前」／「不思議」、「日常」／「非日常」の区別は、親族やその死について語らなくなっていったA氏の「小学生」以降の経験に基づいているものと考えられる。とくにA氏が高校に通っていた時期は、一九六八年の政府による公害認定、六九年の第一次訴訟提訴などによって水俣病への全国的な関心が高まり始めた時期でもある。A氏のなかで「奇病」と区別されていた水俣病は、全国的な関心が注がれていくことによって、「非日常」、「不思議」という言葉とともに、A氏の抱えた「日常的」な奇病の経験からより強い区別を伴って認識されるようになっていったものと考えられる。A氏は、就職した一九七〇年頃を「一番嫌な時期」としてふり返り、「テレビ、でそういった水俣病の場面が映ると、もう避けてましたね、もうその場にはいないっていう、ようなことをしてたと思います」と語っているが、このエピソードは、一九七〇年当時においても、A氏のなかで奇病／水俣病の区別が保持され続けていたことを示唆しており、その区別が強まっていったことが「一番嫌な時期」という語りに表れている。

そんなA氏に転機が訪れたのは、一九九〇年代初頭、『水俣の啓示』という一冊の本との出会いであった。『水俣の啓示』とは、一九八三年に出版された本で、歴史学者の色川大吉を団長とする学際的研究グループによる現地調査の報告書である。A氏がとくに影響を受けたという「不知火海民衆史」という論考は、チッソが水俣病の原因の特定（一九五九年）後も学者とともに反論を繰り返し、会社内部の人間にまで圧力をかけてきたこと、高度成長を背景としたチッソ擁護の国策によって国も地元への適切な情報提供を行ってこなかったこと、これらの要因によって「奇病」をめぐる差別など現地に生じた混乱は黙殺され続けてきたことに言及している（色川 1983）。こうした知識によって、「五、六歳」頃からA氏が経験してきた異変は、「水俣病」として理解されるようになったという。

自分がそれこそ小さい時から見てきて育ってきた異変、猫が死ぬとか、いうのが、あれは水俣病だったっていうのをそのときにわかったんですよね。

また、そこで得た知識は、父親の死の意味を大きく変化させることになったという。以下は、一九九六年の「水俣・東京展」で父親の遺影展示を強く希望したA氏の心情についての語りである。

原因も知らないまんまに亡くなってるじゃないですか。でー、それこそその、奇病だ水俣病だっていう汚名を着せられたまんまっていうか、で、何の為す術もなく亡くなってるって、思った時にね。その、本、『水俣の啓示』を読んだ時も、やっぱり父親のことが一番頭にこう、残ったんですよね。やっぱり、あ、こんなことをチッソは、チッソていうか国も知ってながら、うーん、何の手立てもこう、してなかったっていうのを思った時に、やっぱり父がこのことを知ったらどんなことを考えたろかねっていうのを、思い始めたんですよね。そしたらねもう涙が出て、夜中にもう、その本を読んでる時に、涙が出てね、止まらないわけですよ。で目が覚めると、やっぱりもう一回その本を開けてみたりとかして。……そんなことを考えた時に、父親が生きてればどんなことを思ったろかっていうのを思い始めたんですよ。だから、やっぱりだけどきちんとしたこう、原因が、突き止めたかったろうなって。やっぱ決着はしたかったろうなって思った時に、その父親の存在をやっぱり出してあげたいなって思ったんですよね。で、遺影を・・・あの・・で語らせるっていうか、父親にやっぱり語らせてあげたいち思ったん、ですね。

この語りは、社会的認識レベルでの「奇病」＝水俣病と、父親の「奇病」＝水俣病というA氏の認識に時期差があったということを示唆している。そして、父親が生きていたならば決着をつけていたはずだとする語りからは、もっと早くに父親の「奇病」＝水俣病に気づいていたならば、水俣病を語り始めていたというA氏の強い想いが読みとれる。こうして、「奇病」＝水俣病というA氏の認識に伴う、父親の死への意味付けの変化は、A氏が語り始める強い動機にもなっていったという。

父親が生きてたならばたぶん、闘いもしただろうなっていうのがあって、もう思い始め、たときにこう、やっと、父親から背中を押されて水俣病のことを語り始めたっていうのがきっかけかな。

A氏が、自身の水俣病を語り始めて数年後の一九九七年に建立した一体目の石像は、「五、六歳の女の子」、「私の小さい時のイメージ」で彫ったものとして語られるが、A氏が語り続けていくうえでの指針としての意味がこの石像に付与されていることが注目される。

あたしはほら、四〇年近く、ま水俣病のことを避けてきてたからねぇ、人に言いたくないって思ってたから、まぁもっとその、小さい時から見て、体験したこと・・だったんだけど、早くに、もう少し早くに声を出す、っていうことができたならばね、水俣病っていうのも、亡くなったり、被害がね、広がったりってするのも少なくて済んだんじゃなかったろうかな、っていうのをやっぱ思ってるんですよ。

あの、もうね、その自分が内緒にていうか、あの・・してたこと、言ってはいけないと思ってたことを、言っていいんだよって、みんなに伝えてあげていいんだよっていうような思い。

しかし、先の語りに見てきたとおり、実際に沈黙を学んだのは「大人たちの言葉」を耳にした「小学生」時代にもかかわらず、A氏はなぜ沈黙の出発点を「五、六歳の女の子」に求めているのだろうか。ここで、「四〇年近く」の沈黙の時間が「五、六歳」に接続される理由を考えていく必要がある。

まず、少女の石像が、着物に下駄のモチーフで彫られていることに注目していきたいが、これらのモチーフは、埋め立てられる以前に「遊び場」であった海、下駄をはいたまま、家のすぐ下の砂場で遊んだ思い出のエピソードとともに語られた。

あそこはね、かろうじて、まだ海だった頃はね、砂があった、砂場だったんですよ、少し。で、私たちの遊び場でもあったわけ、その、ね、波子ちゃんたちの。あははは。で、前はね、靴は履いてなかったのよね。あの、下駄とかね、ぞうりとかね、もう普通にホントにね、海に行くっていうて、いまほらなんかビーチサンダルとかっていう、感覚があるけど、私たちはほら、家の庭で遊びながらそのまま下に降りていくから、下駄を履いたまんま、下に海に降りて行くんですよ。

A氏にとっての「五、六歳」の時間とは、「奇病」時代の辛く苦しい経験に向かい始める境界の時間であると同時に、幼いころから続く「遊び」の時間でもあり、「日常」や「当たり前」といった言葉で捉えられる時間でもある。また、「母親と私のイメージ」で彫ったと語られる二体目の石像においても、モチーフに見られるA氏は、一体目の石像と同様の髪型や輪郭をしており、やはり「五、六歳」であると考えられるが、この石像についてもA氏は、水俣病以前の「遊び」の記憶と、水俣病の記憶とを結びつけながら語っていた。

まぁー、母親が大変だったですよね。私をだけど一番・・・何ていうかな。父親がいな・・くて、私・・が一番心残りで、父親がもう・・・逝ったからですね。だから、どこに行くにも私は母親・・に連れられて行ってたし。まぁ話し相手にも一番なっ、たぶんなってたのかなって思う、思いますね。・・で、あの・・ふっ、よくねあの、お地蔵さんを彫っている場所で、私たちは泳いでたんですよ。親子で。はっはははは。親子で泳いでたっていうか、暑いから、要するに。へっへへへ。あのー、もう、いまぐらいになって、もう日が沈んだぐらいになってから泳いでたんですよ。だからそんなのを思い出したりとかしてね。そぃで、母子。

ここでもう一度、「五、六歳」のA氏が「学んだ」こととは何か、という問いに立ち返ってみたい。それは、身近な海での「遊び」や親族の発病、父親の死などA氏にとって根源的な意味をもつ経験が、差別意識のなかで、当たり前／奇病という区別によって切り分けられていくことへの気づきではなかっただろうか。その後、奇病／水俣病、日常／非日常を区別する認識ができあがっていく過程で、四〇年近くの沈黙へと入っていったが、身の周りに生じた「奇病」の経験を水俣病と認識し、水俣病を語り始めたA氏は、石像を通して「五、六歳」の自分をもう一度見つめ直すことで、水俣病以前の記憶と、水俣病の記憶を取り結ぼうとしてきたのだと考えられる。

次に、A氏が建立した二体の石像と語りの実践の通時的な関係を把握するために、一九九四年の地域再生事業イベントでA氏が初めて沈黙を破ったときの語りと、二〇〇八年のインタビューの語りを比較することにしたい。

3　言語化を促す触媒としての石像（一九九四～二〇〇八年）

二〇〇八年のインタビューにおいて、A氏は、一九九六年開催の「水俣・東京展」で父親の遺影展示を強く希望し、会場で公開したときの記憶を次のように語っていた。

> その、本、『水俣の啓示』を読んだ時も、やっぱり父親のことが一番頭にこう、残ったんですよね。やっぱり、あ、こんなことをチッソは、チッソていうか国も知ってながら、うーん、何の手立てもこう、してなかったっていうのを思った時に、やっぱり父がこのことを知ったらどんなことを考えたろかねっていうのを、思い始めたんですよね。……そんなことを考えた時に、父親が生きてればどんなことを思ったろかっていうのを思い始めたんですよ。だから、やっぱりだけどきちんとしたこう、原因が、突き止めたかったろうなって。やっぱ決着はしたかったろうなって思った時に、その父親の存在をやっぱり出してあげたいなって思ったんですよね。で、遺影を・・・あの・・で語らせるっていうか、父親にやっぱり語らせてあげたいち思ったん、ですね。

一方、A氏が地域再生事業のイベント（一九九四年）で自身の経験を語ったときの映像記録をみると、この語りときわめて類似した内容が認められる。[*42]

> その、本（『水俣の啓示』）を読んでいるうちに、……色んな、国との関わり合いとか、政治的な力とかっていうのが、働いてたっていうのを、私は全然知りませんでした。また知ろうともしませんでした。……そう

思い始めますと・・私の父が死んだこととかが、頭に、浮かびまして、夜中に、起きても、なんか涙が止まらないんですね。・・・・あこんなことで、父は死ななきゃ、死ななきゃいけなかったのかって《泣きながら》・・何にも知らずに・・亡くなった父のことを思ったりすると・・悔しい思いもするし・・なんとかどうにか自分にできることはないかなっていうようなことも・・思うようになりました。

『水俣の啓示』との出会いを契機として、父親のことに想いをめぐらせるようになったという筋立ては筆者が採録した内容（二〇〇八年）と共通するが、この語りにおいては、沈黙を伴いながら涙とともにたどたどしく語られている点が特徴的である。

たしかに先に見た二〇〇八年の語りは、A氏の勤務先の一角で対面関係にある筆者に向けられたものであり、一九九四年の語りは水俣市文化会館に詰めかけた約五〇〇人の聴衆に向けられていた。しかし、語りの場がまったく異なるにもかかわらず、類似した内容が語られている点は注目に値する。というのは、この背景には語りの文書化があると考えられるからである。A氏は一九九四年のイベントに向けて原稿を準備していた。さらには、A氏が講演を行った地域再生事業イベントの報告書が九五年に出版されたのである（環境創造みなまた実行委員会 1995b）。自身の経験を反芻しながら紙に書き記す経験や、語った内容が本として出版されることで、一九九四年の語りは、A氏が水俣病を語るうえでの一つの参照枠となってきたと考えられる。[*43]

父親をめぐる一九九四年の語りと二〇〇八年の語りのあいだには、その語り口だけでなく、内容にも違いが認められる。前者では父親の喪失が前景化されているのに対し、後者では「父親がこのことを知ったら」、「父親が生きてれば」と語られたうえで、父親は声を発する存在として捉え直されているのである。[*44]

一九九四年の地域再生事業イベントから二〇〇八年に筆者によってインタビューが行われるまでの間、A氏は二体の石像を建立している。A氏は一九九六年九月開催の「水俣・東京展」で父親の遺影を公開し、それから約一年後の九七年一〇月に幼少期の自己をモデルとする着物姿の少女の石像を建立した。その製作期間が約一年間であったことを踏まえると、[*45]この石像は父親の存在を強く意識しながら製作されたと推測できる。A氏はその製作中、RKK熊本放送によるインタビューのなかで、「どういったことを、この五歳ぐらいの女の子は見とったんだろうかっていうような、ことをもう一回、見てみたいなと思って・・感じてみたいなと思ってですね」と石像のモチーフを説明しており、[*46]父親が亡くなったときの年齢に立ち戻り、その記憶を捉え直そうと試みていることがうかがえる。さらに、調査の過程で、①A氏はかつて下駄を履くことはあっても着物は身につけていなかったこと、②A氏は父親がチッソ附属病院に入院していた当時の写真を大事にアルバムに収めており、[*47]そこにはA氏の母およびA氏を含む三姉妹とともに、着物姿の父親が写っていることがわかってきた。[*48]それゆえ、一体目の石像に表わされた少女の服装は、A氏に父親を想起させるモチーフであると考えられる。着物をまとった幼少期の自己を石に彫り、そして設置された石像を水俣湾埋立地で目にする経験は、語ることのできなかった幼少期の自己だけでなく、父親の記憶を客体化する機会をA氏に提供してきた可能性がある。いったんつくられた石像は、水俣湾埋立地の景観の一部となることで、A氏がかつての自己や父親と向かい合うことを可能にし、その言語化を促す触媒として作用してきたのではないだろうか。

一方、二〇〇八年のインタビューでは、幼少期の母親の記憶についても語られた。それは父親をめぐる語りとは対照的で、録音された語りを繰り返し聴くうちに、息継ぎの不自然なタイミング、主語・述語の転倒、そして沈黙が特徴として浮かび上がってきた。以下は、A氏による母子像（二〇〇三年建立）のモチーフについての語りであり、主語・述語の転倒を圏点（…）で表現すると次のようになる。

まぁー、母親が大変だったですよね。私をだけど一番・・・何ていうかな、父親がいな・・・くて、私・・が一番心残りで、父親がもう・・・逝ったからですね。だから、どこに行くにも私は母親・・に連れられて行ってたし。まぁ話し相手にも一番なっ、たぶんなってたのかなって思う、思いますね。

母子像が建立されたのは、この語りから五年ほど遡った二〇〇三年のことである。この先後関係は、言語によって筋立てて表現できないその心情が、二〇〇三年にはすでに石像というモノで表現されていたことを示唆する。次に、語りえなさと石像の関係についてより詳細に検討するために、二〇〇九年八月に水俣湾埋立地で石像をめぐりながら行ったインタビューについて見ていく。

4　語りえない心情を想起させる石像（二〇〇九年の語り）

二〇〇九年のインタビューは八月二二日の一六～一八時頃にかけて行われた。明神崎の突端に立つ神（明神）の前で待ち合わせをし、岬から降りていったところにある明神海岸で二四分間程度海の生きものたちを観察したうえで、「本願の会」による石像が立つ親水緑地に移動した。親水緑地ではA氏が建立した一体目の石像の前で六分間程度、二体目の石像の前で二二分間程度立ち止まり、お話を伺った。なお、このルートはA氏の案内によるものである。

このルートが示唆する主題は、海際の生きものたちの賑わいから、奪われた海への移動であり、しかもそれが不知火海で起きた出来事を見つめ続けてきた神のところから出発している点は興味深い。A氏は明神海岸で「何種類の生きものがいるかねぇ。このなかにねぇ」と語り、たくさんの生きものに注意を促したうえで、埋立地に着いた後、「もっともっとこう、海で遊べるっていうか……私たちは無くなってしまった。奪われてしまった」と語っていた。なお、石像の観察を進めるなかで、天候あるいは一日のなかでの時間帯の違いによって、石像の見え方が変化することがわかってきた。石像は海際に西（海）を向くように設置されているため、晴れの日であれば、夕刻になると西日に照らされることで暖色となり、その表情を変化させる。水俣湾埋立地でインタビューが行われた八月二二日は晴れの日で、日の入りは一八時五五分であり、母子像の前で立ち止まっていたのは、一七時二〇分〜一七時四〇分頃のことである。

本章との関連で示唆的だったのは、母子像を前にした際のA氏の語りである。というのは、水俣湾埋立地以外で行われた二〇〇七〜一三年のインタビューや、インフォーマルな会話中の語りとは異なる特徴が認められたからである。そこでは第一に、幼少期の母親の記憶が、複数回の言い淀みや沈黙、主語・述語の転倒を伴いながら二〇〇八年よりもたどたどしく語られた。以下は、A氏による母子像についての語りの一部である。

何てかな・・ずっとあたし、は、・・父親が亡くなって爺ちゃんが亡くなって・・ていうか、したときに、母親・・・が、母親をたよりにして、きてたし、けど、その、母親も・・わたしたち・・私を頼りにしてたっていうか、はは、なんかね、そんなのがあったんでね……一回だけね、母親も、……ほんとそのときはきつかっ、たんだったと思うけど、たしか、あんとき風邪かなんか引いて寝込んでるときだったと、思う、んだけどね。えー、そのときの心はほら、当然はたらかんといかんからね、母親はね、建設現場の方にいったりとかして、はは、働いて、ずっと育ててきてくれた、だったけど・・、……魚とり、に行ったりして、そのときに、でそのわたしが、魚とりに行ったりして、いるときは、やっぱり何日かほらかえっ、泊まり込みで行かないといけないときもある、ったのよね。私が病気のとき、は、そのとき帰ってきてくれてた、と思うけど、そのときに一回だけね、あの、「死のうか」って言ったときがあった。はは、だからなんかやっぱり、よっぽど、きつかったん、だろうねぇ。

第二に、語りの内容にも変化が認められた。以下に示すのは、一体目の石像建立時から二体目の石像を彫るまでのA氏の心情の変化についての語りである。

筆者：これは、あっちを彫られたときから・・・また、何か、変化というか・・・

A氏：そうね、あれね、むこうを彫ったときはほら、自分がやっぱ小さいとき、に、・・ずっと・・見てきてた水俣病の、こととか・・あったのに、なにも・・おし、教えてもらえなかったっていうか、言えなかったと思ってずっと・・あの・・きてたなっていうのがあって。

二〇〇八年のインタビューでは「人に言えないこととして学んだ」経験に求められていた沈黙の理由が、ここでは「教えてもらえなかった」こととして語られるという変化がみてとれる。

第三に、父親をめぐる語りの口調にも変化が現われた。

こう、父親が一番こう・・・・心配してる・・・家族のこと、も心配していたけど、自分のやりたいことも、結局、中途半端、なんだろうからねぇ。自分のことも、いろんな、気持ちが、残したまんま・・・。

二〇〇八年の語りに比して、ここでは沈黙が長く、主語・述語の転倒を伴うという語り口の変化がみてとれる。

写真５−７　水俣湾埋立地から眺めた恋路島

これらの三つの特徴が示唆するのは、A氏によって建立された母子像が、言語化しえない心情を想起させる媒体として働いてきている可能性である。先にみた過去の客体化を促す作用とは異なり、ここでは予期せぬ語りを誘発し、既存の物語の筋立てを混乱させている。

5　周囲の景観と複合的に作用する石像（二〇〇九年以降の語り）

二〇〇九年のインタビューの帰り際、A氏は石像の視線の先にある恋路島を眺めながら、次のように語っていた（写真５−７）。

だけどあれだね、自然ってホントに強いっていうかねぇ。あんだけやっぱり、生きものがいっぱいこう、生まれるっていうのがすごいよねぇ。あんな・・あんな、はははははは。私はその恋路島ってね、やっぱり偉いなっち思った。小さい島だけどね、あの・・ほったらかしにしてあるから、いっぱいほ

写真5－8　波のモチーフ

ら、木の葉とか腐葉土がいっぱいあるじゃない？　だからね、やっぱり、栄養が豊かなのよ。・・・あの島でやっぱり、なんていうかな、甦るっていうか、生きてくんじゃないかなって、なんかそんな気がする・・・。

この語りは、石像が周囲の景観と複合的に作用することで、A氏にある種の未来を想起させる効果をもちうることを示唆する。この点を考えるうえで興味深いのは、A氏による一九九七年建立の石像に彫り込まれた「波」のモチーフである（写真5－8）。なお、一九九七年は、熊本県知事によって水俣湾内の魚介類の「安全宣言」が出され、汚染魚の拡散防止のため七四年から湾口に設置されていた仕切網が撤去された年でもあった。この年、約二四年ぶりに湾内での漁が再開されたのである。二〇〇九年のインタビューのなかで、A氏は海を向いた少女の姿の裏側の面に注意を促し、「波模様も彫ってあるんですよ」と語った後、この石像を「波子ちゃん」と呼んでいることを教えてくれた。「波」のモチーフは何らかの歴史語りに結びつくことはなかったが、二〇一〇～一三年に筆者が行ったインタビューの記録を読み直すうちに、A氏による「波」の語りが、埋め立てられる前の海のイメージと密接に結びついていることが見えてきた。以下は、それぞれ二〇一〇年九月と二〇一一年八月にA氏の生家で行ったインタビュー中の語りである。

そこの、下の、海に、大きな船がね、浮かんでる夢よ。で波がざぶんざぶん来てるから、あー、また、やっぱここは海だったねって。……でね、不思議とその、夢に出てくる、ときは、家も昔の、家だけど、その、風景も昔の風景なんですよ。……だから、あーまだここは、海だったねーって、いう夢を見ますね。埋立地になってからの夢って、あんまり見たことないね。私にはやっぱだから海にしか、ねぇ、見えないのあそこは、はは、ははははっ、どうしてもね。

夢のなかはかならず、昔の、海の、姿なのよ。それでね、あーここはこんな風景やったねって思い出す。……あの、船が泊まったりする、のもあるし、波が来てるのも、見ることが、あるし。

ここで「波」は、水俣湾埋立地がまだ海であることをA氏に喚起するイメージとして捉えられている。二〇一一年のインタビューでは、一九九四年から現在に至るまで水俣湾埋立地で毎年行われてきた祈りの行事、「火のまつり」(第3章第5節を参照)に関して筆者がいくつかの質問を投げかけた。A氏はその開始当初から参加してきている経験をもとに、次のように語っていた。

昔その水俣病があって、いまはこんなに海がきれいになりましたっていうのもそうだけども、だけど、やっぱりここは、まだ命が残ってるとこだっ、そのもういま、なくな、全部すべてが無くなってしまってるわけじゃないからねぇ。そこに残ったまんま、まだ、あるからねぇ。そのことをやっぱりこう、しま、知らしめる、儀式みたいなのは、必要じゃないかなーと思ってるんだけど、だこれ、うん、怖いところがねやっぱり、無いとダメよ人間は、……もう、みんな、ここはきれいになったからもう、っていうん、のとはまた違うもんね。人間が、踏み入れ、ちゃいかんとこっていうか、そういうのはやっぱり、あるよねぇ。うん。やっぱり、井戸の夢を、ね井川の夢をみたり、するのも、こないだも、そこまでね、海の水が上がってきとったのよ。[*49]

この語りでは、海だけでなく命も「まだ残ってる」とされたうえで、そのような命への畏れを、「もうない」世界を生きる人びとに伝えていくことの必要性が訴えられている。石像に刻まれた「波」のモチーフや「波子ちゃん」という呼称は、「もうない」と「まだある」という二つの世界の架橋を試みる媒介者としてのA氏の自己意識に関わっている可能性がある。そして、石像の視線の先の恋路島に託された「甦り」のイメージは、波を含めた自然の営力がA氏に喚起し続ける命の存在に、人びとが気づいてゆくことへの願いと読み換えられるかもしれない。

ここでもう一度、二〇〇九年のインタビューにおいて、A氏がなぜ埋立地という場所と一六時〜一八時という時間帯を選んだのかという点について考えてみたい。自然の産物である明神海岸には、かつてほどでは無いにしても多くの生きものがいまなお生きており、生命の賑わいが「まだある」。これに対し、人工陸地である水俣湾埋立地が喚起するのは、人間の都合で生命が誕生する場所・賑わう場所が潰されてしまったこと、すなわち「もうない」という事態である。それでもなお、渚に寄りついた神である明神は不知火海で起こったことを静かに見つめてきたし、埋立地の海際には、多くの生命が封じ込められた土地の上で、西日にあたる五二体の石像たちが不知火海を見つめ続けている。石像たちの視線の先には豊かな自然を残す恋路島が浮かんでおり、夕日はいつものように恋路島の背景をなす天草の島々の奥に徐々に沈んでゆく。そこに浮かび上がるのは、「もうない」と「まだある」といったかたちで単純に二分できない複雑な現実である。A氏は、このような体験を通じて、自身が生きている／生きようとしている世界を筆者に垣間見せてくれたのかもしれない。

第4節　石像のマテリアリティ

本章では、水俣湾埋立地に立つ石像のモノとしての性質が、「本願の会」のメンバーの記憶のあり方にどのような影響を及ぼしてきているかということについて検討してきた。水俣への移住者J氏の事例では、二〇〇八～二〇一一年にかけてインタビューを重ねるなかで、J氏にとっての「本願の会」や石像が、同会の初代会長をつとめたY氏と深く結びついていることがみえてきた。「本願の会」や石像に関する筆者の質問に対し、J氏は必ずと言ってよいほどY氏に言及していたのである。J氏が建立した石像は、地蔵のモチーフを基調としつつも、その表情においてズラシが認められた。この石像は、Y氏が脳梗塞のため入院していた時期に製作されたものであり、そのプロセスはJ氏にとって、石を通じてY氏と対話する機会であったことが推測できた。筆者が石像の「苦しそうな表情」について質問を投げかけると、J氏は「Yさんに似ちゃった」と語っていたのである。それゆえ、J氏による石像製作は、対話という側面をもつだけでなく、Y氏という当事者の身体のあり方を石に再演することを通して、水俣病という出来事を内的に経験し直すプロセスだったのかもしれない（cf. 菅原 2000）。Y氏が二〇〇二年に亡くなってから約七年後、二〇〇九年以降の語りには、風化に伴う石像の表情の変化や、石像の周囲に集う子どもたちや生きものの存在によって、J氏に新たな意識が喚起されている様子がみてとれた。二〇一〇年以降のJ氏は、Y氏による「お地蔵さん像」を「水俣病からの解放への願い」という自分の言葉で語り直しつつ、Y氏の想いを「来世」との関連で捉え直していたのである。

次に、水俣病問題について長年沈黙を続けてきた被害者遺族A氏が建立した二体の石像と語りの実践の通時的な関係に着目した。A氏は幼少期の自己をモデルとする着物姿の少女の石像を一九九七年に、母親に抱かれた洋装の少女の石像を二〇〇三年にそれぞれ建立してきている。ただし、幼い頃のA氏が実際に着物を身につけていたわけではない。調査の過程で、A氏にとっての着物は、水俣病を発症し入院中だった頃の父親の記憶と密接に結びついたモチーフであることがわかってきた。一九九四年の地域再生事業イベントで初めて沈黙をやぶったときの語りと、筆者による二〇〇八年のインタビュー中の父親の語りを比較したところ、きわめて類似した内容が語られる一方で、後者には沈黙が少なく、よどみなく語られるという語り口の変化が認められた。さらに後者の語りでは、父親は声を発する存在として捉え直されていた。それゆえ、A氏による一体目の石像の製作から設置に至るプロセス、そして一九九七年以降、この石像を水俣湾埋立地で目にする経験は、幼少期の自己だけでなく、父親の記憶を客体化する機会をA氏に提供し、その言語化を促す触媒として作用してきたと考えられる。

一方、筆者が行った二〇〇八年のインタビューでは、幼少期の母親の記憶は長い沈黙や主語・述語の転倒を伴いながらたどたどしく語られていた。このことは、言語によっては筋立てることが困難な想いが、二〇〇三年にはモノとしての石像に先行的に表現されていたことを示唆する。そこで、語りえなさと石像の関係について理解を深めるために、語りの現場としての石像に着目した。水俣湾埋立地で行った二〇〇九年のインタビューでは、とくに母子像を前にしたA氏の語りに顕著な変化が現れた。そこでは水俣湾埋立地以外の場所で行われた二〇〇七～一三年のインタビューや、インフォーマルな会話中の語りとは異なる特徴が認められたのである。すなわち二〇〇八年よりもたどたどしい口調で幼少期の母親の記憶が語られただけでなく、父親をめぐる語りが長い沈黙や主語・述語の転倒を伴いながら語られた。これらの点から、A氏によって建立された母子像が、言語化しえない心情を想起させる媒体として作用してきている可能性を指摘した。過去の客体化を促す作用とは異なり、ここでは石像が予期せぬ語りを誘発し、既存の物語の筋立てを混乱させている。先述のように、石像が言語によって筋立てることが困難な想いとその客体化の作業をとり結ぶ触媒であるとすれば、石像とA氏の語りの関係は相互補完的であると言える。しかし、水俣湾埋立地で石像を前にする経験が、言語化しえない心情をも想起させるのだとすれば、石像とA氏のあいだには、相互に働きかけ合うことによって変容し続ける弁証法的な関係性を想定することができる。二〇〇九年のインタビューからは、さらに、石像が周囲の景観と複合的に作用することによって、A氏にある種の未来を予期させることがみてとれた。

以上の考察から次の結論を引き出すことができる。第一に、石像の持続性は、一回性を特徴とする語りを方向づける働きをもつ点が挙げられる。J氏によるY氏についての語りの変化や、A氏による父親をめぐる語りの変化に見てきたように、石像は存在し続けることで、すでに亡くなってしまった死者や幼少期のはかない記憶の言語化を促し、想起のあり方を変容させていく。一方で、A氏による母子像のように、語りの現場としての石像は、言語化しえない心情を新たに想起させていく可能性も秘めている。第二に、J氏の事例に顕著であったように、風化による石像の変化は、石像と結びつけられたイメージの変容を導く場合がある。石像の表情の変化は、J氏に死者のあり方を新しくイメージさせていくことにつながっていた。第三に、水俣湾埋立地の景観と複合的に作用するという石像の特性は、過去の経験だけでなく、ある種の未来を想起させる効果をもつ。J氏は石像の周囲に集う子どもたちや生きものの存在を意識しつつ、Y氏の「来世における水俣病からの解放」を語り始めていた。一方、A氏は石像の視線の先にある恋路島に「甦り」のイメージを託し、自然の営力がA氏に喚起し続ける命の存在に、人びとが気づいてゆくことを希求していた。これら水俣湾埋立地に立つ石像のあり方は、「本願の会」メンバーの過去－現在－未来を新たにとり結ぶ触媒として、彼／彼女らの現実（realities）をダイナミックに構成し続けてきているのではないだろうか。

終章

第1節　「響き合うモノと語り」の分析

本書では、「本願の会」の活動を中心に、水俣病経験が想起され、その記憶が紡がれていくありようを歴史人類学の視点から明らかにしてきた。

第1章では、水俣の近代化過程をひも解くとともに、水俣病が顕在化する以前の水俣研究が、それ以後にどう読み直されてきたのかを明らかにした。その結果、①水俣病が顕在化した一九五六年以前の水俣研究のなかでも、学校教育の関係者によって編纂された郷土誌においては、水俣の名士である深水家の歴史を中心とした明治以前までの郷土の歴史性が重視されていたこと、②一九五六〜七三年までの水俣研究は、水俣病の訴訟支援を目的としていたことを背景に、企業・行政といった加害者 vs 被害者という対抗的図式を前提とし、その実態解明を重視していたこと、③一九七三〜九〇年までの時期には、「不知火海総合学術調査団」による大規模な学際的研究によって、水俣病が顕在化する以前の水俣研究の意義が見直され、上記の対抗的図式が相対化され始めた一方で、近代社会と被害者、あるいは近代と伝統という新たな対置が認められたことを見出した。そのうえで、一九九〇年以降の水俣研究では、伝統／近代といった二分法的図式が見直され、歴史構築の領域に関心が広がってきたことを踏まえつつ、モノや景観がもつ歴史構築のための媒体性がいまだ十分に議論されていないことを示した。特に、水俣の人びとが生きる生活世界の景観は一九七七年以降の水俣湾内の埋め立てなどによって、目に見える形で変化してきており、「水俣」の歴史構築を景観の更新と絡めて考え直す必要性を指摘した。

そこで第2章では、水俣湾埋立地の景観形成過程に着目した。埋立地の整備・活用をめぐって諸団体が作成した要求・抗議文書の内容分析から、水俣病問題を収束させようとする政治的状況に対して、被害者たちが制度的「救済」では癒えなかった心情を表現するための場として埋立地そのものを捉え直してきたことが明らかとなった。「本願の会」の人びとも、その経緯のなかで折々に石を刻み、石像を設置してきたことは間違いない。しかし、それらの石像はたんなる水俣病被害の政治的な表象ではない。石彫りの過程についての記述からは、人間の経験や行為がモノに向かうだけでなく、モノによって新たな経験や行為が導かれる、すなわち「つくり手」であるはずの製作者が「受け手」としての側面を有していることが示された。

第3章では、既存のモノが次なるモノを生み出す行為にいかに作用するかという観点から、「本願の会」による石像五二体の形態と空間配置の経時的変化を分析した。石像のなかには、地蔵や恵比寿といった一般的な神仏として定義できる事例ばかりでなく、表情や持ち物、手の形を神仏像の一般的特徴から個々人の想いと関連するかたちにズラシた事例が多く存在する。これら形態のズラシや多様化は一挙に生じたわけではなく、「地蔵」を起点としつつ徐々に進行してきた。さらに、初出の形態の石像はどこか遠慮がちに分布範囲の脇に配置される傾向から、石像の設置による景観の更新に際して、既存の石像との関係性が意識されてきたことがうかがえた。「本願の会」による石像は、型の決まった神仏像の再生産ではなく、メンバー間の（ときにモノを介在させた）対話を通じて生み出されてきたモノとして位置づける必要がある。設置された石像は埋立地景観の一部となることで、製作者本人に、そしてその他の製作者に対しても新たな行為の可能性を提供し続けるのである。

これら石像の更新性と持続性が具体的な水俣病経験の想起にどのように作用してきたかをみるために、第4章と第5章では、「本願の会」に属する三名のメンバーによって時どきに発せられた語りの資料や、二〇〇六年から足掛け一〇年にわたるフィールドワークのなかで聴きとった語りの記録を、その各人が製作してきた複数の石像とともに時系列のなかに整理した。まず第4章では、「本願の会」結成の大きな原動力となったO氏（男性）のライフヒストリーを事例に、モノを媒介とする水俣病経験の語り直しのプロセスについて考察した。同氏は幼少期に父親を劇症型水俣病で亡くした経験から、その「かたき討ち」を胸に一九七〇〜八〇年代の水俣病をめぐる運動を指導してきた一方で、「仕組みのなかの水俣病」に限界を感じ、一九八五年に運動を離脱した人物である。とくに、O氏の語りが、「父親のかたき討ち」から、すべての生きものへの謝罪に転換・拡張し、「胎児」・「オタマジャクシ」をかたどった石像の建立後に、彼が失われたものたちの視点から水俣病の物語を紡ぎ始めたことは特徴的であった。O氏の語りと石像の連鎖的で継起的な関係から浮かび上がったのは、主体としての人と客体としてのモノという図式では捉えきれない両者の往復運動である。そこから、石像の製作から設置に至る過程、そしてみずからが建立した石像を水俣湾埋立地で目にする経験が、氏のそれまでの語りに実感を付与し、過去を想起させ、さらには新たな意識を喚起する機会となってきたことを指摘した。

続く第5章では、水俣病をめぐる運動や裁判に積極的に関わることのなかった「本願の会」メンバー二人の事例をもとに、変容しつつも持続性をもち、ある場所に存在し続けることで周囲の景観と複合的に作用するという石像の性質が、モノの製作者による語りとどのように作用し合ってきたのかを検討した。新たな生き方を模索するなかで水俣に移住したJ氏（男性）の事例では、彼にとっての石像製作が「本願の会」の初代会長をつとめたY氏（男性）の想いと対話する機会であったことを指摘した。特に、J氏が風化による石像の表情の変化と、石像の周囲に集うようになった子どもたちや生きものの存在を意識して、亡くなったY氏の来世について語り始める様子を描出した。一方、水俣病問題に対し長らく沈黙を続けてきた被害者遺族A氏（女性）の事例では、石像が幼少期の仄かな記憶の言語化を促すとともに、言葉で表現しきれない新たな心情を想起させる点に光をあて、モノと語りのダイナミックな相互作用を示した。第4章と第5章からは、水俣病経験を想起する実践が継起的に続けられてきていることが明らかになったと言える。

以上の議論のなかで浮かび上がってきた検討課題として、次の二点を挙げることができる。

①水俣病をめぐる運動から離脱し、人間としてすべての生きものに祈るというO氏の生き方が「本願の会」結成の大きな原動力となったことを見てきた。しかし、その活動は水俣病をめぐるこれまでの運動と完全に別個のものとして行われてきたわけではない。「本願の会」のメンバーによる活動は、水俣病をめぐる運動の文脈にどのように位置づけられるのだろうか。

②「本願の会」のメンバーのなかでも、とくにO氏やA氏による石像は、水俣病以前の生活世界の記憶と水俣病の記憶とを取り結ぶ試みと連動しながら生みだされてきたことが特徴的であった。だとすれば、その試みはこの土地に根づいてきた土着の概念や世界観といかなる関係を持っているのだろうか。また「本願の会」による石像は、地域社会においてどのような意義を持つのだろうか。

本章の第2節と第3節では、これまでにとりあげてきたO氏・J氏・A氏の実践をより広い文脈に位置づけながら、これら二つの検討課題について考察する。そのうえで、第4節では、本書が採用してきた歴史人類学の方法について総括する。そして、対象化されたモノ（object）を前提とする傾向にあった従来の「物質文化研究」を批判的に問い直すことにより、プロセスとしての「もの（*mono*）」概念の可能性と、それに基づく歴史人類学の必要性を指摘することにしたい。

第2節　「本願の会」が切りひらくもの

1　「相対（あいたい）」というキーワード

第1章第2節および第4章第3節で論じたように、水俣病をめぐる運動は、第一次訴訟の勝訴判決から「補償協定書」の調印に至る一九七三年を境に大きな転換を迎えた。補償協定は、水俣病と認定された患者に一時金と年金等の支払い、さらには、その後に認定された患者にも同じ補償を適用するというもので、さまざまな理由で名乗り出ることのできなかった大量の人びとがこれを機に認定申請を行い、運動の規模も急速に拡大することになったのである。「訴訟派」・「自主交渉派」の人びとによって担われていたそれまでの運動は、少数の被害者によるチッソとの「相対（あいたい）」での闘いという側面を有していた。法学者としてこの時期の運動を支えた富樫貞夫は、当時盛んにつかわれた「個別水俣病闘争」という言葉に、「チッソと、相対の形でものが言える関係を作っていくなかでしか、患者は患者として解放されず、また人間としての思いを表現できない、その思いを表現する場として、水俣病闘争を作り上げていかねばならない」（富樫 1995: 438）という含意を読みとっている。第一次訴訟の原告として当時の運動を主導したY氏（第5章第2節を参照）によれば、「銭になるとか、なるめえとかそげんしたことを考えてしたっじゃなか。自分達には人間の道と言うのがあった。それが第一ですばい」（岡本 2015b: 132）という想いによって支えられた運動だったのである。

これに対して一九七三年以降には、水俣病の認定制度をめぐって行政責任を追及する多数の未認定患者の闘いが運動の中心となっていった。この時期には地域や生業、運動に関わり始めた時期、運動への志向を理由として、多様な被害者団体が結成されたが、概して言えば二つの流れに大別することができる。一つは、O氏（第4章参照）が所属していた「申請協」のように、チッソや熊本県との直接交渉を重視する運動である。もう一つは大規模な訴訟によってチッソ・県・国の責任を問うもので、水俣病をめぐる初の国家賠償請求訴訟である水俣病第三次訴訟（一九八〇年提訴）をはじめ、一九八〇年代に次々と提訴された関西訴訟（一九八二年）、東京訴訟（一九八四年）、京都訴訟（一九八五年）、福岡訴訟（一九八八年）の原告団によって担われた。いずれにせよ、一九七三年までの運動を担っていた被害者たちは、それ以後の運動とはほとんど関係を持たなかった（岡本 2015b: 91）。そして、これら一九七三年以降の運動で主な争点となったのは、誰をどこまで「水俣病」と認定するか、すなわち認定制度をめぐる問題だったのである。

水俣病をめぐる国家賠償請求訴訟が次々と提訴されていった一九八〇年代は、環境運動にとって「冬の時代」ともいわれた。加害者の責任を追及すべく企業や行政と直接対峙していた季節が過ぎ去ってからは、運動は表面的に見えにくいものになり、その「社会的な共鳴力」も薄れていったのである（成 2001: 129–130）。また、「地球環境問題」に光が当てられた一九八〇年代は、「公害から環境へ」というスローガンのもと、加害と被害が明瞭な公害問題から、それが不明瞭な環境問題へと関心が移行していく時代でもあった。こうした動きと連動しつつ、水俣病をめぐる運動においても、加害と被害は見えにくいものになっていった。一九七八年からは被害者への補償のための県債が発行されるようになり、行政が被害者「救済」と補償費負担の役割を担うという複雑な状況が生まれていたのである。なお、行政がチッソの倒産を厭った背景として、被害を拡大させた行政責任を認めることなく水俣病問題への対処を継続するうえで、加害者チッソの存続が不可欠だったことが指摘されている（宮澤

1997)。

社会学者の栗原彬は、チッソへの県債が発行された一九七八年以降、水俣病の和解に向けた動きが活発化した一九八七年までの時期を「代行政治の時代」と呼んでいる（栗原 2005: 24–25）。栗原によれば、「代行政治の時代」とは、運動の舞台が裁判所に移るとともに、水俣病が当事者の手から離れていくという感覚が生まれてきた時代である。また、一九七三年以前から継続的に運動にかかわっていたK氏は、「敵も見えん、患者も見えん。かつてのように水俣病が可視的に見える時代ではなくなった」との認識から、「不可視の水俣病の時代」という言葉でその変化を捉えていた（土本 2006: 766）。本書の第4章で光をあてたO氏は、これら「代行」や「不可視」といったキーワードで捉えられる時代のなかで運動に関わっていたのであり、水俣病が補償問題に置き換えられることへの拒否、そして「患者」ではなく「人間」として生きたいという希求から一九八五年に運動を離脱し、九五年に「本願の会」を結成したのである。

このように見てくると「父親のかたき討ち」という決して「代行」しえない想いを胸に抱き、目に見える存在（かたき討ちの対象）を探し求めていたO氏が、水俣病をめぐる運動の変質を鋭くとらえ、その相対化を試みてきたことがわかってくる。しかし、そうでありながら、運動を離脱して以降のO氏の試みは、水俣病をめぐる従来の運動と完全に別個のものとして行われてきたわけではない。この点を考えるうえで、O氏とともに「申請協」の運動に指導的立場でかかわりつつも、一九八五年に運動の進め方をめぐってO氏と対立を深めていったK氏の存在が重要である。K氏は「自主交渉派」のリーダーであり、一九七四年以降には「申請協」の顧問を務めていた人物である。映画監督の土本典昭によれば、K氏はO氏について、「申請協の一番苦しか時に放り出しといて、それが脱落でなくて何かな……裏切りじゃなかか」（土本 2006: 761）と語っていたという。[*1] 一方、「自主交渉」（一九七一～七三年まで二〇ヶ月間にもわたって続けられたチッソ東京本社前での座り込み）のさなか、K氏は一九七二年一月の自身の日記に次のように書いている。

人間そのものの交わりを持ち続け、温かく育てたいと思う。企業には殺人が許され、企業に誠実がないことがわかっても責める人は少ない。人に殺人が許されないなら、誠実が要求されるなら……、これは私たちが何を叫んでも無駄かもしれない。しかし、それでも私は「チッソ」に人間味を要求し、訴え、叫び続けて死なんと思う（久保田ほか編 2006: 403–404）。

認定審査会を経ずにチッソに対して責任追及の可能性はないか（ibid.: 405）。

何か恐ろしく巨大、そして形のない幻に闘いを挑んでいるのではないかとさえ錯覚を起こす（ibid.: 413）。

これらの記述からは、水俣病の認定審査会をはじめ、加害者との相対を拒むような複雑な仕組みのありようを一九七〇年代初頭のK氏がすでに問題化していたことが読みとれる。社会学者の鶴見和子によれば、K氏が組織した「自主交渉」は、「チッソの責任者である社長を、対等な人間としてもてなそうとした」（鶴見 1983: 202）という側面を有していた。そして第4章で見たように、その時期は異なるがO氏もまた、「仕組みのなかの水俣病」に限界を感じ、「チッソ」のなかに〈顔〉の見える人間を探し出そうと試みてきた。すなわち、一九八五年以降にO氏が続けてきた試みは、K氏による「自主交渉」、ひいては一九七三年以前の水俣病をめぐる運動とも、〈顔〉の見える人間と出会いたいという希求、すなわち「相対」というキーワードで密接につながっているのである。

2　水俣湾の埋立てと新たな連帯——「もう一つのこの世」

一九八〇年代以降の水俣病運動の特徴を示すキーワードとして、「不可視」という言葉を挙げたが、「本願の会」結成に至るプロセスには、同じ時代に進行したもう一つの「不可視化」が大きく関わっていた。それは、水俣湾内に堆積していた水銀ヘドロの埋立て事業である。

第2章で明らかにしたように、一九七〇年代後半は患者認定をめぐる行政の不作為の問題が顕在化していた時期でもあり、埋立て工事の差し止めを提訴した「原告団」を中心とする団体は、行政による「力ずくの声封じ」と「埋立て」事業を象徴的に結びつけた。水俣湾に堆積した水銀ヘドロは、たんに汚染物質であるばかりでなく、水俣病被害を象徴する証しとしても受けとめられていたのである。水俣湾埋立地が完成した一九九〇年以降、「再生」のアピールを主眼にすすめられた埋立地の整備活用や水俣病の政治解決を前に、問題の収束を危惧した被害者たちは、法的・医療的・経済的「救済」では癒えなかった心情を表現するための場として埋立地を捉え直してきた。つまり、水俣病以前の生活世界の破壊の上にできあがってきた埋立地が、制度的「救済」では解消されなかった「水俣病」の記憶を語り直すうえで有効な媒体としてみなされ始めたのである。

ここで興味深いのは、O氏が文案を作成し被害者有志一七名の連名で出された「本願の書」（一九九四年）のなかに、実に多様な立場の人びとが名を連ねている点である。そこには「水俣病被害者の会」（一九七三年結成）、「申請協」（一九七四年結成）といった一九七三年以降にその活動を展開した被害者団体のメンバーに加え、Y氏を含む「訴訟派」や「一任派」といった一九七三年以前の運動に指導的立場で関わっていた人びともまた含まれている。先述したように、一九七三年までの運動を担っていた被害者たちは、それ以後の運動とはほとんど関係を持たなかった。それにもかかわらず、なぜ「本願の書」には名を連ねているのだろうか。

この点に関して、第一に、水俣病をめぐる政治解決（一九九五年）が目前に迫っていたという状況が挙げられる。第二次訴訟や第三次訴訟などで司法が患者認定基準の「狭さ」を厳しく批判したにもかかわらず、行政側はその見直しを拒否し続けていた。高齢化する被害者たちのあいだから「生きているうちに救済を」という声が上がりはじめ、一九八九年から「水俣病被害者弁護団全国連絡会議」と行政の間で、補償協定によらない新たな「救済」システムの確立にむけた協議が行われていた。一方、水俣市では一九九三年に発足した「水俣病問題の早期・全面解決と地域の再生・振興を推進する市民の会」に市内の一一〇団体が参加し、水俣病の和解に向けて国の関与を引き出すための署名運動を展開していた。こうした状況のなかで、埋立て事業や地域再生事業を通して埋立地から被害の痕跡が消し去られていくことは、多くの人びとに「将来、私たちの存在の名残り（reminders）は、宿る場所も、そこから想起されるべき痕跡も持たなくなるかもしれない」（米山 2005: 125）という危惧を呼び起こすことにつながったのではないだろうか。埋立地に「生きた証し」を残したいというY氏による語りは、この危惧を物語っていると考えられる（第5章第2節を参照）。そして、「訴訟派」の一員であり、Y氏の死後に「本願の会」の会長をつとめてきたG氏もまた、石像と「生きた証し」とのかかわりについて次のように語っており、Y氏の危惧が「訴訟派」の他の人びとにも共有されていたことがうかがえる。

（石像が）据えられてるっちいうところで。あそこ（水俣湾）で、我々は生きてきたって。で死んでしま、死んで、あそこで死んだっち。……口で簡単に言えるけどもなかなかね。当時のことを、思い出すちゅうことは簡単には口にならん。しゃべられんとたいねぇ。エビはおるし魚は多いし。それがひっくり返って、たとえば、沖から……ボラでん、チヌでんなんでん沖からとって……ハダカゼちいうところから獲って……獲ったときは（船のイケスにいる魚たちが）まだ元気んよかったい。そしたらもうこの（百間の）排水ぐち近かればもう、苦しい息のでけんだろうねぇ。もーう魚んくるしゅうすっとたい《抑揚をきかせて苦しそうに》。[*2]

第二に、水俣病の第一次訴訟の勝訴判決（一九七三年）直後の座談会で、「訴訟派」の一員であったY氏と「自主交渉派」のリーダーであったK氏によって、次のような問題が提起されていたことが注目される。

Y氏：金額じゃなくて、ほんとうに欲しとるのは、海岸線の近くですから、水俣病が起るその前の海、山ですね、そういう形が一番望ましいわけです。……結局は昔の貧しいながらもですたいな、昔の海、山、そういったところでの生活……不知火海ちいうやつは自分たちの生活から切りはなされん問題やっでな。山でっちゃしかりですよ。〃もう一つのこの世を〃ちゅうとですね、それは何も私たちが思い上った言葉じゃなくて、昔の形にまた見出せんもんじゃろかちいうこともあるわけですよ、一縷の望みとしてですね。……

K氏：……それに、これは自然の苦しみもあるはずですもんな、当然。自然がもとにもどるには何十年かかるかわからんちゅうともいわれとるし、人間の苦しみも加わっている。そういう悩み、苦しみを受け入れる感受性ちゅうもんが全然なかっちゃなかでしょうかなあ。（石牟礼編 1974: 231–234）

ここでは、不知火海と一体のものとしてあった水俣病以前の生活とともに、自然界の苦しみを受け入れる「感受性」が求められ、「昔の海、山、そういったところでの生活」が「もう一つのこの世」として表現されている。鶴見は、「もう一つのこの世」という言葉が、石牟礼道子によるものでありながら、「患者たち自身の心底にある共通の願いをよびさますことば」（鶴見 1983: 203）としても機能していたことを指摘している。「本願の書」の特徴として、「水俣病」以前の水俣湾における生活世界の記憶から、「水俣病」の記憶が意味づけ直されていることを先に見たが（第2章第4節を参照）、これは一九七三年当時のY氏やK氏の問題提起に連なる内容である。「本願の書」ではさらに、「産業文明の毒水は海の生きものから人間までも、なんとあまたの生きものたちを毒殺したのか。この原罪は消し去ることのできない史実であり、人類史に人間の罪として永久に刻みこまれなければなりません」との文言に認められるように、「人間」という立ち位置が強調され、海や生きものという自然界の苦しみが訴えられている。つまり、水俣病問題の収束に対する危惧が被害者団体という枠を超えて広がっていたことに加え、「人間」として自然界の生きものたちに祈るという「本願の書」の内容が、一九七三年当時に語られていた「もう一つのこの世」への希求とも響き合うものであったことが、既存の立場を超えた結集を促したのだと推測できる。[*3]

3 「本願の会」への批判――「闘い」とは何か

一方で、「本願の会」の活動には、水俣病をめぐる従来の運動とは異なる特徴も見出すことができる。次に、「本願の会」の活動に対して投げかけられてきた批判について検討することで、この点を考察することにしたい。

「本願の会」に投げかけられてきた主要な批判は、たとえば「水俣病が、人間の……俗悪さだけであのような経過をたどった訳ではなく、政・官・財のシステムがそうさせたのである」[*4]といった記述や、「『事件の幕引き』に利用されてしまうのではないか」（富樫 1995: 442）といった危惧が物語るように、「人間の罪」に対して祈るという行為が、企業や行政、そしてさまざまな仕組みが引き起こしてきた水俣病をめぐる責任の霧散につながってしまうのではないか、というものである。

この種の批判について考えるうえで、南アフリカにおける「和解」の試みについて論じた阿部利洋による議論は興味深い。阿部は、アパルトヘイト（人種隔離政策）時代の人権侵害や政治的抑圧をめぐって「和解」が議論される文脈を、個人・社会・歴史（植民史）という三つのレベルに区分している（阿部 2000: 184–186）。阿部によれば、個人レベルの和解においては、個人が受けた暴力の体験や精神的トラウマが対象とされ、トラウマの浄化や過去が内面的に償われる可能性が模索される一方で、社会のレベルにおいては、人種・民族関係が和解の対象とされ、対立する民族の共存やそこへ至るプロセスが検討される。たとえば社会レベルの言説には、アパルトヘイトによる迫害・弾圧をテーマとしながら「加害者白人」の法的処罰を要求するものや、責任所在の枠組みに関する議論などが含まれる。これら二つに対し、歴史レベルの和解は、人種主義に代表される「基準・思考パターン・概念」を対象としつつ、「アパルトヘイトという出来事の背景にあった人種主義を南アという国の成り立ちまで視野に入れて考えようとする」という点にその特徴が見出されている（ibid.: 186）。

「和解」をこのように三つのレベルに分けて考えるならば、「本願の会」に投げかけられてきた批判が、歴史レベルにおける和解の重要性を視野の外に置いているということがみえてくる。というのは、この種の批判が「加害者の責任を告発するタイプの運動をやめること＝加害責任の霧散につながる」という図式を前提としているからである。しかし、阿部の議論を踏まえるならば、水俣病という出来事の背景にあった近代的思考を、水俣病発生以前の暮らしをも視野に入れながら問い直すという試みもまた、重要な意味をもつ「闘い」の一つであることが浮かび上がってくる。

このような「闘い」は、水俣病発生当時から長きにわたって被害者を支えてきた医師、原田正純の語りからも読みとれる。原田は、二〇〇三年に行われたシンポジウム「環境問題をどこから考えるか」のなかで、水俣病の

「原因」をめぐる問いの重要性を示しつつ、次のように発言している。

人が生きるために必要な何か、そういうものの欠落が水俣の被害を起こし、さらにそれを拡大したのではないか。だから、自然科学的に言うと、原因はメチル水銀であり、チッソによる環境汚染だということになるんだけれども、もう一つ、おおもとの原因があるんじゃないか。それを探っていくことが大事ではないか、そんなふうにずっと思っていました。……人間が生きる上の工夫と言いますか、そういうものをないがしろにした。一言で言えば、そういうことじゃないかと思っているんです。うまく言えないのですが（越智ほか編 2004: 250）。

ここからは、原田が自然科学の枠組みでは説明しえない水俣病の「原因」と向き合い、その言語化を試みるなかで、近代化の過程で「人間が生きるために必要な何か」を失ってきたプロセスに水俣病の「原因」を見出してきたことがうかがえる。告発のための運動よりも広い概念として「闘い」をとらえるならば、原田のこのような自問自答も一つの「闘い」と呼べるのではないだろうか。

本書でとりあげた「本願の会」のメンバーもまた、人命よりも経済を優先させてきた「基準・思考パターン・概念」を問題化していた。それは、O氏が水俣病以前の漁村の暮らしの記憶を手がかりとしながら、「命の共同性」や「授かる命」といった言葉でとらえられる精神性を、水銀に汚染された排水を流し続けた「チッソ的、国家的な」精神と対比していたこと、A氏が水俣病によって傷ついた命を「もうない」とする思考パターンに抗い、「まだある」世界との媒介を試みてきたこと、J氏が「チッソ型社会」を乗り越えるための生活を模索しつつ、自給自足の農園を開いたY氏と石像を介して対話を続けてきたことにみてとれるだろう。ここには、水俣病という一地方に生じた公害問題のみならず、水俣病が象徴してきた、その背後にあるものもまた克服されるべきなのだという志向を読みとることができる（cf. 阿部 2000: 186）。

4　重層的な〈つながり〉を生きる

では、水俣病をめぐる運動を支配し、変質させてきた「基準・思考パターン・概念」とは何であろうか。その一つとして、水俣病の認定制度に代表されるような「分類と序列の固定」（阿部 2000: 189）をその条件とする近代の枠組みを挙げることができる。B・ラトゥールは、近代科学における存在論を、人間／非人間、文化／自然、主体／客体という二つの領域に整然と切り分ける「純化」（purification）の働きによって特徴づけている（ラトゥール 2008: 27）。水俣病問題においても、被害を受けた人びとは、認定患者／棄却患者（未認定患者）、本物の患者／ニセ患者、政治解決の対象者／非対象者といったかたちで整然と分断され、序列化されてきた。そしてこのプロセスを通じて、「患者」というカテゴリーが何か実体をもつものとして捉えられるようになってきたのである。しかし、水俣病の認定基準がそのときどきの政治的状況に応じて改変されてきたことや、O氏が集落のなかに〈顔〉の見える関係のなかで症状をお互いに比べ合い、認め合うような「無形の審査会」があると語っていたことからもわかるように、このカテゴリーは実態に即したものではない。栗原彬が指摘しているとおり、「認定申請をすること、すなわち水俣病患者のアイデンティティを求めることは、個人的な次元の闘いを政治の次元に移すうえで必要なことだった。しかし、水俣病患者のアイデンティティを授認するのはお上であり、認定をめぐる政治はお上が設定した土俵のうえで進行することになる。しかも、水俣病患者と認定されれば、この患者アイデンティティは、固定化されて、ステレオタイプを呼び寄せ、市民社会の周縁に差別化されて編入されることによって、かえってシステム社会の統合を強化する役割を担ってしまう」(栗原 1996: 27–28)。

文化人類学者の内堀基光は、「民族」という社会的カテゴリーを検討するなかで、国家という外部者による「名づけ」に対して、小規模な日常性を基礎におく対面的な共同社会の側からの「名乗り」というかたちでの応答があり、「民族」が両者の関係のなかで生成する中間的な範疇であると論じている(内堀 1989)。そのうえで、「「国家」の名づけに対して共同社会がそれを受け入れ承認することは、全体社会の秩序化への服従であるとともに、それを機会としてとらえた自己の拡張と組織化への試行でもありうる」(ibid.: 34)と述べている。水俣においても「患者」というカテゴリーは外部者による名づけとしてあったのであり、「共同社会」で被害を受けた人びとは「本人申請」が義務付けられることによって、名乗りを挙げざるをえないという状況が生みだされてきた。ここで興味深いのは、内堀がこの論考のなかで、「「名づけ」られた存在がこの「名づけ」を承認するかどうかはまた別のことである」(ibid.: 31)、「「名乗り」は必ずしも外部者のつかった「名」を使うことを意味しない」(ibid.: 34)という点に繰り返し注意を促していることである。というのは、この点は、O氏がその文案を書いた「本願の書」(一九九四年)において、「患者」ではなく「人間」としての名乗りが上げられていたことと無関係とは思えないからである。

酒井直樹は、「国民共同体」のように、〈顔〉のみえる個と個の関係を飛び超えて、個人を抽象的な全体へと結びつける排他的な同一性――「種的同一性」という原理が近代になって新たに登場したことを指摘したうえで(酒井 2015: 229–230)、その影響力について次のように述べている。

犬が同時に猫であることができないように、人は同時に複数の国民、民族、人種であることはできないという建前がうちたてられてくる。だから、国民の集団はたがいに排他的な関係において自己を限定するのである。個人は特定の他者との関係によってその同一性を得るのではなく、抽象的な集合への帰属によって種的同一性を得るようになる。個にとっての帰属が政治の重要課題として登場してくるのは、こうした種的同一性の文脈においてである（ibid.: 230）。

小田亮は、酒井の議論を踏まえたうえで、「個人を抽象的な全体に直接結びつけるような帰属のあり方を政治的な重要課題とする政治学」こそが近代以降の「アイデンティティの政治学」だとしつつ、「種的同一性によらない自己の肯定の仕方を想像しないかぎり、アイデンティティの政治学による以外の抵抗のあり方もみえてこない」と論じている（小田 1996: 811）。小田のこの議論は、「水俣病患者」というアイデンティティが「かえってシステム社会の統合を強化する役割を担ってしまう」という、先にみた栗原の指摘を思い起こさせる。これらを合わせて考えるならば、「水俣病患者」という個人を抽象的な全体に直接結びつけるような帰属のあり方を重要課題とすることによって、「アイデンティティの政治学」をかえって強化してしまうことにもなりかねない。だとすれば、「本願の書」に認められた「人間」という立ち位置が、「患者」というカテゴリーに縛られない「自己の肯定の仕方」を促す意味で使われた可能性が浮かび上がってくる。

本書でとりあげた「本願の会」メンバーの自己意識は、「患者」であるかどうかといった固定的なアイデンティティとしては存在していなかった。石像を媒介としながら行われてきた水俣病経験の語り直しのプロセスを通時的視点から読み解くことによって、その自己意識が、この世／あの世、人間／生きもの、被害者／加害者、伝統／近代、水俣病発生以前／以後、「まだある」／「もうない」、患者／支援者、現世／来世といった二項のあいだを揺れ動きながら、ダイナミックに変容してきていることが読みとれたのである。それゆえ、彼／彼女らの生き方を通じて浮かび上がる「人間」とは、二項を固定化するのではなく、その間に重層的な〈つながり〉をつくりだし、その重層的な〈つながり〉を生きる存在である、と言うことができるかもしれない（cf. 栗原 1996: 14）。

このような生き方は、本書でとりあげたO氏、A氏、J氏が一九五〇年代に生まれていることと無関係ではないように思われる。一九五〇年代は、戦後復興期から高度経済成長の開始時期にあたり、生活のあり方が大きく変化し始めた時期でもあった。O氏やA氏が水俣病以前の記憶と水俣病の記憶とを取り結ぼうと試みてきたことを先に見たが、この試みには、水俣病以前の暮らしを幼い頃に垣間見ることしかできなかった世代であるという点が影響していると考えられる。彼らにとって、水俣病以前の暮らしの記憶は自明のものではなく、生活世界のなかに残る石造物や写真、文書を通じて探求されるべき対象としても存在していた。すなわち、伝統／近代といった二分法では切り分けられないような過渡的な生活を経験してきたのであり、そのことが、重層的な〈つながり〉を生きるというあり方に大きな影響を及ぼしてきたのではないだろうか。

O氏は、みずからの生き方を「二重構造を生きる」という言葉で表現しつつ、「国家」と「生国（しょうごく）」を同時に生きることの重要性について、次のように語ってくれた。

> 二重構造を生きるっちゅうかな、一方にはシステム社会としての国家があるじゃろ？ 国家社会っちゅうか、国家っちゅうのは社会なんだから。もう一方には俺が言ってきた「生国」、生まれ生かされ還っていく「くに」たいな。システム社会に動員されて、そこに組み込まれてしまえば、国家と一つになってしまうけん、この二重構造を保つことが重要なのよ。これを保つためにはね、したたかさというか、知恵、叡智が必要だと思う。[*5]

これら「動員」や「組み込まれる」という語りが、先にみた「種的同一性」、すなわち個人を抽象的な全体へと結びつけるナショナルな想像力にとらわれてしまうことを意味しているのだとすれば、「二重構造を生きる」とは、そのような想像力には決して回収されないような生き方を、お互いに〈顔〉の見える「生活の場」のなかに見出していく試みであると言える。辻信一によるインタビューのなかで、O氏は「国家」を拡散した「意識状態」として捉えたうえで（辻編 1996: 180–181）、「穴を開ける」という比喩を用いながら、自身の「闘い」について次のように語っている。

社会は囁きかけてくるんです。「もう終わってしまったんだよ。だからもう忘れてしまいなさい」、と。……密封してしまいたいんです。しかしそれをさせない、という闘いが必要だと俺は思う。細んか穴でよかけん、キリで穴を開けてしまう。密封したつもりが、その穴のために空気が漏れて、中が腐って変化してくる。小さな小さな穴のために。魂を受け継いでゆく仕方というのは、こうしたものではないでしょうか（ibid.: 191）。

ここにおいて、水俣湾埋立地に置かれ続けている石像の意義も、より明瞭に捉えることができるだろう。たしかに、行政機関に対する告発とは異なるレベルの活動は、一見したところ行政側にとって都合のよいものにも思える。しかし、それは「エコパーク水俣」と名づけられた水俣湾埋立地の一角に「穴」を開けていく試みでもある。つまり、「本願の会」のメンバーは、水俣病をめぐる責任を問うことを放棄した、あるいは闘いを降りたのではなく、従来の水俣病をめぐる運動とはかたちを変えた「闘い」をそれぞれに続けてきているのだと考えることができる。

第3節　「毒」を引き受ける

1　「のさり」の海

しかし、「本願の会」のような活動が生じてきた要因を、現代の政策による影響のみに還元することはできない。本書で見てきた「本願の会」メンバーの試みは、この土地に根づいていた「のさり」（授かり物）という土着の言葉とも響き合っている。たとえば、父や母や友を含め、死んでいったすべての生きものたちが生き残ったものたちのために「毒」をも引き受けたとする思想は、海からの授かり物として隣人たちと魚が共有されていた水俣病発生以前の暮らしのありようと密接に関連しているように思われる。

第1章で見たように、不知火海でとれた魚は、恵比寿という神からの贈り物・授かり物としても捉えられてきた。その魚は授かり物であるがゆえに、漁の現場に居合わせた者や、働き手のいない家に住む高齢者にも分け与えられていた。こうして不知火海は「のさり」の海として、人と人、人と生きもののあいだにさまざまな〈つながり〉を生みだす海でもあったのである。そして、これらの〈つながり〉をうち壊したのが水俣病であった。「我が身を養う」存在として意味づけられる土地や生きものとのかかわりは、恵比寿からの贈り物に「毒」が仕込まれたこと、そして魚介類を食した人びとが病み、狂い死んだことによって深く傷つけられた。

茂道という漁村集落でフィールドワークを行った宗像は、水俣病という危機的な状況に直面した漁民たちの行動のなかに、「生活世界の基底にある暗黙の世界観……暗黙に継承されてきている潜在的世界観」（宗像 1983: 94–95）を読みとっている。宗像によれば、この世界観においては「生命の連続観」が根源的な重要性をもっており、

「生命の連続から切断された個人の存在は考えられていない……しかも人間の生命の連続は、時には、血縁系譜を越えた連帯関係に拡大し、さらに自然生命界の生類との結びつきまで拡大してゆくものと感じられている」という（ibid.: 110–111）。ただし、宗像は、一九七六年から八〇年代初頭にわたって断続的に行われたフィールドワークに基づいて、このような世界観を析出している。水俣病が公式に確認されてから二〇年が経っているにもかかわらず、「継承されてきている潜在的世界観」が析出可能になるのは、宗像が「危機の到来はこの世界が温存してきた「潜在的文化価値」を発動し、顕在化させる」（ibid.: 114）という視点に立っているからである。宗像自身が「チッソによる環境破壊は人間の身体、自然の生態系に集中し、住民の倫理感性と象徴自然の大部分は破壊されずに残されていた」（ibid.: 144）と述べていることや、「伝統的な自然連続観に内在する純粋倫理」（ibid.: 147）という表現からもわかるように、その視点には伝統／近代という対置が色濃く認められる。それゆえ、「生命の連続観」それ自体が現地の人びとにとっても捉え難くなっていくという事態は十分に描かれていない。しかしその一方で、この研究は、一九七〇年代後半においても「生命の連続観」に基づく連帯が試みられていたこととともに、人びとが危機的な状況に直面していくプロセスにおいて、土着の世界観が重要な役割を果たすことを示唆している点で興味深い。

本書は、宗像が調査を開始した一九七六年からさらに三〇年を経た二〇〇六年以降の調査に基づくものである。しかし、筆者が対話を重ねてきた「本願の会」のメンバーにとっても「生命の連続観」はきわめて重要な意味をもっていた。ただし、彼／彼女らは、「生命の連続観」がもはや自明ではない生活のなかで、それを意識的に捉え直し、新たなかたちで紡いでいくことを試みてきた点で、宗像が描き出した漁村の人びとの姿とは異なっている。O氏は、かつての漁村の暮らしに息づいていた「授かる命」という概念を手がかりにしながら水俣病経験を語り直すプロセスのなかで、毒さえも引きとって抱いていく自然や生きものの存在を語り始めていた。そして、その背景には、みずからの身体を支配する水銀という「毒」との格闘を続けながらも、漁師として海とのつながりを保とうと努めてきたO氏の日常的な実践が存在していたのである。

この点を考えるうえで、古くから茂道で漁師を続け、不知火海を見つめ続けてきた「本願の会」のメンバーT氏による次の語りは示唆的である。T氏は、一九五六年頃に水俣病を発症し、一九八一年に水俣病患者としての認定を受けている人物である。

海はいっちょん変わっとらんとたい。……人間が、途中で変えたかもしれんばってん、それをまた、またいまは戻っとるしな、うーん、かわ、変わるという風に見る人の感覚、それがあるかもしれんばってん、変わった、どんどん変わっていきよる、それが自然ですよ。……だから、海が変わった海が変わったっちゅってから、生活を放棄するわけにはいかんけん、変わってる海に自分ば馴染ませて、生活をするかっちゅうことやっで、それが自然と一体化するっちゅうこと。海がどんなに変わっとっても、その変わった状態によって、自分ば、馴染ませて生活をしていかんばんと、それが漁民。[*6]

ここでは、T氏にとっての不知火海という「自然」が、どんなに変化しようともそこに自分を馴染ませ、一体化していくべき存在として語られている。T氏は続けて、「のさり」について次のように語っていた。

「のさり」っちゅうとは、普通はあの、どさっとこう来て、あーのさったっち思うとるかもしれんばってん、そげんじゃなくて「のさり」っちゅうとは、あの運命ですよ。その人の置かれた運命。宿命、とも言うし。で、たとえば、水俣病も「のさり」っち言うとたい。病気になったのも「のさり」。もとめ、自分が求めずにして、自分に備わったもの。……ということに考えていけば、いいことも悪いことも自然でしょ？自然のなかにいかに自分が溶け込んでいくかっちゅうこったい。……で何でこれが、こういう風にしてかたちで、自分に来たんだろうかっち考えていけば……「のさり」も、自然、運命、その人が置かれた運命。これはどうにも変えることはでけんと、誰も。自分も変えることはでけん、それが「のさり」。ちゅうことは、「のさり」っちゅうとは自然です。……自分と自然は共同体たい。その、境界線が、あるときはまだダメたい。自然の中の自分だっちいう風に、それこそ溶け込んでしまったときが、真実たい。[*7]

T氏の語りは、「のさり」という言葉に示されるような人と自然の関係性が、「伝統的な自然連続観に内在する純粋倫理」（宗像 1983: 147）として継承されてきたわけではないということを教えてくれる。「のさり」という概念は、恵比寿からの贈り物である魚のなかに「毒」が仕込まれていくプロセス、そして被害を受けた人びと自身が身体のなかに忍び込んだ「毒」と六〇年近い時間をかけて向き合っていくプロセスのなかで、新たに文脈化されてきたのだと考えられる。そして、少なくともT氏やO氏の事例からは、そのプロセスのなかで彼らが「毒」を引き受け、水俣病と共に生きるという生き方を実践してきたことが見出せる。さらに、「毒」さえも引きとって抱いていく人・生きもの・自然の存在と連動しながら、A氏やJ氏もまた、それぞれの水俣病と共に生きるというあり方を実践してきたのである。

ここには、公害撲滅のキャンペーンが示すような「否定すべきもの」の表象としての「水俣病」（cf. 関 2003: 306）とは異なる側面を見出すことができる。二度と公害を起こさないための予防策が重要であることは言うまでもないが、このような表象は、水俣病の被害者を「否定すべきもの」を背負って生きる人びととして位置づけることにもなりかねない。さらに、一九七三年以前の水俣病をめぐる運動で盛んに叫ばれた「元の身体に返せ」

(cf. 石牟礼編 1974: 149–221) という言葉もまた、水俣病と共にあるみずからの身体をみずからが否定するという含意を持ってしまう (及川 2016: 103)。これに対し、水俣病と共に生きるというあり方は、元来の「自然な」身体を要求するのではなく、「毒」を引き受けた身体を新たな「自然」として生き直す技法と位置づけることができるのではないだろうか。そして、「毒」を引き受けた地点に見出される人と生きもの・自然との〈つながり〉こそが、この技法の核になっているのだと考えられる。

2 「問い」を喚起する石像

では、「本願の会」の活動は、水俣市の地域再生事業のなかにどのように位置づけられるのだろうか。

第2章で見たように、水俣において地域や環境の「再生」が意識され始めた背景には、水俣湾の埋立て事業があった。一九七〇年代には、水俣病の患者認定をめぐる行政の不作為を背景として、被害の証し・痕跡である水俣湾の埋立てそのものへの抵抗があった一方で、水俣市における当時の人口の大部分を内包する団体は、埋立て事業を「明るいまちづくり」にむけた重要な契機として捉えていた。一九八〇年代になると、地域内での対話と歩み寄りが進められ、明るさを求めた人びとのあいだでも、水俣病をめぐる過去の受容が意識され始めた。ただし、まちづくりに意欲的な人びとが「再生」の象徴として埋立地を意味づけたのに対し、被害者運動や裁判を継続していた団体は「被害の歴史の証し」として埋立地を捉えていた。それゆえ、新たな対立の萌芽がみられたのもこの時期である。一九九〇年に埋立地が完成したことを契機に、水俣市では地域再生事業がスタートしたが、この時期には八〇年代に萌芽した対立が顕在化すると同時に、制度的「救済」では癒えなかった心情と埋立地が結びつけられた。新たな対立の顕在化を受け、一九九〇年代中頃以降の地域再生事業では「対立からもやい直しへ」という方向が打ち出された。この転換は、市民の相互理解を促す試みであるだけでなく、水俣病の経験を水俣市の価値へと結びつけようとする志向性をもっていた。当時の吉井市長の主導のもと、水俣病の経験を積極的に活かしながら「環境創造都市」としてのまちづくりが進められたのである。山田忠昭も指摘しているとおり、ある意味で水俣病は「資源」（山田 1999: 33）となったのであり、これ以降、「水俣病があったからこそ」というスローガンが市民にとって説得力をもつようになっていった（清水ほか 2000: 19）。

一方、「本願の会」のメンバーは、地域再生事業と連動しながら一九九四年にスタートした「火のまつり」に積極的にかかわっていた。火のまつりは、水俣病で犠牲となったすべての生命に祈りを捧げるために水俣湾埋立地で行われてきた市民手づくりの行事であり、「本願の会」のメンバーにとっては、石像に「魂を入れる」という意味合いも込められていた（第2章第5節を参照）。第一回の火のまつりでは、「本願の会」のメンバーであるG氏によって、「私たち患者有志は、この地に、市民の皆様と石像を建立し、一緒に祀りたいと願っています」という参加者に向けた呼びかけがなされており、[*8]「患者」の枠を超えたより広い範囲の人びととの協働を願っていたことが読みとれる。しかし、「本願の会」は一九九八年を最後に、個人としての参加は自由としつつも、会として「火のまつり」に参加することはやめ、以後、水俣湾埋立地で独自の行事を行うようになった。この背景としては、「第二部として郷土芸能を加えて広く市民が参加できるようにしたい」、「厳粛な祈りの行事が台無しになる」、「宗教がかっているから人が来ないんだ」、「宗教じゃない。慣習だ」[*9]といった実行委員会のメンバー間のやりとりにみられるように、人を呼ぶことを重視する委員とそれに反対する「本願の会」メンバーとの対立が強まったことが挙げられる。この対立は、宗教性の有無を一つの争点としつつも、水俣病経験を「資源」として活用していく試みの陥穽を示唆しているように思われる。たしかに水俣病の経験を活かしていくことは重要であるが、水俣病と共に生きてきた人びとにとって、その経験は決して人を呼ぶための「資源」にはなりえないからである。この対立は当時、地元の新聞でもとり上げられており、そこにはたとえば「一九九四年に「まつり」を始めるとき、本願の会は「祀り」の表記を主張したが、「読めない」などの理由で平仮名になった。だがこれが、誤解を生むことになる。「「おまつりなのに楽しくない。白装束が怖い」などと敬遠する市民は少なくない」[*10]との文言が認められる。

一方で、本章の第5章でとりあげたA氏は、一九九九年以降も個人として「火のまつり」への参加を継続してきている。そして筆者もまた、二〇一二年度および一三年度に火のまつりの実行委員をつとめるなかで、A氏を含む実行委員のメンバーと対話の機会をもつことができた。なかでも興味深かったのは、委員の一人であるR氏(男性)が、「人を呼ぶ」ということに対して新たな意味合いを付与していた点である。R氏は、明神崎の近くの沿岸部で生まれ育ちながらも、家族のうち四人がチッソで働いていたことによって、水俣病の被害者のことを「親のことをいじめる人たち」だと思っていたという。そんなR氏が、ある日の実行委員会の帰り際に次のように語ってくれたことがあった。

おれはあの場所(水俣湾埋立地)に足を運ぶことがお布施じゃっち思う。あそこにはお地蔵様があっじゃろ? 大体市民は知らんとよ。あそこまで足を運んで、あーお地蔵さんじゃねぇっち。お地蔵さんありきじゃなくって、何でここにあっとだろうか? 手ば合わせていこうかねーっちなっと。だけん、あー火がきれいかなぁでよかっち思うよ。そこから始まるっちゅうか。水俣病っち出したなら市民は絶対こんよ。とくに地のもんは。水俣病っち言えば見ようともせんし、聞こうともせんと。さっきも言ったけど、それだけ水俣病の深さっちゅうか。それでも続けていかんばんとやっで、やるばってん。親子ではとても無理よ。孫に期待するしかなかと。地のもんでなくて、よそもんは逆によかっち思う。その深さが見えんけん。[*11]

R氏は「本願の会」が会として参加をやめる以前から、火のまつりに実施側としてかかわってきた人物であるが、この語りからは、少なくとも筆者が出会った当時のR氏が、多くの市民に水俣湾埋立地に来てもらい、「本願の会」による石像をきっかけに何らかの「問い」を抱いてもらいたいと考えていること、そのために人を呼ぶことを重視していることが読みとれる。さらに、市民の人びとに「問い」を生むきっかけとして石像を捉えている点は、かつて石像を通じてR氏自身のなかにも「問い」が生まれたということを示唆している。R氏は、水俣湾埋立地の一角で二〇一三年に行われた火のまつりの後片付けをしている際に、自身が水俣湾埋立地で石像を見つけたときのことを次のように振り返っていた。

あーこげんとがあっとね。丹精込めてつくったんじゃろねー。誰がつくらしたっかねーっち、思った。おそらく患者さんが彫ったんだろうっち。[*12]

そして、火のまつりに共に参加していたA氏に誰が彫ったのかということを聴き、次のように考えるようになっていったという。

聞けばやっぱり患者さんがつくったっちゅうがね。ここの近くで彫ってるっち。やっぱりつくった人の思いを考えればね、気持ち悪いなんて思わんよ。あそこに行ったときは、（石像に対して）「あー見晴しのよかとこで良かったですねー」っち語りかけはするね。犬の散歩でしょっちゅう通るけん。……おれがあそこ《石像が立っている親水緑地の方を指さしながら》ん下に眠っとってもおかしくなかったったい。だけんそのお礼ば言うね。……もしかしたら立場が逆になっとったかもしれんっちゅうか。[*13]

この語りは、「本願の会」による石像が、R氏に「つくった人の思い」を想起させる契機となってきたことを示している。加えて、みずからが親水緑地の「下に眠っとってもおかしくなかったったい……だけんそのお礼ば言うね」という語りは、R氏が、水俣湾埋立地の下に眠る魚たちとみずからの立場を置き換えて考えることで、「毒」を引きとっていった生きものに感謝の念を抱くようになってきたことを示唆している。実行委員のあいだの対立をきっかけに「本願の会」は会としての参加をやめたが、R氏のように石像が喚起する「問い」に向き合っていく人びとが存在することは、「本願の会」のメンバーたちの願いとも重なっていく可能性をもつだろう。

第4節　Anthropology of object/thing/material から「もの（*mono*）」の歴史人類学へ

以上の分析と考察が示唆するのは、患者認定や補償、政治的な解決というコンテクストで語られる完結を前提とした「水俣病」とは対照的に、モノと語りの響き合いのなかで多層的・多元的な現実として想起されてきている未完結の「水俣病経験」の存在である。近代の言説が「水俣病」という表象のコントロールを通じて「患者」をつくり出し、水俣病を過去に起こった物語のなかに回収してきた一方で、「本願の会」のメンバーにとって、水俣病をめぐる過去は決して過ぎ去ったことではなく、現在も継続するものとして経験されており、儀礼的実践や語り、そしてモノといった多様な媒体を用いつつ、水俣病の一元的な歴史化に抗し続けている。それは、「確定され、固定されたかに見える知識を再び未来へ向かって開くために、知識を揺さ振り、突き動かし、何らかの動きを与えようと積極的に働きかける」（宮崎 2009: 4）、水俣なりの「希望という方法」と言えるかもしれない。

第1章でみたように、慶田の論考では、国家や科学的知見によって規定された「水俣病経験という起源」（慶田 2003: 217）が問題化されていた。慶田が「起源」ということばで照射するのは、本来多様であったはずの水俣病経験を、特定の書き出しと筋をあらかじめ備えた一つの正史、すなわち「普遍的な歴史」に固定してしまう近代という枠組みである（cf. クリフォード 2003; 保苅 2004）。これに対して、「本願の会」メンバーの語りや実践は、従来規定されてきた「水俣病」とは異なる歴史の存在を可視化する試みであり、「近代的価値に組み込まれてしまった水俣病患者ではない生き方を作り出す」（慶田 2003: 221）実践として位置づけられた。

ただし、ここで注意しなければならないのは、「本願の会」の実践が、必ずしも近代の枠組みによって構築・操作される「水俣病」への抵抗ではないという点である（cf. 宮崎 1999）。序章で述べたように、記憶の政治性や文化の構築性を重視する人類学者たちは、現在における過去の再文脈化を強調するあまり、想起がダイナミックに変化するありようを捉える視座に欠け、「単一のリアリティ」や「政治的・戦略的存在という主体観」を前提とする傾向にあった。これに対して、本書では、過去の出来事や経験を選択し、意味を与え、現在において再文脈化するという歴史構築のプロセスそれ自体を通時的視点で捉え直し、チッソが水俣に工場を設立して以降のおよそ一一〇年という時間のなかに位置づけてきた。特に、「語り直し」という歴史実践に注目することによって、水俣病経験の想起を、水俣病をめぐる運動や社会的状況のみならず、個々人をとりまく生活世界のありようとも連動しながら、継起的に移ろってきたプロセスとして描出しようと試みてきたのである。そこから導き出された要点の一つは、みずからの心身の苦しみだけでなく、父の死や母の苦労、あるいは亡くなった人びとや生きものたちへの想いが折にふれ時に応じて想起されるとともに、彼／彼女らがその立ち位置や自己意識さえも変容させてきたことである。その自己意識は、「患者」であるかどうかといった固定的なアイデンティティとしては存在しておらず、むしろ加害者／被害者、この世／あの世、人間／生きもの、水俣病発生以前／以後といった二項のあいだを揺れ動きながら、ダイナミックに変容していることがうかがえた。それは加害者と被害者を固定するような対抗的な客体化ではなく、継起的に連鎖する歴史実践のプロセスとして捉えられなければならない。[*14]

そのための一つの方法として個人史への注目が挙げられるが、本書が明らかにしえたのは、特定の時点の語りから個人史を再構成するのではなく、さまざまな時点で発せられた語りをその文脈に留意しながら比較考察することで、フィールドワークの時間を、そこに連なる歴史的な変化とともに射程に収めていく手法の有効性である。[*15]このような分析は、フィールドで出会う人びともまた、出会いや経験を積み重ねることで変化していく存在であるという当たり前の事実を再確認させてくれる（cf. Wagner 1981）。本書でとりあげたO氏が「父親の敵討ち」を志向する告発者から、すべての生きものに謝罪し祈る「人間」へとその立ち位置を変化させていったことからもわかるように、「政治的・戦略的存在という主体観」は、たしかに行為者の一面を照射してはいるが、すべてではないという点に留意しなければならない。[*16]だとすれば、移ろいゆく行為者という視点を前提としながら、連鎖する歴史実践のプロセスを捉えていくことが重要となる。つまり、変動する状況のなかで特定の行為者がいかなる創造性を発揮してきたかという問題を扱うだけではなく、通時的視点から行為者それ自体の継起的な変容、あるいは「自己刷新ないし生成の運動」[*17]（インゴルド 2014: 184）をも射程に収めていく歴史人類学的視座が求められるのではないだろうか。

本書ではまた、モノに付与される意味ばかりでなく、モノが人びとに何かを想起させる力に注目し、想起のプロセスを「モノと語りの響き合い」として記述してきた。序章でみたように、トーマスは「絡み合うモノ（entangled objects）」に注目し、外部世界から持ち込まれたモノがローカルな論理のなかに再文脈化されることで「流用」されるプロセスに光を当てた。ただし、そこで強調されたのは、あくまで対象化されたモノに付与される意味や物語の可変性であった。一方で、「アート・オブジェクト（art objects）」を基点としたジェルのエージェンシー論においては、人間の意図を中心に理論が組み立てられていたために、人間によって対象化されないモノの存在の仕方やその働きは十分に議論されてこなかった。本書で「対象化されたモノ」と訳してきた“object”は、「主体（subject）」の対概念として「客体」とも訳される語であり、人間主体の意識によって対象化された実体を表す。それゆえ何かを“object”と名指すとき、暗黙のうちに一つの存在論的な性格規定があらかじめ行われているということになる（ハイデッガー 2013: 97）。

これに対し、本書では、対象化されたモノを前提とすることなく、人間の意図のみには還元しえないモノの働きや特性（存在の仕方やその移ろい）を注視していくアプローチによって、水俣病経験が想起されるプロセスを読み解いてきた。そこで明らかになったのは、あらかじめ設定された意図に沿って過去の経験が構築されるのではなく、想起される経験が継起的・偶発的に移ろいゆくことである。第4章および第5章でその具体的なありようを検討した結果、水俣病経験の想起には言語化しえない心情が含まれ、それがモノによって表出され、そのモノが語り直しを促していくこと、さらにはモノそれ自体が時の流れのなかで変容し、そこに生き続けることが新たな想起を促す契機となってきていることを析出できた。この意味で、本書が明らかにしえたのは、モノや語りに表象されるいいいい過去の水俣病経験ではなく、モノや語りを媒介としながら生きられる水俣病経験のダイナミックなありようであったと言える。

この知見は、“object”を前提としたアプローチの限界とともに、それよりも包括的な概念の必要性を示唆する。人間は「客体」とその解釈（あるいは複数の表象）だけから成る「意味の世界」に生きているわけではないのである（cf. モル 2016: 38）。たしかに“thing”や“material”に着目する近年の議論には、このような限界を乗り越えようとする企図を認めることができる。たとえば、考古学者のカール・ナペットは、“object”に比してより漠然と捉えられる実体を表す“thing”が、展示や名づけといった対象化（objectification）の行為によって変容を被る点に着目しつつ、“thing”と“object”の往還を捉える必要性を説いている（Knappett 2008; cf. Gosden2004）。一方、“material”をキー概念に据えるティム・インゴルドは、「物質文化研究」が、素材の流動（flow）から抜き出され、結晶化されたかのような“object”の世界をその出発点としている点を痛烈に批判している（Ingold 2007）。そして、死せる“object”に改めて生命を吹き込むような付加性の原理によって成り立つエージェンシー論ではなく、動きのなかにある“material”の集合としての“thing”それ自体の生命（things are in life）という見方こそが重要であると主張する（ibid.: 11–12, cf. Ingold 2012）。これらの研究は、“object”、“thing”、“material”を実体の種類のあいだの区別としてではなく、存在様式の違いと捉え、その動態性を焦点化している点で興味深い。しかし、これら三つの概念を分けて議論を行うことには、つねに還元主義的な傾向がつきまとうという点にも注意しなければならない。

この点を考えるうえで、日本語における平仮名の「もの（*mono*）」という概念は示唆的である。“object”、“thing”、“material”という印欧語に由来する三つの概念に対して、「もの」はより包括的な概念として位置づけることができるからである。日本語においては物質としての「物」も、人を表す「者」も同じ「もの」という音で表され、そこには「生きもの」に加え、「もののけ」などの目に見えない存在さえも含まれる（cf. 佐野 2002; 床呂ほか 2011）。つまり、日本語の「もの」には、生命と物質を切り分ける発想がそもそも認められないのである。

「本願の会」のメンバーによる石像製作の事例からは、つくり手が思い描いたモチーフを石に刻もうと試みる一方で、石は予期せぬ形象として現出することで、みずからの心情が「出てくる」という経験をつくり手に促すことがみてとれた。そこでは、石像が新たな自己意識を喚起するばかりでなく、主体と客体が入れ替わるような往復運動さえ認められたのである。たとえばO氏の事例において、「胎児」や「オタマジャクシ」をかたどった石像の建立後に、彼が失われた「生きもの」たちの視点から水俣病の物語を紡ぎ始めたことは特徴的であった。

また、死を前にした被害者（Y氏）の苦悶が石のなかから出てきたと語るJ氏の事例からは、石像の製作過程がY氏と対話する機会でもあったことがうかがえた。このように、石彫りを通じて素材であるはずの石がなにか別の「もの」へと変容し、「つくり手」であるはずの人が「受け手」や「読み手」になり、さらには主体と客体さえ入れ替わるという点で、「もの」と「もの」のあいだの関係は流動的であり、時間の経過とともにその関係を変えていくという点に特徴を見出すことができる。

また、石像という一つの「もの」を製作・設置する過程では、水俣湾埋立地に立つ既存の石像に加え、つくり手の生活世界に存在する石造物や古写真、過去の言葉を記した文書など、実にさまざまな「もの」がつくり手に影響を及ぼしていたことも注目される。つまり、「もの」は現在において存在するだけでなく、過去からの影響を受けつつ継起的に変化していく存在でもあると言える。これらの石像は、水俣湾埋立地に設置されて以降も常に同じ「もの」として存在してきたわけではなかった。雨風にさらされることで風化し、付着した鳥の糞や苔でその色合いを変えてきたと同時に、埋立地景観の一部となることで、周囲の景観と複合的に作用するという側面が読みとれたのである。特に、J氏が風化によって柔らかくなった地蔵の表情と、石像の周囲に集うようになった子どもたちや「生きもの」の存在を意識して、水俣病から解放された故人の「来世」について語り始めていたことは示唆的である。ここには、「もの」が、時間の経過に伴う物質的な変化や周囲の「もの」との関係に応じて変容し、そのことがまた新たな「もの」を生みだしていくという側面を読みとることができる。

以上みてきたように、「本願の会」による石像は、さまざまな「もの」と絡み合いながらその存在の仕方を変え、新たに多層的・多元的な現実を構成していくダイナミックな動きのプロセスとしてあった。一方で、「本願の会」のメンバーもまた、生活世界に存在するさまざまな「もの」、死者、生きものたちとの絡み合いのなかで、自身のありようを変化させてきたのである。だとすれば、「もの」は、存在の移ろいを捉えていくためのプロセスの概念としての有効性を持ちうる。「もの」を"object"、"thing"、"material"に還元することなく、「もの」と「もの」とが絡み合うなかでお互いに変容していくプロセス、すなわち「もの」の移ろいを記述しうる歴史人類学を展望しつつ、本書を終えることにしたい。

註

序　章

＊1　歴史構築のための媒体に着目するという視点は、人類学的な歴史研究のなかで一九八〇年代には既に示されていたが（関編 1986; 須藤ほか 1988）、その後に十分な発展をみてきたとは言い難い状況にある。ただし、文化人類学者の関一敏による次の問題提起は、今なお新鮮な響きを有している。「媒体というものが逆に歴史を織りあげる、あるいは歴史がそこで生成していく、そういう場をなんとか把握したいと考えています。一言でいうと、歴史の感覚性をとりもどしたい、というのが私たちの希望です」（関編 1986: 8）。

＊2　「身体化」に着目した記憶の人類学的研究に大きな影響を与えたのは、記念式典における身振りや礼儀作法のなかに、社会的に重要とされる記憶の伝達やその習慣化を読み解いたポール・コナトンの研究である（コナトン 2011）。

＊3　たとえば、現存する造形物はそれぞれ時間軸上のさまざまな点にその由来をもち、製作時あるいは使用時の状況をその形態に帯びているがゆえに、それを目にする人びとの経験に影響を及ぼす過去の出来事の一例であると言える。一方で、歴史哲学者の野家啓一が「過去は常に現在に接続し、現在のただ中に顔を露出させているのである。過去は記憶となって現在の経験の不可欠の一部を形作り、習慣となって現在の行動を制約し、また可能にしているのである。……時間は流れ去るものではなく、現在を生きるわれわれ自身のなかに積み重なり、沈殿している」（野家 2005: 184）と述べているように、人間それ自体が、現在と同時に過去を生きているという側面をもつ（cf. サーリンズ 1993: 196）。文化人類学者の杉島敬志は、過去の累積的効果として現在が成立していることを「現在の過去負荷性」（杉島 2004: 387）と呼び、その多層性に注意を促している。これらを踏まえ、本書では、「現在」が「過去」の影響を受けつつ変化していく様態を「継起的」という言葉で捉えることにしたい。

＊4　筆者もまた調査を始めたばかりの頃、「本願の会」のメンバーに石像の意味についての質問を重ねたことがあった

が、モチーフの由来は語ってくれるものの、意味を見出せないどころか、むしろ相手を当惑させてしまうことさえあった。

＊5　モノを一種のテクストとみなし、その意味の解読を重視する解釈学的な「物質文化研究」の研究史的背景の詳細については、ニコール・ボイヴィンによる議論（Boivin 2008: 10–13）を参照。

＊6　「流用・領有・専有（appropriation）」概念の歴史的展開については、棚橋訓による論考に詳しい（棚橋 2001）。

＊7　棚橋は、トーマスの議論の検討を通じて、「一つのモノをめぐる広義の使用と再文脈化による意味の転換の連鎖を時系列的におさえていくような『モノのバイオグラフィー』（biography of object）を描く意図に貫かれた調査研究」（棚橋 2001: 79）の重要性を指摘している。

＊8　ただし、ジェルは、エージェンシーを関係論的な概念と捉えており、エージェンシーのあり方をコンテクストから切り離して分類することはできないとしている（Gell 1998: 22）。

＊9　ティム・インゴルドは、「物質性に対立するものとしての文化……文化は、言説、意味、価値の領域として理解されることによって、物質的世界に浸透しないまま、上空を舞っていると想像されている」（Ingold 2000: 340–341）と指摘している。

＊10　中沢新一は、「生命現象がゲノムのような物質的過程に還元され、生死にかかわることがらの多くが技術によって操作されるようになり、ついには商品化されていこうとしている現代」において、「そのような還元や操作を受けつけないモノの活動の領域がたしかに存在して、いまも活動を続けていることをあきらかにしようとする」（中沢 2000: 15–16）ことの意義を強調している。

＊11　フィールドワークを行った年月は、二〇〇六年八～九月、二〇〇七年八月、二〇〇八年七月、二〇〇九年八～九月、二〇一〇年八～九月、二〇一一年七～八月、二〇一二年四月～二〇一三年一一月、二〇一五年二～三月である。

＊12　緒方正実（著）・下田健太郎（編）『緒方正実　水俣病認定後の闘いの記録 2007–2013』、二〇一三年、一頁。

第1章　水俣の歴史的概要

＊1　二〇〇六年八月二八日、筆者による聴きとり。筆者は約一年間、出月地区に家を借りて住んでいたこともあり、同地区の消防団の青年たちと、近くの漁港で幾度となく海を眺めながらたわいもない話をすることがあった。そのなかで、彼らもふとしたときに海に沈む夕日を見つめながら無言になる瞬間があった。

＊2　先述のO氏は、水俣湾埋立地の親水緑地において、「（満潮になると）こう、気が満ちてくるというかね。だいたい子どもが生まれるときは満ち潮、死ぬときは引き潮っち相場が決まっとったい」と語っていた（二〇一三年九月一

一日、筆者による聴きとり)。

＊3　水俣の精霊流しは、昭和四〇年代初めに市の公式行事として行われるようになった。その後、一九七三年からは水俣市社会福祉協議会が主催してきており、筆者がフィールドワークを行った時期にもまだ続けられていた。二〇一〇年八月一六日に参加した際には、水俣市の各寺院から一人ずつ参加していたが、お参りは浄土真宗式で行われ、阿弥陀経が読み上げられていた。

＊4　明治二七(一八九四)年生まれの古老は「不知火海という所は、魚が子をおろす所じゃもんなぁ。八幡祭の四月二八日頃にゃ、イワシの子が一日もう何艘て、ほうはない(途方もない)ぐらい獲れよったもん。タレソイワシの卵は、浦内どこでも打ち上げとった。搗いた粟よりまだ小さか。その卵で陸はもう赤うしとりよった」と語っている(岡本・松崎編 1990a: 141)。

＊5　興味深いことに、O氏は自身の生まれ育った漁村の記憶に基づきながら、谷川と非常に近い見方を示していた。O氏が生まれ育った芦北町女島の漁村では、網元から高齢者や子どもにも「めて」(辻 1996: 201)と呼ばれる分け前が分け与えられていた。O氏は「めて」について次のように語っている。「働き手のいない家ではもらうばかりで与えることができないわけだけど、それでも別にどうということはなかった。もちろん、もらう側に感謝の気持ちがあったからということもあるでしょう。でも、どちらかというと与える方でも、自分の力でイヲ(魚)をとったというのでなく、エビスさんのお陰でとらせてもらったという気持ちが強かったんです。それをお裾分けしただけのこと。だから、誰も恩着せがましいことは言わなかった」(ibid.: 202)。

＊6　二〇一二年二月一〇日、筆者によるM氏への聴きとり。

＊7　筆者が参加しえた不知火海の漁は現地で「トントコ」と呼ばれる吾智網漁と、流し網漁である。そのうち、このジェスチャーを使っていたのは吾智網漁の漁師たちであった。なお、「チリメンがいっぱい湧いてくっとよ」と語っていたM氏もこのジェスチャーを使っていた。

＊8　この点に関して、水俣で生まれ育ちながら、水俣病問題についてはほとんど発言を残さなかった民俗学者の谷川健一が、自身の研究活動のなかで渚の漂着物――海の彼方から恵みをもたらすモノにこだわり続けたことは興味深い。谷川は『海神の贈物』と名づけられた著作のなかで、「私は空と海とそこにかこまれた大地から大きな贈物を受けてきた。贈物の差出人は自然の中に生きる神である。……私は海辺に生まれ育ったこともあって、水平線上に湧く雲に思慕の念をたやすことがなかった。思慕というよりは思郷といったほうが正確かも分からない」(谷川 1994: 6)と書いている。

＊9　チッソの資格制度は、一九四二～四三年を境に、社員、準社員、傭員、工員の四階級制から社員、工長、工員の三階級制へと変更になったが、工長が社員になるためには、登用試験の合格が必要だった(cf. 菊地 1983)。

＊10　水俣湾沿岸の明神地区に住む女性（A氏）への筆者による聴きとり（二〇〇七年八月一一日）。

＊11　二〇一三年二月三日、筆者によるT氏への聴きとり。

＊12　特別措置法の対象者数は、二〇一四年八月現在。

＊13　「月の浦の申請患者に聞いた話」砂田明編『不知火——いま水俣は』第六号、二七頁、一九七七年。

＊14　民俗学者の谷川健一は次のように書いている。「「水俣病の水俣です」と自分の出身地を紹介するときの苦痛は水俣に生まれ育った者でなければ分からない。こうした屈折した思いは全国の水俣病患者の支援運動には、なかなか通じにくい。水俣を故郷としない、つまり他所者である支援者は「水俣病の水俣」には関心をもっても「水俣病以外の水俣」には関心がない。しかし、水俣が世界的に有名にならなくても、地方の小天地であったほうがよかったにきまっている。この思いは、水俣に生まれ育ち、自然の恵みゆたかな幼年期という「神話時代」をもった私にはひとしお強い」（『西日本新聞』二〇〇四年七月四日）。

＊15　イギリスの有機水銀農薬工場の労働者に生じた中毒症状（ハンター・ラッセル症候群）が水俣病の原因究明の手がかりとなったため、この症例報告をもとに典型症状が抽出された（原田 1989）。

＊16　たとえば、水俣病センター相思社（編）『豊饒の浜辺から』第二集、二〇〇三年、一〇九—一二六頁。

＊17　この言葉が公式の場で初めて用いられたのは、一九九四年の水俣病犠牲者慰霊式における同市長の式辞である。吉井は、被害者への謝罪の言葉に続けて、「今日の日を市民みんなが心を寄せ合う、もやい直しの始まりの日といたします」と宣言した（進藤 2002: 140）。

＊18　この『水俣郷土誌』は、二〇年後の一九三三年に、水俣尋常高等小学校による同名の郷土誌というかたちで再編され、新たに刊行された。後者は、「児童教育の充実発展」を目的とし、全一七章（「沿革」、「位置・面積」、「地勢・気候」、「動植鉱物」、「戸口」、「産業」、「交通」、「通信」、「財政」、「宗教」、「教育」、「兵事」、「社会・自治」、「偉人・恩人・孝子・義僕・節婦」、「郷土史」、「伝説」、「風俗・習慣」）から構成されており、詳細な郷土誌となっている。

＊19　ただし、鶴見は色川とは異なる「近代」への視点を提示している。鶴見は、水俣の人びとの再生への取り組みに、「自然との共生の思想をもって、近代工業文明の価値観をとらえ直す」試みを見出し、そこに認められるアニミズム的な思想を、「その思想は反西欧文明ではない……むしろ、近代の負の側面を修復するために、前近代の正の側面を賦活しようという、世界的な動向に、つらなるものである」と位置づけている（鶴見 1983: 233–234）。

第2章　水俣湾埋立地の景観形成過程

＊1　本章で扱った資料は、一九七一年から県の公害課に所属

し、七七年からは水俣湾現地における公害防止事業所の初代所長として埋立て事業にかかわった小松聡明氏に複写させていただいたもの、および水俣病センター相思社のデータベースから複写したものである。

＊2　『読売新聞』一九八〇年三月五日、『毎日新聞』一九八〇年四月二三日。

＊3　『熊本日日新聞』一九七八年二月二五日。

＊4　『熊本日日新聞』一九七八年三月一九日、三月二〇日、

＊5　『西日本新聞』一九七八年三月二〇日

『西日本新聞』一九七八年三月二〇日。

＊6　研究会の委員は、商工会議所青年部、青年会議所、農協青壮年部、市職員など一九名で構成された（水俣市役所「広報みなまた」第六七二号、一九八六年九月一五日）。

＊7　『西日本新聞』一九八六年一二月三日。

＊8　『朝日新聞』一九八九年七月二八日。

＊9　『ヘドロ仮処分　債権者目録』。

＊10　『ヘドロ仮処分　債権者目録』。

＊11　『ヘドロ仮処分　債権者目録』。

＊12　『熊本日日新聞』一九八九年一一月六日。

＊13　『熊本日日新聞』一九九三年二月七日、および山田（1999: 37）を参照。

＊14　本願の会『本願の会』第二号、一九九五年。

＊15　本願の会『魂うつれ』第一号、一九九八年、三二頁。

＊16　『西日本新聞』二〇〇〇年一月三一日。

＊17　本願の会『魂うつれ』第三号（二〇〇〇年一〇月）、第一一号（二〇〇二年一〇月）、第一九号（二〇〇四年一〇月）。

＊18　「もとのいのちにつながろい」は二〇〇〇年八月一三日（旧暦七月一四日、友引危、旧盆の一日前）、「魚満天の夜」は二〇〇二年八月二四日（旧暦七月一六日、仏滅定、旧盆の一日後）、「能『不知火』の奉納」は二〇〇四年八月二八日（旧暦七月一三日、先勝危、旧盆の二日前）にそれぞれ執り行われた。

＊19　本願の会編『魂うつれ』第一六号、二〇〇四年。

＊20　新作能「不知火」水俣奉納する会 n.d.『新作能「不知火」水俣奉納　最終報告書』、九頁。

＊21　一九九五年に設置された一二体中三体は、個々人が購入し「本願の会」に設置を委託した石像である。

＊22　「福光石」は、一六〇〇〜一五〇〇万年前の火山活動の際に噴出した火山灰や火山礫が海底に堆積・固結してできた岩石であり、室町時代から石仏、燈籠、狛犬、墓石などに利用されてきた。凝灰岩のなかでも比較的軟らかく、淡い青緑色であり、物理的性質が等方均質である点が特徴として挙げられる（cf. 島根地質百選編集委員会 2013: 片岡 2013）。阿蘇溶結凝灰岩は、熊本の阿蘇カルデラ形成をもたらした火砕流堆積物が溶結してできた岩石である。阿蘇は三〇万〜七万年前までに四回噴火しており、それらの堆積物は、古い順に Aso-1〜4 火砕流堆積物と呼ばれている。そして、石材として用いられる阿蘇溶結凝灰岩のほとんどは Aso-4 火砕流堆積物の弱溶結部である。その特徴として、

灰～暗灰色であり、岩石中に細かい空隙が多く、柱状節理が発達している点が挙げられる（渡辺 1989）。

*23 二〇一五年一月一〇日、筆者によるJ氏への聴きとり。

*24 筆者によるフィールドワークのなかで、現在までに判明している建立者二三名中九名が複数体の石像を建立していることを確認している。

*25 二〇〇八年七月一八日、筆者による聴きとり。

*26 二〇〇八年七月二三日、筆者による聴きとり。

*27 二〇一〇年九月五日、筆者による聴きとり（カッコ内筆者）。

*28 二〇一〇年九月五日、筆者による聴きとり。

*29 二〇〇八年七月二四日、筆者による聴きとり。

*30 後述するM氏は、石彫りのことを「まだ見たことが無い自分の力を発掘する」、あるいは「もう一つの自分を探す」行為であると表現し、石像を通じて「まだまだ見たことが無いような自分の、そういう存在というのを、と出会うんじゃないかなー」と語っていた（二〇一三年一月一五日）。

*31 二〇一三年一一月二三日、筆者による聴きとり。

*32 こけしと併せて「水俣の祈り」と題されたメッセージが手渡されてきた。そこには、「水俣病の被害に遭い、苦しみながら失われた、人間、魚、鳥、すべての魂が宿っていると思われる、水俣湾埋め立て地にある、実生の森の木の枝で作った「こけし」です。すべての失われた生命に祈りを捧げながら、『命の大切さ』と、二度と水俣病のような悲劇が繰り返されないよう、願いを込めて彫り続けています」という文言が認められる。

*33 二〇一三年一月一五日、筆者による聴きとり。

*34 二〇一三年三月九日。

*35 二〇一三年一月一五日、筆者による聴きとり。

第3章　水俣の景観に立つ五二体の石像たち

*1 本願の会『魂うつれ』第五号、二〇〇一年、一三頁。

*2 本願の会『魂うつれ』第一号、一九九八年。

*3 本願の会『魂うつれ』第七号、二〇〇一年。

*4 二〇一〇年八月六日、筆者による聴きとり。

*5 実際に次のような石像建立者の文章が認められる。「いま、埋立地の水際には、『日月丸』の船霊様を祀った魂石を中心に、三十二体の石像が海を向いて佇んでいます」（本願の会『魂うつれ』第二号、二〇〇〇年七月）。

*6 「慈悲相」とは、慈愛に満ちた穏やかな表情のことで、菩薩の一般的な特徴とされる（庚申懇話会編 1975: 16, 49）。

*7 石像五二体の素材の同定を行ったところ、不明が六体含まれるものの、「福光石」製の石像が二二体、阿蘇溶結凝灰岩製が一二体、砂岩製が一二体あり、砂岩製の石像はすべて機械彫りであることがわかってきた。素材が形態に影響した可能性を検討するために、手彫り石像をその素材ごと（「福光石」と阿蘇溶結凝灰岩）に分けたうえで、形態分類群の構成比を比較したが、両者のあいだに顕著な差異

は認められなかった。

＊8　熊本県によって二〇〇七年に撮影されたもの。二〇〇九年に、「NPO法人環不知火プランニング」理事長（当時）に提供していただいた。

＊9　石像の建立年は、「本願の会」発行の季刊誌、聴きとり調査、記年銘に基づく。

＊10　二〇〇八年七月一二日、筆者によるO氏への聴きとり。

＊11　二〇〇八年七月二四日、筆者による聴きとり。

＊12　筆者によるフィールドワークのなかで、何人かのメンバーが、他のメンバーによって建立された石像のモチーフについて説明してくれることがあった。また、他のメンバーやその語りを意識しながら石像を製作した経験について語る人もいた。

第4章　モノを媒介とした水俣病経験の語り直し

＊1　第3章では、「本願の会」による石像の形態のズラシや多様化の推移をみることで、地蔵基本型（一九九五年）→地蔵変異型1（一九九六年）→地蔵変異型2と人物型（一九九七年）→地蔵以外の神仏型（一九九八年）→その他型（二〇〇二年）の順に出現してきたことを明らかにした。O氏は、それぞれの時点で初出の形態であった恵比寿像（一九九八年、地蔵以外の神仏型）、オタマジャクシをかたどった石像（二〇〇二年、その他型）、トトロ（二〇〇三年、その他型）を建立してきた人物である。O氏による石像建立を一つの契機として、その後、他のメンバーも地蔵以外の神仏型（恵比寿像や不動明王像）を建立してきた。しかし、その他型の石像を建立したのは、いまのところO氏のみである。

＊2　海辺への小屋がけは、「簗掛（やながけ）」と呼ばれていた（桜井 1979: 20）。

＊3　二〇一二年一一月一五日、筆者によるO氏への聴きとり。

＊4　「よみがえる海――水俣・女島地区の記録」『NHKスペシャル』、一九九四年四月一五日放送、NHK。

＊5　「よみがえる海――水俣・女島地区の記録」『NHKスペシャル』、一九九四年四月一五日放送、NHK。

＊6　水俣病現地研究会『現地研レポート　漁業』、一九八九年（未刊行）。この資料は、同研究会のメンバーが一九八八～一九八九年にかけて不知火海沿岸の各漁村で聴きとり調査を実施した際の報告書であり、「水俣病研究会」に所蔵されている。女島に関しては、F氏の網子をつとめていたO氏のイトコにあたる人物による語りが収録されている。現地研究会の一員として実際に聴きとりを実施し、「水俣病研究会」のメンバーとしても調査に尽力された有馬澄雄氏に複写させていただいた。

＊7　水俣病センター相思社編『豊饒の浜辺から　第三集』二〇〇四年、一〇四頁。

＊8　水俣病センター相思社編『豊饒の浜辺から　第三集』二〇〇四年、一〇五―一〇六頁。

＊9　民俗学者の桜井は、村を構成する人びとの出自が多元的であるにも関わらず、沖集落では「平準化の論理がドミナント」であり、「網元、網子の強い身分関係もさほど目立たない」ことを指摘している（桜井 1979: 21）。桜井によれば、橋・道路の補修や盆の準備などの「公役（くやく）」と呼ばれる村仕事も、村人たちによって平等に分担されていた。

＊10　二〇〇八年七月一三日、筆者によるO氏への聴きとり。語り中の読点（、）は息継ぎの箇所、句点（。）は文の切れ目、中黒（・）は約一秒間の沈黙、二重括弧内は語り手の様子をそれぞれ表わしている。筆者による聴きとりの記録に関しては以下同様の表記をする。

＊11　水俣病現地研究会『現地研レポート　漁業』、一九八九年。獲った魚が無くても、塩漬けにしておいた魚を朝、昼、晩と食べていたという。

＊12　水俣病公式確認50年事業実行委員会編『未来への提言　創世紀を迎えた水俣』、二〇〇七年、一二三頁。

＊13　貝やカニをとるのは、主に女性と子どもの仕事であったという。沖集落の女性は、次のように述懐している。「私たちの近くでは養殖ガキじゃなくて、岩に小さい天然のカキが着いております。それをみんな小さいときから採ったり、貝を掘ったり、巻き貝を採ったり、そういうことがものすごう好きでした。そういうふうに育ちましたので、大潮のときにはどこに行けばヒジキもいっぱい生えている、ワカメもいっぱいついている、あの辺に行けばモズクもあると、学校の勉強は全然できませんでしたが、そのことだけは人一倍優れてましたもん。そして一生懸命採れば親からも喜ばれました。」（栗原編 2000: 171–172）

＊14　水俣病現地研究会『現地研レポート　漁業』、一九八九年。

＊15　水俣病現地研究会『現地研レポート　漁業』、一九八九年。

＊16　水俣病現地研究会『現地研レポート　漁業』、一九八九年。

＊17　二〇〇六年八月二九日、筆者によるO氏への聴きとり。

＊18　O氏の父母に加え、O氏の兄姉八人が水俣病の認定を受けている。

＊19　「謀圧裁判」『第36回公判調書（供述）速記録』、一九七九年七月九日。

＊20　本章における水俣病をめぐる運動の記述は、とくにことわりが無いかぎり、石牟礼編（1972, 1974）、池見（1996）、水俣病患者連合編（1998）、高倉（1998）に依拠している。

＊21　『熊本日日新聞』一九八六年九月一六日。

＊22　『熊本日日新聞』一九七八年三月一九日、三月二〇日、『西日本新聞』一九七八年三月二〇日。

＊23　「謀圧裁判」『第36回公判調書（供述）速記録』、一九七九年七月九日。

＊24　香取直孝監督『無辜なる海――１９８２年水俣［IF〈INDEPENDENT FILMS〉ＤＶＤシリーズ２公害の原点・水俣から学ぶ］』（株式会社シグロ、二〇〇六年）。映像記録

をもとに筆者が書き起こしたもの（以下同様）。「……」は中略を示す（以下同様）。チッソを「親のかたき」とする語りは、他にも、一九七六年に開かれた熊大自主講座における講演記録（熊大自主講座実行委員会 1982: 51）、新聞記者によるインタビュー（『西日本新聞』一九八一年九月二三日、『読売新聞』一九八三年七月二一日）、裁判における供述の記録（「待たせ賃訴訟」控訴審『供述録取書』、一九八四年九月三〇日）に認められる。

*25 『西日本新聞』一九八二年九月七日。

*26 「若い人達の運動参加に期待――患者の高齢化すすむ中で」水俣病を告発する会『水俣』第一四〇号。

*27 香取直孝監督『無辜なる海――1982年水俣［IF〈INDEPENDENT FILMS〉DVDシリーズ2公害の原点・水俣から学ぶ］』（株式会社シグロ、二〇〇六年）。

*28 沖集落で生まれ育ったある男性は、女島における人間関係の変化について次のように語っている。彼は一九六〇年に北九州市の八幡に転居したが、一九七九年に父親が水俣病を発症したことでふたたび女島に戻ってきた人物である。「私が女島を出ていった当時はボロの家ばかりでした。それが一八年ぶりに帰ってみると、認定された人たちは補償金と年金でまったく違う生活をしていましたが、未認定の人たちは以前にも増して苦しい生活をしていました。そして、みんなが貧しい生活をしていたときには全体が家族のようだった女島の雰囲気が、まったく崩れてしまっていたんです。私が、出ていった当時の気持ちで話しかけても、なにかそっぽを向いてこたえてくれない。……認定されずに申請協（水俣病認定申請患者協議会）で運動していた人も、認定されると二〇〇〇万円という補償金をもらってどんどん抜けていく。一方では、その日の暮らしも立たない人が残される。すると認定された人はなにか申請協を捨てていったような形になるわけです。だからお金のことはいっさい口に出さない。そしてお互いが疑心暗鬼になっていく。同じ家族のなかでさえも、ある患者団体に入っている人と別の団体に入っている人がいれば、全然そこに会話がないんです」（栗原編 2000: 120–121）

*29 『読売新聞』一九八三年七月二一日。

*30 『朝日新聞』一九八三年七月二二日。

*31 一日中何かつぶやく、あたりをうろつきまわる、草木に語りかける、テレビにどなりつけ叩き壊すといった行動によって、家族からも孤立し病院に入れられるまでの異常な精神状態であったという（辻編 1996: 102–123）。O氏は後に、文化人類学者の辻信一によるインタビューのなかで、「他人を責めたり、恨んだりということができていれば、それが逆に支えとなって、問題の圧力が自分に向かってこんかったでしょうから。内に、つまり、自分が探しているものは何なのかという一点に集中していったんですね、俺の場合。何も無い、何も見えない、支える何ものもない。」（ibid.: 104–105）と述懐している。そして、O氏はそのヒントを探るために、「生まれたときからの記憶を何千回、何万回と繰り返し、思い起こしては考えていた」という

（二〇〇六年八月二九日、筆者による聴きとり）。
*32 『熊本日日新聞』一九八六年九月一八日。
*33 『熊本日日新聞』一九八六年三月一三日。
*34 『読売新聞』一九八七年三月二日。
*35 『熊本日日新聞』一九八七年三月二日。
*36 『毎日新聞』一九八七年三月二日。
*37 『朝日新聞』一九八七年三月二日。
*38 『西日本新聞』一九九六年八月一九日。
*39 『毎日新聞』一九九一年八月三一日。
*40 『読売新聞』一九九五年三月一三日。
*41 『熊本日日新聞』一九九五年四月二六日。
*42 栗原編（2000）、一九四頁および一九九頁。
*43 二〇〇八年七月一二日、筆者によるO氏への聴きとり。
*44 本願の会『魂うつれ』第一号、一九九八年、三二頁。
*45 O氏に論文掲載の許可をいただいた。
*46 本願の会『魂うつれ』第一号、一九九八年、三二頁。
*47 写真4－8と写真4－9は、二〇〇九年八月二七日にO氏に案内していただいたときに撮影したものである。O氏に撮影・論文掲載の許可をいただいた。
*48 成人や小児がメチル水銀に汚染された魚を食べたことで水俣病を発症したのに対し、胎児は、母親の胎内で胎盤を通じて水銀に侵された。
*49 「水俣の海と生きる――じゅし（漁師）として」『環』第二号、二〇〇〇年、六四―七五頁。これらのエピソードは、二〇〇〇年一〇月に熊本の無量山真宗寺で行われた講話（「講義・生命の記憶よ　甦れ」『同心』三八号、無量山真宗寺、六三―六四頁、二〇〇〇年）、二〇〇二年七月に広島で行われた「水俣・広島展」における講演（「水俣は命の物語」『公衆衛生』六七（一〇）：七七七―七八三頁、二〇〇三年）、二〇〇二年一一月に京都の高倉会館で行われた講演（「生命の記憶よ　甦れ」『ともしび』第六〇七号、真宗大谷派教学研究所、一―八頁、二〇〇三年）など、さまざまな場で繰り返し語られている。
*50 「講義・生命の記憶よ　甦れ」『同心』三八号、無量山真宗寺、六三―六四頁、二〇〇〇年。
*51 同、六五頁。
*52 本願の会『魂うつれ』第三号、二〇〇〇年一〇月。
*53 本願の会『魂うつれ』第三号、二〇〇〇年一〇月、一三頁。
*54 「わが歩みと本願の会」藤原書店（編）『海霊の宮　石牟礼道子の世界』、二〇〇六年、一〇六頁。
*55 本願の会『魂うつれ』第九号、二〇〇二年四月、六頁。
*56 O氏は「イヨマンテの夜」という歌謡曲（作詞：菊田一夫、作曲：古関裕而、歌：伊藤久男／コロムビア合唱団）を通じて「イオマンテ」を知ったという（二〇〇六年八月三〇日、筆者によるO氏への聴きとり）。
*57 本願の会『魂うつれ』第一一号、二〇〇二年一〇月、五頁。
*58 「水俣は命の物語」『公衆衛生』六七（一〇）、二〇〇三年、七八一頁。

＊59　『水俣病謀圧裁判資料集①――第一審冒頭陳述書』、一九七九年、一三四―一三五頁。

＊60　O氏に漁を続けることを最も強く動機づけてきたのは、幼い頃に触れた父親の姿であったと考えられる。O氏によれば、F氏は漁のことを「たましいくらべ」と呼び、「ボラがうんと飛びよったばってん、とりきらんだった、今日はイヲに魂負けした」と語っていたという（辻編 1996: 16）。そして漁の前には、囲炉裏の端に座り、あるいは外に出て海を見ながら魚との「たましいくらべ」に勝つための「読み解き」をしていた。F氏による「たましいくらべ」は、「魚の世界と波長をどうやって合わせるか」（ibid.: 16）ということに関わる技法としてとしてO氏に受け継がれている。O氏は筆者に対し、漁の際に留意するポイントを「潮ん流れと・・勘と・・データと感覚たいな。まぁ俺はデータにはそれほど重きを置いとらんばってん」と語っていた（二〇一二年八月二一日聴きとり）。そしてO氏は、漁業探知機やGPSへの依存度を「三割まで」としたうえで、「「考える」ことより「感じる」ことの方が先にあっとたい」と語り、みずからの感覚をもっとも重視していることを教えてくれた。

＊61　二〇〇六年八月三〇日聴きとり。

＊62　二〇一二年一一月一六日、筆者によるO氏への聴きとり。

＊63　O氏は「命の現場」がもたらす想像力について、次のように語っていた。「さまざまな命が商品として売買されているときに罪悪感も何も起きないわけよ。ところが自分で殺した本人は、その・・やっぱり罪の深さというのを感じるわけよ。だから被差別部落の人たちは大いに・・と殺場の仕事だとか、動物の狩りをしてた民族とか、われら漁師もね、命の現場にいるからその感覚がまだ残っている。金じゃ済まないっていうことを感覚的にあるわけ。身体の中にあるわけ。だからそれがどういう形で現れるかというと、情けとして現れるわけよ。命の・・憐みを知るというかね……その憐みというのは、逆にもし自分が殺される、失う側であったら、とかね・・イヲ（魚）の側であったらという、その想像性をつくっているわけ。想像力が働くわけ」（二〇〇六年八月二八日、筆者による聴きとり）。

＊64　二〇〇六年八月二八日、筆者によるO氏への聴きとり。

＊65　二〇〇六年八月二九日、筆者によるO氏への聴きとり。

＊66　O氏は「狂い」のときの喜びについて次のように語っていた。「狂ったとき、途中までものすごく苦しかったばってん、途中から神さまと握手してるような深い喜びがあったったい。握手っちゅうか、神さまにいだかれるような

《少しうっとりした様子で》・・もうこれだけでこの世に生まれてきた甲斐があったっちゅうか。・・その・・自然っちゅうのは、台風だったり時化だったり、火山の噴火や、地震だったりね、厳しかときももちろんあっとたい。それでもその、自然界の・・何ちゅうかなぁ、自然から愛されとることが約束された関係っちゅうか、そういうのを感じたね。おれは親父の姿を追いかけとるみたいなところがずっとあって、運動もやってきたばってん、その親父は亡く

なってあの世に行ったったいな。あの世ちゅうのは自然だから《語気強く》、自然の中には親父もおっとよ。その・・狂ってる時に、親父の顔の輪郭ははっきりとはわからんかったばってん、いるのがわかっとたい。そこで自然から抱きしめられるような、いだかれる感じがしたもん」（二〇一二年一一月一五日、筆者による聴きとり）。

＊67　O氏はさらに、父親をはじめ、水俣病の犠牲になった人びとの行動の奥に、「患者」ではなく「人間」として生きることへの願いを見出していた。「『チッソは私であった』っち、なんかスマートな感じがするもんな。何のために狂ったかっち聞かれたら一言だけよ。『おら人間ぞぉ！』《語気強く》。この言葉に行きつくために狂ったのよ。水俣病の犠牲になった人たちがそら『水俣病患者として認められたい』なんて思ってたはずがないのよ。『おら人間ぞ！』このことを願っていたんだと思う」と語っていたのである（二〇一二年一一月一六日、筆者による聴きとり）。

＊68　O氏は辻によるインタビューのなかで「俺が狂ったときに一番びっくりしたのは、近代化している自分だったな。冷蔵庫、ティッシュペーパー、車、扇風機にとり囲まれている自分。いわばチッソをおのれの中に見出して恐れおののいたわけです」（辻編 1996: 186）と語っている。

＊69　たとえばO氏は、「いまや加害と被害なんてのはどちらも主体性が無いんだから。なぜかっち言えば、いまの時代、誰もが加害性と被害性を持ち合わせざるをえないからよ。・・これは事実としてそうなのよ。交通事故もそうだけども、オゾン層の破壊や光化学スモッグだってそう・・」と語っていた（二〇一二年一一月一六日、筆者による聴きとり）。

＊70　O氏は筆者に対し、自分を疑うことの重要性を繰り返し語ってくれた。たとえば次の語りが特徴的である。「水俣病患者であっても、身に余る、身体を超える、その極端な金を手に入れたり、権力を手に入れたりしていく過程で、やっぱり人が変質していく……だからあんただって俺だっていつ変質するかわからないという風に、自分を疑っておく必要があると言ってるわけ《語気強く》」（二〇〇六年八月二八日）。

＊71　O氏は、「加害と被害ということばは、もう手垢が付いてしまって、生きていないっちゅうかもう死んでしまっているのよ。そりゃ水俣病が起きた当時のね、チッソにもほとんど依存しないで生活しとった・・漁師の人たちが被害を受けたっちゅう、その当時は有効性があったのよ。ばってんいまはもう・・・」と語っており、加害／被害という枠組みがかつては有効であったことを認めている（二〇一二年一一月一六日、筆者による聴きとり）。

＊72　O氏は、「加害／被害というのはどうしても銭の問題に行ってしまうのよ。補償をどうするかって話でしょ？　それって忘却じゃない？　そこから忘れていくっていうことが始まる。・・そうではなく、俺たちは忘れたくない記憶を残していきたいわけで・・・」と語っていた（二〇〇八年七月一〇日、筆者による聴きとり）。

＊73　二〇〇九年八月八日、「本願の会」の例会におけるO氏の語り。

＊74　O氏は筆者に対し、運動に参加していた時期に経験した裁判官や行政機関の職員とのやりとりを次のように述懐していた。「大体ね、（裁判では）当人同士がやり合わないんだから。どちらも代理人ば立ててね。裁判が始まってしまえば、あとは弁護士たちのやりとりになってしまうのよ。・・それにね、長引くと裁判官もコロコロ変わるけん、一審のあいだでさえ変わるのよ、三年くらいで転勤になるから。刑事裁判のときもそうだったばってん・・むなしかったよ《さびしげに》。だって判決出す裁判官が途中から来た裁判官だったりするんだから」（二〇一二年一一月一七日）。「行政の関係者なんて……三年も同じところにおらんやろ？　何かあればすぐに配置換えされるけん・・そんなものに人格を見ようとすること自体おかしいのよ」（二〇一三年一〇月一四日）。「そこでは人と出会えないんだもん。役人なんてコロコロ変わるし、責任をとろうとする人間もいない」（二〇〇八年七月一二日）。

＊75　たとえばO氏は、次のように語っていた。「水俣病の話は苦から始まってしまうがね。それこそ水俣病が起こる前にも歴史はあったわけだけん。水俣病について語るかぎり、苦で始まって苦で終わる過去形の話になってしまうのよ。それよりも命の誕生というか、命の喜びたいな。そこから話ば始めることがでけんじゃろうか？　命の喜びがあって・・その後に毒ばかぶることになる・・毒ばかぶるのが始まりじゃなかわけやっで。そうじゃない別の人生もあり得たわけだけん」（二〇一二年一一月一六日、筆者による聴きとり）。

＊76　O氏は、「加害／被害……そこにこだわっとったら大切なことを見落としてしまう。一人一人の命の物語、そしてそれが全体として何を伝えようとしているかということが見えなくなってしまうのよ」と語っていた（二〇一三年二月九日、筆者による聴きとり）。

＊77　二〇一二年八月二〇日、筆者によるO氏への聴きとり。O氏は続けて、「イスラエルとパレスチナの戦争にしたって、パレスチナの兵士一人ひとりが、イスラエルで出会った個人に恨みなんて持っているはずないのよ。でもそこに動員されてしまう。・・恨みも持ってないのに殺し合いしてるなんて、こんなおかしなことないよ。自然じゃなか、自然の摂理に反しとる。だってあんた、自分の中にまったく恨みが無いのに、人殺しに駆り出されとるわけだけん」と語っていた。

＊78　「嶋田賢一さんを偲ぶ」刊行委員会『嶋田賢一さんを偲ぶ』、一九八四年、一七一―一七二頁。傍点は筆者による。

＊79　二〇〇九年八月二五日、筆者による聴きとり。

＊80　二〇〇八年七月九日、筆者によるO氏への聴きとり。

＊81　O氏はこの奉納を振り返って「能不知火のときはチッソに声かけて本当に良かったと思うよ。怨念をこえて希望につなげるにはああいうかたちしか無かっじゃなかろうかっち思う。……いまのこの状況をみているとね、あらゆる当

事者が主体を無くしとるっちゅうかな、患者、チッソ、県や国、医学者、研究者・・そこには一人ひとりの色んな人間模様があるばってん、多くの人が概念にとらわれてしまっとる。運動しとるもんも、チッソも国もね、目に見えないものにとらわれとるのよ。加害と被害もそうだけど・・そこにはね、本当は何も無いのよ。制度とそれをつくり出すシステムしか無いの。昼間も言ったばってん、そのなかで誰が、何を賭けて、誰とどうやって闘うのかということを俺は問うているのよ。制度を相手にしとったら、そこにとり込まれてしまうか、自分もその一部になってしまうか、そのどっちかだけん」と語っていた（二〇一二年八月一九日、筆者による聴きとり）。

*82 二〇〇八年七月九日、筆者によるO氏への聴きとり。

*83 O氏の視点は、現在発効に向けた取り組みが進められているミナマタ条約を考えるうえでも示唆的である。水銀の使用を削減することは必要だとしても、水銀というモノそれ自体に罪があるわけではないからである。O氏は二〇一三年一月二六日に開かれた「本願の会」の例会で、次のように語っていた。「（ミナマタ条約で）水俣病のような悲劇が二度と起こらないように水銀ば減らして規制していくっちゅうのは、あたかも水銀というモノが悪かっちゅうような、水銀というモノに犯罪性をおっかぶせることにつながってしまうけん・・もっと本質的な・・人間という存在、人間存在のもつ欲とか・・豊かさに駆り立てられるっちゅうか、水俣病事件の本質を見えにくくしてしまう恐れがあるのよね。・・モノだけじゃなくてコト性があるわけだけん。そこが気に食わんとよ。・・コト性っちゅうのは事件性っちゅうか・・そのコト性のためにここにおるもんは水俣病をいまでも引きずっているわけやろ？・・それは良い意味でやばってん・・それが水銀とか金とかっちゅう、モノだけで終わらされていく、そこに歯がゆさを感じとっとだけん」。

*84 二〇一二年一一月一六日、筆者によるO氏への聴きとり。

第5章 モノが／をかたちづくる水俣の記憶

*1 二〇〇九年八月三〇日、筆者によるJ氏への聴きとり。

*2 「水俣で何が見えてきたか」『ひとりから』第一六号、二〇〇二年、四六頁。

*3 J氏は、水俣への移住を決意した理由について、次のように振り返っている。「（水俣は）文明の最先端だと思ったんです。……人類はこうなっていくよ、ということを暗示している場所として見えたんです。……わけもわからず渦を巻いてる文明の中に足を突っ込んでいる暮らしから自分が早く抜け出したかったのと、ある意味でその末路みたいなものを暗示している水俣に行って、何かできることを探そうと思った」（「水俣で何が見えてきたか」『ひとりから』第一六号、二〇〇二年、四七頁）。

*4 水俣病センター相思社編『水俣病センター相思社30年の

記録――もう一つのこの世を目指して』、二〇〇四年、七七頁。

＊5　「水俣病センター（仮称）をつくるために」水俣病センター相思社編『水俣病センター相思社30年の記録――もう一つのこの世を目指して』、二〇〇四年、三七九―三八五頁。

＊6　「座談会――生活学校2期生の1年」水俣病を告発する会編『「水俣」患者とともに』第一六〇号、一九八四年三月五日。

＊7　「水俣生活学校で思うこと」『技術と人間』一三（一）、一九八五年、一一三頁。

＊8　「希望からは程遠いが」『思想の科学』通巻四一五号、一九八六年、七五―七六頁。

＊9　二〇〇七年八月一三日、二〇〇九年八月三〇日、筆者によるJ氏への聴きとり。

＊10　「生活学校　待望の子牛誕生」水俣病を告発する会編『「水俣」患者とともに』第一五九号、一九八四年二月五日。

＊11　二〇〇九年七月一五日、筆者聴きとり。

＊12　本願の会『魂うつれ』第五号、二〇〇一年四月、二四―二五頁。

＊13　J氏が漉いた和紙は、竹なら黄色といったように素材の色が活かされており、表面に触れると微細な凹凸のなかに弾力とあたたかさを感じる不思議な紙である。

＊14　この語りは、二〇一二年五月一二日、水俣湾埋立地の一角で石像を彫り、木陰で休憩しているときに発せられた。このときの石彫りには、J氏以外に、M氏と筆者が参加していた。水俣病運動の支援をめぐる話題になり、M氏が「やっぱり自分のためっちゅうとを抜きにして、人のためっち言ったって、それは無理だけん」と言ったことを受けて、J氏がこのエピソードを語っていた。ただし、J氏はO氏による言葉がどのような文脈で発せられたのかについては細かく語らなかった。

＊15　本願の会『魂うつれ』第二号、二〇〇〇年七月、一六頁。

＊16　二〇〇七年八月一三日、筆者による聴きとり。

＊17　二〇〇八年七月一五日、二〇〇九年八月三〇日、二〇一〇年八月六日、二〇一一年七月二一日、八月五日に、ICレコーダーを用いてインタビューをさせていただいた。

＊18　本願の会『魂うつれ』第五号、二〇〇一年四月、一〇頁。

＊19　Y氏の略歴については、裁判の証言録（山本編 1973）、『熊本日日新聞』に連載された聞き書き（一九八六年八月二一日～二九日、「水俣病30年　海と命と」）、水俣病センター相思社職員によるインタビュー（水俣病センター相思社『豊饒の浜辺から　第二集』、二〇〇三年五月、一〇九―一二六頁）、本願の会作成の年譜（本願の会『魂うつれ』第四号、二〇〇一年一月、一三―一五頁）を参照した。

＊20　「補償協定」締結後にはさらに、補償金を得た患者に対し、妬みに起因する差別が生じてきたという（『熊本日日新聞』一九八六年八月二八日）。

＊21　「〝祈る〟本願の会のいま」本願の会『魂うつれ』第一〇号、二〇〇二年七月、一〇頁。

*22 「石との対話」本願の会『魂うつれ』第四八号、二〇一二年一月、二六頁。

*23 J氏は入院中のY氏を訪ねた時の様子について、「入院していて、コミュニケーションをとるのがままならない。接点と接点が揺れていて、それがばちっと合うとコミュニケーションが取れるんだけど、普段はなかなか難しい」と語っている（本願の会『魂うつれ』第一号、一九九八年、二五頁）。また、「本願の会」の季刊誌に、「「俺の顔解る。」と聞くと怒ったような顔をして首を横に振って「大丈夫、解っている。」という様な反応をしてくれた。右手はすでに固まりかけているようだ。……「お地蔵さんが幾つ彫れた。」とか「こんなことがあった。こんなことを考えている」とかYさんは黙ってうなずいてくれるだけだけど、この人に言えないようなことはやっぱりしたくないと思う」と書いている（同、四頁）。

*24 図5-1の左側の写真（一九九八年撮影）は、本願の会『魂うつれ』第一号（一九九八年一一月）に掲載されたものである。J氏に論文掲載の許可をいただいた。

*25 女島神社に建てられた碑（明治三〇年建立）には、A氏の曾祖父の名前が刻み込まれている。また、女島神社の敷地を画するように点在している角柱状の石には、A氏の祖父の名前とともに、O氏の祖父（F氏）の名前を認めることができる。

*26 二〇〇八年七月一八日、筆者によるA氏への聴きとり。

*27 「このまま海辺にいたい」という神のお告げがあったため、明神崎に祀られるようになったという説もある（中村 1978: 68）。

*28 毎年旧暦三月一五日には、吉花集落の人びとによるまつりがいまなお続けられている。

*29 二〇一一年七月二六日、筆者によるA氏の母への聴きとり。

*30 聴きとりを重ねるなかで、A氏にとってこのアコウの木がもつ重要性が浮かび上がってきた。それは、A氏が埋め立て以前の風景を辿るときの参照点であるとともに、命運を共にする守り神のような存在として位置づけられていた。たとえば、A氏は「アコウの木を中心に見れば、こう、何がどこにあったかとか、ていうようなのがなんかわかる。……この真下ぐらいに、あのこんな岩があったなとか、そういったのがわかる……台風の時はアコウの木っていうのは私たちにとってはさ、怖かったのよ、うん、ざわざわざわざわ音がするでしょう。だからなんかもうよけい台風がこうひどいような感じを受けるから。アコウの木は怖いなっておもっとったんだけど。だけどアコウの木がなかったならばもう、すぐ家にその風はあたってるから、台風の時はまだ怖かっただろうなって思う。台風がひどい時にはほら、あの中心の枝が折れてそこのベランダのところにばーっときてたもんね。だから、たぶんアコウの木がなかったならば本当に風があたっとったから、あのなんかヒサシみたいなのを持ってってたかもしれんね。そう思えばアコウの木が守ってくれとったんだね。ね。うちはアコウの木が

倒ればうちもたぶん一緒に倒れると思う。アコウの木がだから元気な間は、うちも大丈夫だと思うけど、アコウの木が倒れたら一緒にがーっと倒れていく。ふふふふ。」と語っていたのである（二〇一二年七月二九日、筆者による聴きとり）。

＊31　江口司が指摘するように、芦北町をはじめとする不知火海沿岸や南九州の西側にはヤブサ・ヤフサ・ヤクサと俗称される神が点在している（江口 2006）。南九州一帯の調査を行った民俗学者の小野重朗は、このヤブサ神について、「天台八房八大龍王であり、天台系の修験者によって伝播されたもので、その性格は名称が示すように龍神であり水神であると思われる」（小野 1981: 304）と推測している。

＊32　二〇一二年一〇月一一日、「水俣病を語り継ぐ会」の学習会の際にA氏から教えていただいた。

＊33　二〇一三年一一月一五日、筆者によるA氏への聴きとり。

＊34　二〇一三年一一月一五日、筆者によるA氏への聴きとり。波打ち際での生活を積み重ねることで、A氏は音に関する独特な感性を育んできたのだと推測される。たとえばこの聴きとりのなかで、A氏は「身体で覚えてるんだよね。波の、音とかね。・・やっぱり、あの、風が出て、きたときの、波の音とか違うもんねぇ。もうザワザワザワザワってしてきたときはねぇ。あもう、なんかこう台風になりそうだ、とかねぇ。で、うんやっぱ寝てるときにここはやっぱ波の音がずっと聴こえよったからねぇ。それでいまほら、引いた時の波の音と、満ちてるときの、波の音が違うもんねぇ。・・あー満潮やねぇとか、わかりよった」と語っていた。

＊35　『朝日新聞』二〇〇六年四月二日。

＊36　二〇一二年四月二二日、A氏の父と共にチッソの製缶工として働いた経験をもつ人物への聴きとり。

＊37　発病した当時、A氏の父は足が「ガクガク」震え、口の周りが「もぞもぞ」するという自覚症状を訴え、話し方がおかしかったという（二〇一一年七月二六日、筆者によるA氏の母への聴きとり）。

＊38　二〇〇八年七月一八日、筆者によるA氏への聴きとり。

＊39　二〇〇八年七月一八日、筆者によるA氏への聴きとり。

＊40　二〇〇八年七月一八日（於：A氏の工房）、二〇〇九年八月二二日（於：水俣湾埋立地）、二〇一〇年九月九日（於：A氏の生家）、二〇一二年七月二九日（於：A氏の生家）、二〇一一年八月六日（於：A氏の生家）、二〇一三年一一月一五日（於：A氏の生家）に、ICレコーダーを用いてインタビューをさせていただいた。

＊41　A氏の父親は死後、水俣保健所や地元の医師会でつくられた「奇病対策委員会」による認定を受けている。

＊42　土本典昭氏撮影『水俣の再生を考える市民の集い』（一九九四年）。水俣病センター相思社のビデオ閲覧サービスを利用した。語りは、映像をもとに筆者が書き起こしたものである。

＊43　一九九七年七月に東京で行われた「水俣フォーラム発足の集い」や、二〇〇〇年八月開催の「水俣・東京展２０００」

での講演記録にも、『水俣の啓示』との出会いによって父親に想いをめぐらせるようになったとする語りが認められる（「語れなかった父のことから」『水俣フォーラムNEWS』第一号、一九九七年、六―一二頁、「『水俣病』と言えなくて」『水俣フォーラムNEWS』第一二号、二〇〇〇年、二〜七頁）。

*44 心理学者のやまだようこは、生者が死者との関係をとり結ぶ際に、仮定法が重要な役割を果たすことを指摘し、「喪失の語り」から「生成の語り」への変化を捉えようと試みている（やまだ 2000）。

*45 二〇〇八年七月一八日、筆者によるA氏への聴きとり。

*46 RKK熊本放送『市民たちの水俣病』（一九九七年五月三一日放送）をもとに筆者が書き起こしたもの。

*47 この写真は、A氏が水俣病資料館の語り部として講話を行う際にも用いられてきた。

*48 正確には丹前であるが、A氏は、父が入院していた当時に身に着けていた丹前のことを「着物」と呼んでいた。

*49 A氏によれば、埋め立てられる前の水俣湾沿岸にも、「井川」と呼ばれる、清水の湧き出す岩の割れ目や窪みがあった（第1章第2部の2を参照）。

終章

*1 土本は、K氏の著作集に寄せて、「彼（K氏）が当時も隠れ水俣病の多い離島に足を運んで、心細い未認定患者たちを励まして倦まないその姿には頭が下がる。彼の論には広い普遍性があるのはOさんのそれより明らかだった。一方Oさんには論理を超えて魂を揺さぶる何かがある。私は二人を抱えて分裂した」（土本 2006: 761）と書いている。

*2 二〇〇八年七月一四日、筆者による聴きとり。

*3 「本願の書」に名を連ねたメンバーは、Y氏（一九三〇年生まれ）のようにすでに高齢であったこともあり、そのほとんどがみずからの手で石を彫ることは叶わなかった。そのため、より若い世代が中心となって石像製作を行ってきたという経緯がある。O氏は「本願の書」にも名を連ね、実際に石像製作も行ってきた数少ないメンバーの一人である。

*4 「意見　埋立地への石仏建立に異議アリ」水俣病を告発する会『「水俣」患者とともに』通巻二四五号、一九九五年三月五日。

*5 二〇一二年八月二〇日、筆者によるO氏への聴きとり。

*6 二〇一三年二月三日、筆者によるT氏への聴きとり。

*7 二〇一三年二月三日、筆者によるT氏への聴きとり。

*8 土本典昭監督『みなまた日記――甦る魂を訪ねて』（シネ・アソシエ、二〇〇四年）。

*9 『西日本新聞』二〇〇〇年一月三一日。

*10 『西日本新聞』二〇〇〇年一月三一日。

*11 二〇一二年六月二〇日、筆者による聴きとり。

*12 二〇一三年一一月二七日、筆者による聴きとり。

＊13　二〇一三年一一月二七日、筆者による聴きとり。

＊14　本書が保苅実の「歴史実践」論に依拠していることは序章で述べた通りであるが、保苅は、アボリジニの人びとによってどのように歴史が実践されているのかという点を強調する一方で、歴史実践のありようそれ自体の変化については十分に議論していない（保苅 2004）。しかし、本書でみてきた通り、行為者の移ろいとともに、あるいはモノとの響き合いのなかで歴史実践のありようもまた変化していく。

＊15　人類学における個人史への関心の高まりはまだ乏しい状況にあるが、フィジーのヴィチ・カンバニ運動の中心人物アポロシに光をあて、社会的諸勢力およびその間の葛藤に参画するなかで、彼がそれぞれの勢力の価値や見解の対立を包括しつつ、その価値や見解をどう再組織して敵対性を超える結集をつくりあげていったのかを明示した春日直樹の研究は、個人史に注目した歴史人類学的研究の意義を鮮やかに示している（春日 2001）。

＊16　酒井直樹は、"subject" の訳語としての「主体」を英語へとふたたび翻訳する際に、"subject" からは零れ落ちてしまう何かが不可避的に産出されることに注目している（酒井 2012: 148–149）。酒井はこの「何か」のことを「シュタイ（実践主体もしくは実践作因）」と呼び、認識論的主観とは区別して捉えている。酒井によれば、認識論的主観は共時的空間性において出現する一方で、シュタイはつねにそのような空間性から逃れ、「持続としての時間」のうちに捉えられる存在とされる（ibid.: 156–157）。

＊17　インゴルドは、「徒歩旅行者」のメタファーを用いつつ、「人々と物資の実質的なアイデンティティ―それら固有の性質を決定する特徴―は、ある拠点から別の拠点に輸送される場合、原理的に何の影響も被らないことになっている」（インゴルド 2014: 155–157）という前提を問題化している。インゴルドの言う「徒歩旅行」とは、「すでに完成された存在をひとつの位置から別の位置へと輸送することではなく、自己刷新ないし生成の運動」（ibid.: 184）を指す。

参考文献

日本語文献

アイヌ民族博物館（1993）『アイヌ文化の基礎知識』草風館
浅野智彦（2001）『自己への物語論的接近――家族療法から社会学へ』勁草書房
阿部利洋（2000）「展開する秩序――南アフリカ・真実和解委員会をめぐる和解の試み」『現代思想』28（13）: 181–191.
阿部浩・久保田好生・高倉史朗・牧野喜好編（2016）『水俣・女島の海に生きる――わが闘病と認定の半生』世織書房
アルヴァクス、M.（1989）『集合的記憶』（小関藤一郎訳）行路社
飯島伸子（1970）「産業公害と住民運動――水俣病問題を中心に」『社会学評論』21: 25–45.
池見哲司（1996）『水俣病闘争の軌跡――黒旗の下に』緑風出版
石田雄（1983）「水俣における差別と抑圧の構造」色川大吉編『水俣の啓示（上）』筑摩書房, pp. 39–90.
石田忠（1986）『原爆体験の思想化――反原爆論集Ⅰ』未來社
石牟礼道子（1969）『苦界浄土――わが水俣病』講談社
――（1973）『流民の都』大和書房
――（1980）『椿の海の記』朝日新聞社
――（2000）『石牟礼道子対談集――魂の言葉を紡ぐ』河出書房新社
――（2012）『食べごしらえ　おままごと』中央公論新社
石牟礼道子編（1972）『水俣病闘争――わが死民』現代評論社
――（1974）『実録水俣病闘争――天の病む』葦書房
井上ゆかり・阿南満昭（2009）「芦北漁民　松崎忠男：女島聞き書」『水俣学研究』1（1）: 189–224.

入口紀男（2007）『メチル水銀を水俣湾に流す』日本評論社
色川大吉（1980）『水俣――その差別の風土と歴史』反公害水俣共闘会議
――（1982）『同時代への挑戦』筑摩書房
――（1983）「不知火海民衆史――水俣病事件史序説」同編『水俣の啓示――不知火海総合調査報告（下）』筑摩書房、pp. 3–164.
――（1989）「近現代の二重の城下町水俣――その都市空間と生活の変貌」『国立歴史民俗博物館研究報告』24: 1–80.
――（1995）「公害都市水俣における人間と自然の共生の問題――汚染海域の環境復元と患者の現況及び環境教育について」『東京経大学会誌』190: 159–173.
色川大吉編（1983a）『水俣の啓示――不知火海総合調査報告（上）』筑摩書房
――（1983b）『水俣の啓示――不知火海総合調査報告（下）』筑摩書房
インゴルド、T．（2014）『ラインズ――線の文化史』（工藤晋訳）左右社
宇井純（1968）『公害の政治学』三省堂
――（1995）「環境社会学に期待するもの」『環境社会学研究』1: 96–99.
内堀基光（1989）「民族論メモランダム」田辺繁治編『人類学的認識の冒険――イデオロギーとプラクティス』同文館、pp. 27–43.
――（1997）「序　ものと人から成る世界」青木保・内堀基光・梶原景昭・小松和彦・清水昭俊・中林伸浩・福井勝義・舟曳建夫・山下晋司編（編）『岩波講座文化人類学第3巻　「もの」の人間世界』岩波書店、pp. 1–22.
江口司（2006）『不知火海と琉球弧』弦書房
及川英二郎（2016）「水俣病事件と地域社会――1973年以後を見る視点」『東京学芸大学紀要 人文社会科学系 II』67: 81–104.
大西秀之（2009）「モノ愛でるコトバを超えて――語り得ぬ日常世界の社会的実践」田中雅一編『フェティシズム論の系譜と展望』京都大学学術出版会、pp. 149–174.
岡本達明（2015a）『水俣病の民衆史　第一巻　前の時代』日本評論社
――（2015b）『水俣病の民衆史　第六巻　村の終わり』日本評論社
岡本達明編（1978）『近代民衆の記録7――漁民』新人物往来社
岡本達明・松崎次夫編（1990a）『聞書水俣民衆史　第一巻　「明治の村」』草風館
――（1990b）『聞書水俣民衆史　第二巻　「村に工場が来た」』草風館
小田亮（1996）「ポストモダン人類学の代価――ブリコルールの戦術と生活の場の人類学」『国立民族学博物館研究報告』21（4）: 807–

875.

越智貢・川本隆史・高橋久一郎・金井淑子・中岡成文・丸山徳次・水谷雅彦編（2004）『岩波　応用倫理学講義2　環境』岩波書店

鬼塚巌（1986）『おるが水俣』現代書館

小野重朗（1981）『民俗神の系譜――南九州を中心に』法政大学出版局

春日直樹（2001）『太平洋のラスプーチン――ヴィチ・カンバニ運動の歴史人類学』世界思想社

片山直樹（2013）「福光石の魅力」『平成24年度　島根県技術士会　研究報告』、pp. 33–34.

門脇佳吉・鶴見和子編（1983）『日本人の宗教心――宗教的エネルギーと日本の将来　シンポジウム』講談社

川尻千津編（2013）『みなまた――海の記憶』水俣市立水俣病資料館

川田順造（1992）「無文字社会における歴史の表象――西アフリカ・モシ王国とベニン王国の事例」同著『口頭伝承論』河出書房、pp. 467–505.

環境創造みなまた実行委員会（1995a）『みなまた――対立から、もやい直しへ』マインド

――（1995b）『再生する水俣』葦書房

環境創造みなまた実行委員会・水俣市（1995）『環境ふれあいインみなまた報告書』

――（1999）『環境創造みなまた推進事業総括報告書（平成2年度～平成10年度）』

ギアーツ、C.（1987）『文化の解釈学　I・II』（吉田禎吾・柳川啓一・中牧弘充・板橋作美訳）岩波書店

菊地昌典（1983）「チッソ労働組合と水俣病」色川大吉編『水俣の啓示――不知火海総合調査報告（下）』筑摩書房、pp. 271–333.

北岡秀郎・水俣病不知火患者会・ノーモア・ミナマタ国賠訴訟弁護団（2007）『ノーモア・ミナマタ』花伝社

木村英明・本田優子編（2007）『アイヌのクマ送りの世界――ものが語る歴史13』同成社

久場五九郎（1975）「水俣工場労働者史(8)」『月刊合化』17（3）: 40–57.

窪田実（1975）「明治の水俣名所十二景」水俣芦北文化誌の会『千鳥巣』2号 : 58–61.

――（1976）「明治の水俣名所十二景」水俣芦北文化誌の会『千鳥巣』6号 : 66–69.

久保田好生・平田三佐子・阿部浩・高倉史朗編（2006）『水俣病誌』世織書房

熊大自主講座実行委員会編（1982）『うしてらるもんか――熊大自主講座講義録「僻遠」第2巻』熊本日日新聞情報文化センター

熊本県（1989）『水俣湾埋立地及び周辺地域開発整備具体化構想』

――（1998）『水俣湾環境復元事業の概要』

熊本県教育委員会編（1977）『熊本県の民俗地図』
熊本県農商課（1890）『熊本県漁業誌　第一編　上』（一九七二年複製、「天草の民俗と伝承の会」発行）
クラパンザーノ、V．（1991）『精霊と結婚した男――モロッコ人トゥハーミの肖像』紀伊國屋書店
栗原彬（1996）「差別の社会理論のために」同編『講座差別の社会学　第1巻　差別の社会理論』弘文堂、pp. 11–29.
――（2000）「祈りの語り」栗原彬・佐藤学・小森陽一・吉見俊哉編『越境する知2　語り：つむぎだす』東京大学出版会、pp. 277–317.
――（2005）『「存在の現れ」の政治』以文社
栗原彬編（2000）『証言　水俣病』岩波新書
クリフォード、J．（2003）『文化の窮状――二十世紀の民族誌、文学、芸術』（太田好信ほか訳）人文書院
桑山敬己（2006）「民族誌論」綾部恒雄編『文化人類学20の理論』弘文堂、pp. 320–337.
慶田勝彦（2003）「受取人不在の死――水俣の魂と儀礼・口頭領域」『熊本大学生命倫理研究会論集4　よき死の作法』（高橋隆雄・田口宏昭編）九州大学出版会、pp. 207–242.
庚申懇話会編（1975）『日本石仏事典』雄山閣
古閑五八郎（1913）『水俣郷土誌』
――（1915）『水俣町郷土誌』
後藤明（1995）「『ことば』と『かたち』の狭間で――歴史考古学的資料としての墓石と多民族社会における文字表象について」『物質文化』59: 53–70.
コナトン、P．（2011）『社会はいかに記憶するか――個人と社会の関係』（芦刈美紀子訳）新曜社
小林直毅（2007）「総説――『水俣』の言説的構築」同編『「水俣」の言説と表象』藤原書店、pp. 15–70.
最首悟（1983）「不知火海漁業の移り変わり――葦北郡女島の巾着網漁について」色川大吉編『水俣の啓示――不知火海総合調査報告（上）』筑摩書房、pp. 241–321.
最首悟編（1989）『出月私記――浜元二徳語り』新曜社
斎藤俊三（1931）『水股郷史』
酒井直樹（2012）「日本思想という問題――翻訳と主体」岩波書店
――（2015）『死産される日本語・日本人――「日本」の歴史‐地政的配置』講談社

桜井厚（2002）『インタビューの社会学――ライフストーリーの聞き方』せりか書房
桜井徳太郎（1979）「地域研究の課題」地方史研究協議会編『山陰――地域の歴史的性格』雄山閣、pp. 2–29.
佐野賢治（2002）「もの・モノ・物の世界――序にかえて」印南敏秀・神野善治・佐野賢治・中村ひろ子編『もの・モノ・物の世界――新たな日本文化論』雄山閣、pp. 1–7.
サーリンズ、M.（1993）『歴史の島々』（山本真鳥訳）法政大学出版局
島根地質百選編集委員会（2013）『島根地質百選』今井出版
清水佐和子・大石和世・溝口大助・津田由美子・葛西陽・大村希・川上綾子（2000）「環境保護運動――水俣の事例から」『アジア都市研究』1（2）: 13–64.
庄司光・宮本憲一（1964）『恐るべき公害』岩波書店
不知火資料収集委員会編（1993）『文献集　不知火』不知火町
進藤卓也（2002）『奈落の舞台回し――前水俣市長吉井正澄聞書』西日本新聞社
菅原和孝（2000）「語ることによる経験の組織化――ブッシュマンの男たちの生活史から」やまだようこ編『人生を物語る――生成のライフストーリー』ミネルヴァ書房、pp. 147–181.
杉島敬志（2004）「現在を理解するための歴史研究――東インドネシア・中部フローレスの事例研究」『文化人類学』69（3）: 386–411.
鈴木喬（監修）（2001）『目で見る八代・水俣・芦北の１００年』郷土出版社
スターケン、M.（2004）『アメリカという記憶――ベトナム戦争、エイズ、記念碑的表象』（岩崎稔ほか訳）未來社
須藤健一・山下晋司・吉岡正徳（1988）「序論」同編『社会人類学の可能性Ⅰ　歴史のなかの社会』弘文堂、pp. 1–12.
関一敏編（1986）『人類学的歴史とは何か』海鳴社
関礼子（2003）『新潟水俣病をめぐる制度・表象・地域』東信堂
創立記念誌編集委員会（1973）『創立記念誌――袋小学校１００周年・袋中学校25周年記念』創立記念事業実行委員会
成元哲（2001）「モラル・プロテストとしての環境運動――ダイオキシン問題に係わるある農家の自己アイデンティティ」長谷川公一編『講座環境社会学第4巻　環境運動と政策のダイナミズム』有斐閣、pp. 121–146.
――（2003）「初期水俣病運動における『直接性／個別性』の思想」片桐新自・丹辺宠彦編『現代社会学における歴史と批判下巻』東信堂、pp. 83–104.
高木光太郎（2006）「『記憶空間』試論」西井涼子・田辺繁治編『社会空間の人類学――マテリアリティ・主体・モダニティ』世界思

想社、pp. 48–64.
高久聡司（2008）「死者についての語りにおける沈黙のリアリティ」『ソシオロジ』53（2）: 107–123.
高倉史朗（1998）「水俣病認定申請患者協議会の闘い」水俣病患者連合編『魚湧く海』葦書房、pp. 195–228.
――（2003）「川本輝夫さんの想い出」地域の情報を語る会『挑水』1、pp. 12–22.
高峰武（2016）『水俣病を知っていますか』岩波書店
ダグラス、M. &B. イシャウッド（1984）『儀礼としての消費――財と消費の経済人類学』（浅田彰・佐和隆光訳）新曜社
竹沢尚一郎（2010）『社会とは何か――システムからプロセスへ』中央公論新社
棚橋訓（2001）「Appropriation の系譜――研究動向をめぐる若干の覚書」『メタ・アーケオロジー』3: 71–79.
谷川健一（1972）「水俣病問題の欠落部分」石牟礼道子編『水俣病闘争――わが死民』現代評論社、pp. 31–37.
――（1994）『海神の贈物――民俗の思想』小学館
辻信一編（1996）『水俣病私史　常世の舟を漕ぎて』世織書房
土本典昭（1979）『わが映画発見の旅　不知火海水俣病元年の記録』筑摩書房
――（1986）「演出ノート　海は死なず――水俣病その30年」『新日本文学』41（6）: 12–31.
――（1988）『水俣＝語りつぎ2　水俣映画遍歴――記録なければ事実なし』新曜社
――（2006）「解説　映画で出会った川本輝夫との三十年」久保田好生ほか編『水俣病誌』世織書房、pp. 743–769.
鶴見和子（1983）「多発部落の構造変化と人間群像――自然破壊から内発的発展へ」色川大吉編『水俣の啓示――不知火海総合調査報告（上）』筑摩書房、pp. 155–240.
鶴見和子・石牟礼道子（2002）『〈鶴見和子・対話まんだら〉石牟礼道子の巻――言葉果つるところ』藤原書店
鶴見和子・市井三郎編（1974）『思想の冒険――社会と変化の新しいパラダイム』筑摩書房
富樫貞夫（1995）『水俣病事件と法』石風社
床呂郁哉・河合香吏（2011）「なぜ『もの』の人類学なのか？」同編『ものの人類学』京都大学学術出版会、pp. 1–21.
中井信彦（1973）『歴史学的方法の基準』塙書房
中沢新一（2000）「モノの深さ――宗教における技術の問題」坂口ふみ・小林康夫・西谷修・中沢新一編『宗教への問い5　宗教の闇』、岩波書店、pp. 1–50
中村政雄（1978）「丸島片々(2)　丸嶋神社」水俣芦北文化誌の会『千鳥巣』14号: 67–68.

――（1980）「丸島片々(6)　わが町丸島区」水俣芦北文化誌の会『千鳥巣』18号：63–66.
日本建築学会編（1981）『九州の企業都市』（昭和56年度建築学会大会（九州）都市計画部門研究協議会資料）
日本窒素肥料株式会社編（1937）『日本窒素肥料事業大観』日本窒素肥料株式会社
丹羽朋子（2011）「かたち・言葉・物質性の間――陝北の剪紙が現れるとき」床呂郁哉・河合香吏編『ものの人類学』京都大学学術出版会、pp. 25–46.
野家啓一（2005）『物語の哲学』岩波書店
ハイデッガー、M.（2003）『ハイデッガー全集79巻ブレーメン講演とフライブルク講演』（森一郎ほか訳）創文社
――（2013）『存在と時間』（高田珠樹訳）作品社
萩原修子（2004）「水俣学へ向けて――水俣病事件におけるライフヒストリー研究の再評価」原田正純・花田昌宣編『水俣学研究序説』藤原書店、pp. 33–81.
バートレット、F. C.（1983）『想起の心理学――実験的社会的心理学における一研究』（宇津木保・辻正三訳）誠信書房
原田正純（1972）『水俣病』岩波書店
――（1989）『水俣が映す世界』日本評論社
――（1994）『慢性水俣病――何が病像論なのか』実教出版
深井純一（1977）「水俣病の行政責任」宮本憲一編『公害都市の再生・水俣』筑摩書房、pp. 98–188.
舟場正富（1977）「チッソと地域社会」宮本憲一編『公害都市の再生・水俣』筑摩書房、pp. 38–97.
フランク、A.（2002）『傷ついた物語の語り手――身体・病い・倫理』（鈴木智之訳）ゆみる出版
古川彰（1999）「環境問題の変化と環境社会学の研究課題」船橋晴俊・古川彰編『環境社会学入門――環境問題研究の理論と技法（社会学研究シリーズ25）』文化書房、pp. 55–90.
古谷嘉章（2001）『異種混淆の近代と人類学――ラテンアメリカのコンタクト・ゾーンから』人文書院
――（2010）「物質性の人類学に向けて――モノ（をこえるもの）としての偶像」『社会人類学年報』36: 1–23.
保苅実（2004）『ラディカル・オーラル・ヒストリー――オーストラリア先住民アボリジニの歴史実践』御茶の水書房
前川啓治（1997）「文化の構築――接合と操作」『民族学研究』61（4）: 616–642.
松野信夫（1997）「水俣病――和解と今後の課題」『環境と公害』26（3）: 36–41.
丸山徳次（2004）「「環境」への視点と予防原則――水俣病事件が問いかけること」越智貢ほか編『岩波　応用倫理学講義2　環境』

岩波書店、pp. 55–70.
見田宗介（1996）『現代社会の理論――情報化・消費化社会の現在と未来』岩波書店
水俣市（2000）『水俣病　その歴史と教訓』
水俣市史編纂委員会（1966）『水俣市史』水俣市
水俣市史編さん委員会（1991a）『新水俣市史（上）』水俣市
――（1991b）『新水俣市史（下）』水俣市
――（1997）『新水俣市史（民俗・人物編）』水俣市
水俣尋常高等小学校（1933）『水俣郷土誌』
水俣病患者連合編（1998）『魚湧く海』葦書房
水俣病研究会（1970）『水俣病にたいする企業の責任――チッソの不法行為』
――（1996a）『水俣病事件資料集（上）』葦書房
――（1996b）『水俣病事件資料集（下）』葦書房
水俣病被害者・弁護団全国連絡会議編（1998）『水俣病裁判全史　第一巻　総論編』日本評論社
――（2001）『水俣病裁判全史　第五巻　総括編』日本評論社
水俣病を告発する会編（1986）『縮刷版「水俣」――1973.9（通巻50号）～1986.10（１８６号）』葦書房
宮崎広和（1994）「オセアニア歴史人類学研究の最前線――サーリンズとトーマスの論争を中心として」『社会人類学年報』20: 193–208.
――（1999）「政治の限界」春日直樹編『オセアニア・オリエンタリズム』世界思想社、pp. 179–203.
――（2009）『希望という方法』以文社
宮澤信雄（1997）『水俣病事件四十年』葦書房
向井良人（2000）「『水俣病』という烙印について――まなざしの力学」『文学部論叢　地域科学篇』68: 67–85.
――（2004）「水俣市民意識調査にみる「水俣病」の現在――「もやい直し」時代の病名変更世論」丸山定巳・田口宏昭・田中雄次・慶田勝彦編『水俣の経験と記憶――問いかける水俣病』熊本出版文化会館、pp. 199–225.
宗像巌（1983）「水俣の内的世界の構造と変容――茂道漁村への水俣病襲来の記録を中心として」色川大吉編『水俣の啓示――不知火海総合調査報告（上）』筑摩書房、pp. 91–154.

森下直紀（2010）「水俣病史における『不知火海総合学術調査団』の位置——人文・社会科学研究の『共同行為』について」山本崇記・高橋慎一編『「異なり」の力学——マイノリティをめぐる研究と方法の実践的課題』生存学研究センター報告14、pp. 319–348.
モル、A.（2016）『多としての身体——医療実践における存在論』（浜田明範・田口陽子訳）水声社
柳田耕一（1985）「水俣・生活学校・村づくり」現代技術史研究会セミナー編『暮らしと技術を変える』亜紀書房、pp. 39–99.
山田忠昭（1999）「『もやい直し』の現状と問題点」『水俣病研究』1: 31–44.
やまだようこ（2000）「喪失と生成のライフストーリー」同編『人生を物語る——生成のライフストーリー』ミネルヴァ書房、pp. 77–111.
山本茂雄編（1973）『愛しかる生命いだきて——水俣の証言』新日本出版社
除本理史・尾崎寛直・磯野弥生（2006）「公害からの回復とコミュニティの再生」寺西俊一・西村幸夫編『地域再生の環境学』東京大学出版会、pp. 31–62.
吉井正澄（2017）『「じゃなかしゃば」——新しい水俣』藤原書店
吉岡政徳（2000）「歴史と関わる人類学」『国立民族学博物館研究報告別冊』21: 3–34.
米山リサ（2005）『広島——記憶のポリティクス』（小沢弘明ほか訳）岩波書店
ラトゥール、B.（2007）『科学論の実在——パンドラの希望』（川崎勝・平川秀幸訳）産業図書
———（2008）『虚構の「近代」——科学人類学は警告する』（川村久美子訳）新評論
ロサルド、R.（1998）『文化と真実——社会分析の再構築』（椎名美智訳）日本エディタースクール出版部
渡辺一徳（1989）「石材としての阿蘇溶結凝灰岩」『熊本地学雑誌』91: 6–12.

英語文献

Anderson, K. and D. C. Jack（1991）“Learning to Listen: Interview Techniques and Analyses.” In S. B. Gluck and D. Patai（eds.）*Women's Words: The Feminist Practice of Oral History*. New York: Routledge, pp. 11–26.
Appadurai, A.（ed.）（1986）*The Social Life of Things: Commodities in Cultural Perspective*. Cambridge: Cambridge University Press.
Bloch, M.（1992）“What goes without Saying: The Conceptualization of Zafimaniry Society.” In A. Kuper（ed.）*Conceptualizing Society*. London: Rout-

ledge, pp. 127–146.

——— （1995） “Questions not to ask of Malagasy Carvings.” In I. Hodder, M Shanks, V. Buchli, J. Carman, J. Last and G. Lucas （eds.） *Interpreting Archaeology: Finding Meaning in the Past*. London: Routledge, pp. 212–215.

Boivin, N. （2008） *Material Cultures, Material Minds: The Impact of Things on Human Thought, Society, and Evolution*. Cambridge, UK: Cambridge University Press.

Climo, J. J. and M. G. Cattell （eds.） （2002） *Social Memory and History: Anthropological Perspectives*. New York: Altamira.

Cole, J. （2001） *Forget Colonialism?: Sacrifice and the Art of Memory in Madagascar*. Berkeley: University of California Press.

Fabian, J. （1983） *Time and Other: How Anthropology makes its Object*. New York: Columbia University Press.

Forge, A. （1970） “Learning to See in New Guinea.” In P. Mayer, （ed.） *Socialization: The Approach from Social Anthropology*. London: Tavistock Publications, pp. 269–291.

Gell, A. （1992） “The Technology of Enchantment and the Enchantment of Technology,” In J. Coote and A. Shelton （eds.） *Anthropology, Art and Aesthetics*. Oxford: Clarendon Press, 40–67.

——— （1998） *Art and Agency : an Anthropological Theory*. Oxford: Clarendon Press.

Gosden, C. （2004） “Making and Display: Our Aesthetic Appreciation of things and objects.” In C. Renfrew, C. Gosden and E. DeMarrais （eds.） *Substance, Memory, Display: Archaeology and Art*. Cambridge: McDonald Institute Monographs, pp. 35–45.

Greenspan, H. （1998） *On Listening to Holocaust Survivors: Recounting and Life History*. Westport, Connecticut, London: Praeger.

Harman, G. （2005） “Heidegger on Objects and Things.” In B. Latour and P. Weibel （eds.） *Making Things Public: Atmospheres of Democracy*. Cambridge, MA: MIT Press, pp. 268–271.

Henare, A., M. Holbraad and S. Wastell （2007） “Introduction: Thinking Through Things.” In A. Henare, M. Holbraad and S. Wastell, （eds.） *Thinking Through Things: Theorising Artifact Ethnographically*. New York: Routledge, pp. 1–31.

Hobsbawm E. and T. Ranger （eds.） （1983） *The Invention of Tradition*. Cambridge: Cambridge university Press.

Hoskins, J. （1998） *Biographical Objects: How Things Tell the Stories of People's Lives*. London: Routledge.

Ingold, T. （2000） *Perception of the Environment: Essays in Livelihood, Dwelling and Skill*. London: Routledge.

——— （2007） “Materials against Materiality.” *Archaeological Dialogues* 14 （1）: 1–16.

——— （2012） “Toward an Ecology of Materials.” *Annual Review of Anthropology* 41: 427–42.

Knappett, C.（2008）"The Neglected Networks of Material Agency: Artifacts, Pictures and Texts." In C. Knapett and L. Malafouris（eds.）*Material Agency: toward a Non-anthropocentric Approach*, New York: Springer, pp. 139–156.

Knappett, C. and L. Malafouris（eds.）（2008）*Material Agency: toward a Non-anthropocentric Approach*, New York: Springer.

Lambek, M.（1996）"The Past Imperfect: Remembering as Moral Practice." In P. Antze and M. Lambek,（eds.）*Tense Past: Cultural Essays in Trauma and Memory*. New York: Routledge, pp. 235–254.

Lambek, M., and P. Antze（1996）"Introduction: Forecasting Memory." In P. Antze and M. Lambek（eds.）*Tense Past: Cultural Essays in Trauma and Memory*. New York: Routledge, pp. xi-xxxviii.

Linde, C.（1993）*Life Stories: The Creation of Coherence*, Oxford: Oxford University Press.

Linnekin, J.（1983）"Defining Tradition: Variations of the Hawaiian Identity." *American Ethnologists* 10（2）: 241–252.

Olsen, B.（2003）"Material Culture after Text: Re-membering Things." *Norwegian Archaeological Review* 36: 87–104.

Pfaffenberger, B.（1992）"Social Anthropology of Technology." *Annual Review of Anthropology* 22: 491–516.

Rappaport, J.（1990）*The Politics of Memory: Native Historical Interpretation in the Colombian Andes*. Cambridge: Cambridge University Press.

Reynolds, B.（1983）"The Relevance of Material Culture to Anthropology." *Journal of the Anthropological Society of Oxford* 14（2）: 209–17.

Rosaldo, R.（1980）*Ilongot Headhunting 1883–1974: A Study in Society and History*. Stanford, California: Stanford University Press.

Sciffer, M. B.（1999）*The Material Life of Human Beings: Artifacts, Behavior and Communication*. London, New York: Routledge.

Strathern, M.（1990）"Artefacts of History: Events and the Interpretation of Images." In J. Sikala（ed.）*Culture and History in the Pacific*. Helsinki: The Finnish Anthropological Society, Transactions No.27, pp. 25–44.

Thomas, N.（1991）*Entangled Objects: Exchange, Material Culture and Colonialism in the Pacific*. Cambridge, MA: Harvard University Press.

———（1992）"The Inversion of Tradition." *American Ethnologist* 19（2）: 213–232.

Tilley, C.（2001）"Ethnography and Material Culture." In P. Atkinson, A. J. Coffey, S. Deramont, J. Lofland and L. H. Lofland（eds.）*Handbook of Ethnography*. Los Angeles: Sage, pp. 258–72.

Wagner, R.（1981）*The Invention of Culture*. Chicago: The University Press of Chicago.

Werbner, R.（ed.）（1998）*Memory and the Postcolony: African Anthropology and the Critique of Power*. London: Zed.

あとがき

私が水俣に関心を持った理由は何だったのだろうか。ひとつには水俣病を生き抜いてきた人びとの魅力に強く惹かれたことが挙げられるが、いま振り返ってみると、それは私の生い立ちにも関係しているように思える。

東京で生まれ、共働きの両親のもとで、二人の弟と一匹の犬の六人家族で少年時代を過ごしたが、私にとって常に身近にいた犬の存在がとても大きかった。小学校から帰ると犬小屋で共に寝たり、犬小屋の小窓から道行く人びとを共に眺めたり、食事の作法がひどすぎて、親に「犬小屋で飯を食ってこい」と言われ、共に食事をすることさえあった。そうするうちに、犬小屋からみた風景から物事を理解する視点、犬の目線で捉えたらどうかという視点が私のなかに少しずつ芽ばえていった。その頃の私は食事の作法だけでなく、毎日ジャージのような服装で登校したり、素足で同じ上履きを履き続け、異臭を放っていたりしたが、それをおかしいと揶揄する友人に対し、何がおかしいのか理解できなかった。むしろ、わざわざ動きにくい服で身を包み、靴下で足の裏から伝わる情報を遮断している方がおかしいとさえ思っていたのである。

こうして犬の視点と人間の視点をうまく折り合わせることができずにいた小学生のとき、獣医関係の職についている父の仕事場に同行し、薄暗い部屋のケージに陳列されている実験用の動物を見せてもらうことがあった。

彼らが「モルモット」や「ラット」、「実験用の猫」であることや、薬をつくるためにいるのだと説明を受けたが、私は思考が停止してしまい、薄暗い部屋のなかに陳列された動物たちの目（虚ろで、恐怖と怒りに満ちているように感じられた）と、その部屋に充満していた雰囲気だけが身体に残った。そして、なるべくなら思い出したくない記憶として理解しようとしてきたのである。それでも、親族の死を経験していくなかで、あの実験動物たちは何を感じ、何のために生きていたのか、死ぬときはどうやって死んだのか、死んだ後にどこに行ったのかということが、ふとした瞬間に頭をよぎるようになった。そんな私にとって、大学生時代に出会ったO氏の言葉（その一部は「まえがき」を参照）は衝撃的だった。そこでは、姿かたちとしての命だけでなく「働きとしてのいのち」を捉え、生きていくことへの決意が圧倒的な迫力で語られていたばかりでなく、みずからを生かしている「命の母胎」への深い敬意が示されていた。こうして私は、水俣病と私自身の抱えていた問題が無関係ではないと考えるようになった。そして実際に水俣を訪れ、身体で直接感じたことは、自分のなかに新しい問いかけを生んでくれた。

水俣はこのように、「一人の私」に立ち返ることを求めてくるフィールドでもある。長きにわたって水俣病の被害者を支えてきた原田正純医師は、「水俣病は鏡である」としたうえで、「この鏡は、みる人によって深くも、浅くも、平板にも立体的にもみえる。そこに、社会のしくみや政治のありよう、そして、自らの生きざままで、あらゆるものが残酷なまでに映しだされてしまう」と書いている。ただし、この「鏡」は所与のものとしてあるわけではない。原田医師が指摘しているように、「みる人」との関係に応じて姿を変える。さらに、本書でみてきたように、多くの人びと（あるいはさまざまな「もの」）の生き様によって今なお紡がれ続けている「織りもの」としても存在している。

本書の終章で、水俣病の経験が未完結であることを指摘したが、本書それ自体もまた未完のものとしてある。

第一に、本書でみてきたように、水俣病を一人ひとりの生き方へと結びつくような「課題」として捉えたときに、それが終わることなどありえないからである。第二に、本書で提示しえたのは、私が水俣で体験したこと、そして教えていただいたことの一部に過ぎない。多くの時間を割いてくださり、貴重なご示唆をいただいた方々に応えるためにも、今後も水俣の記憶を「希望」として紡いでいく方法を模索し続けていきたい。そして第三に、本書を手に取ってくださった方々が、水俣の記憶をそれぞれの生き方へとつなげてくださることを切に願っている。

本書を書き上げるまでには、実に多くの方々にご協力いただいた。何より、水俣であたたかく受け入れてくださった数多くの方々との出会いなくして、本書を書くことはできなかった。ここにすべての名前をあげることはできないが、特に「本願の会」のメンバーの方々には、優しさと同時に厳しさをもって、ときにはまるで子どもや孫であるかのように接していただいた。「あばぁこんね」、「ガイアみなまた」、「火のまつり実行委員会」、「べんじゃみんず」、水俣市役所、水俣市立水俣病資料館、「水俣の暮らしを守る・みんなの会」、「水俣病センター相思社」、「水俣病を語り継ぐ会」の方々に加え、私が家を借りて住んでいた出月地区、古賀地区の方々にも大変お世話になった。

フィールドワークの過程では、富樫貞夫先生、丸山定巳先生（故人）、有馬澄雄氏、慶田勝彦先生、牧野厚史先生、向井良人先生をはじめとする「熊本大学水俣病学術資料調査研究推進室」のメンバーにご助言をいただいた。調査データの整理に関しては、佐山のの氏にご協力いただいた。

本書は、二〇一五年度に慶應義塾大学に提出した博士論文をもとにしている。鈴木正崇先生、有末賢先生、阿部祥人先生（故人）、杉本智俊先生、佐藤孝雄先生、安藤広道先生、渡辺丈彦先生、石神裕之先生、小林竜太氏には、大学院での発表の機会を通じて適切なご批判をいただいた。岡本達明氏、阿南満昭氏、青木恵理子先生、平井京之介先生には、本書のもととなった個々の論文に対して生産的なコメントをいただいた。渡邊欣雄先生、吉田俊爾先生、柳田利夫先生、朽木量先生、深山直子先生、上杉健志先生には、さまざまな機会にあたたかい励ましとご助言をいただいた。棚橋訓先生からは、本書の草稿に対する有益なコメントばかりでなく、数々の貴重な情報と叱咤激励をいただいた。そして指導教授である山口徹先生には、大学院生時代から博士論文執筆に至るまで、十年以上にわたって懇切丁寧なご指導を賜り、研究の厳しさと楽しさを教えていただいた。

なお、本書の基礎となる調査の一部は、日本学術振興会科学研究費補助金（二〇一二〜二〇一三年度、特別研究員奨励費、課題番号一二Ｊ〇五二七七）、および澁澤民族学振興基金「大学院生等に対する研究活動助成」（二〇一四年度）をいただいて行った。また、本書の出版は、日本学術振興会から平成二九年度科学研究費補助金（研究成果公開促進費、課題番号一七ＨＰ五一一四）の交付を受けたことによって可能になった。慶應義塾大学出版会の上村和馬氏には、本書の編集に関して多大なご助力とご配慮をいただいた。臺浩亮氏にも校正を手伝っていただいた。

最後に、陰ながら支えてくれる両親と妻、日々活力をくれる娘と息子、そして幼少期に共に過ごし、本書を書くうえで欠くことのできない問題意識を与えてくれた生きものたちにも言及することをお許し願いたい。

以上の諸氏・諸機関のご協力とご支援がなければ、本書を刊行することは叶わなかった。末筆ではあるが、ここに記して厚く御礼申し上げる。

二〇一七年八月

下田健太郎

初出一覧

本書は、二〇一五年度に慶應義塾大学大学院文学研究科に提出した博士学位論文「水俣病経験の想起をめぐる歴史人類学――響き合うモノと語りの通時的分析を通して」に加筆修正を行ったものである。また、本書の各章は、筆者がこれまでに発表した四本の論文を骨子として全面的に加筆・再構成している。各章を構成する初出原稿は以下のとおりである。

序　章　書き下ろし
第1章　書き下ろし
第2章　「水俣病の景観史研究にむけた予察――水俣湾埋立地をめぐる文書内容の継時的変化から」『史学』78（1, 2）: 139–169（2009）
第3章　「モノによる歴史構築の実践――水俣の景観に立つ五二体の石像たち」『文化人類学研究』12: 113–127（2011）
第4章　「モノを媒介とした水俣病経験の語り直し――「本願の会」メンバーのライフヒストリーをめぐる一考察」『史学』83（4）: 101–131（2015）
第5章　「モノが／をかたちづくる水俣の記憶――「本願の会」メンバーによる石像製作と語りの実践を事例に」『次世代人文社会研究』11: 63–87（2015）
終　章　書き下ろし

索　引

ア行

カ行

サ行

下田健太郎（しもだ　けんたろう）
1984年東京生まれ。日本学術振興会特別研究員（PD）。
2015年慶應義塾大学大学院文学研究科博士課程単位取得退学。博士（史学）。主な業績に、「モノによる歴史構築の実践――水俣の景観に立つ52体の石像たち」（『文化人類学研究』12巻、2011年）、「モノが／をかたちづくる水俣の記憶――『本願の会』メンバーによる石像製作と語りの実践を事例に」（『次世代人文社会研究』11号、2015年）、"Possible Articulations Between the Practices of Local Inhabitants and Academic Outcomes of Landscape History: Ecotourism on Ishigaki Island"（H. Kayanne ed. *Coral Reef Science: Strategy for Ecosystem Symbiosis and Coexistence with Humans under Multiple Stresses*, Springer Japan, 2016年）など。

水俣の記憶を紡ぐ
――響き合うモノと語りの歴史人類学

2017年10月20日　初版第1刷発行

著　者――――下田健太郎
発行者――――古屋正博
発行所――――慶應義塾大学出版会株式会社
〒108-8346　東京都港区三田2-19-30
TEL〔編集部〕03-3451-0931
〔営業部〕03-3451-3584〈ご注文〉
〔　〃　〕03-3451-6926
FAX〔営業部〕03-3451-3122
振替　00190-8-155497
http://www.keio-up.co.jp/
装　丁――――耳塚有里
印刷・製本――株式会社理想社
カバー印刷――株式会社太平印刷社

Printed in Japan　ISBN 978-4-7664-2483-6